Transitions vers l'agriculture biologique

Pratiques et accompagnements pour des systèmes innovants

Transitions vers l'agriculture biologique

Pratiques et accompagnements pour des systèmes innovants

OUVRAGE COLLECTIF

Coordination scientifique :
Claire Lamine et Stéphane Bellon

Édition : Isabelle Sick
Maquette, couverture : Brigitte Mignotte
Montage PAO : Brigitte Mignotte et Françoise Prevost
Photos de couverture :
– Photo de groupe : Laetitia FOURRIÉ/ITAB
– Photo de moutons : Michel MEURET/INRA
– Photo de prunes : Hélène CHRISTMANN/INRA

© Educagri éditions/Éditions Quæ, 2009
ISBN (Éditions Quæ) : 978-2-7592-0502-8
ISBN (Educagri éditions) : 978-2-84444-756-2
ISSN : 1768-2274

Educagri éditions	Éditions Quæ
BP 87999 - 21079 DIJON CEDEX	c/o Inra - RD 10 78026 VERSAILLES CEDEX
Tél. 03 80 77 26 32 - Fax 03 80 77 26 34	Tél. 01 30 83 35 48 - Fax 01 30 83 34 49
www.editions.educagri.fr editions@educagri.fr	www.quae.com

Sommaire

INTRODUCTION

Conversion à l'agriculture biologique… Cette expression consacrée par les textes réglementaires, administratifs, professionnels et scientifiques est lourde de ses multiples sens. Se convertir, c'est changer radicalement, de croyance ou de direction. C'est ce que revendiquent certains acteurs de l'AB (agriculture biologique), qui parlent d'un changement d'état d'esprit, du fait de porter un regard différent sur la réalité, sur son propre vécu, sur son itinéraire, tandis que d'autres présentent plutôt leur parcours vers cette forme d'agriculture comme en continuité avec ce qui a précédé. Par ailleurs, la conversion, c'est aussi la conversion entre monnaies ou entre unités de mesure, et cette autre signification du terme invite plutôt à penser l'agriculture biologique comme un nouveau référentiel, allant de pair avec de nouvelles valeurs et relevant donc d'autres modes d'évaluation.

De fait, la définition de l'AB induit un nouveau référentiel, pour un mode de production engageant des normes et des visées spécifiques, répondant à des attentes sociétales, et enfin, fournissant des biens publics, comme l'énoncent les textes en vigueur (règlement (CE) 834/2007) : « La production biologique est un système global de gestion agricole et de production alimentaire qui allie les meilleures pratiques environnementales, un haut degré de biodiversité, la préservation des ressources naturelles, l'application de normes élevées en matière de bien-être animal et une méthode de production respectant la préférence de certains consommateurs à l'égard des produits obtenus grâce à des substances et procédés naturels ». Le premier considérant du même règlement énonce que « le mode de production biologique joue un double rôle sociétal : d'une part, il approvisionne un marché spécifique répondant à la demande de produits biologiques émanant des consommateurs et, d'autre part, il fournit des biens publics contribuant à la protection de l'environnement et du bien-être animal ainsi qu'au développement rural ». L'IFOAM[1] (fédération internationale des mouvements d'agriculture biologique) affirme également des principes susceptibles de guider le développement de l'AB dans sa diversité :
– le principe de santé, qui relie la santé humaine à celle du sol, des plantes, des animaux et plus généralement des écosystèmes. La santé de la planète est une et indivisible ;
– le principe d'écologie, qui base l'AB sur l'imitation et le maintien des processus du vivant et des cycles écologiques, avec une adaptation aux situations locales ;

---

1. Son groupe Europe propose une analyse du nouveau règlement (CE) n° 834/2007, dont une partie sur l'historique de la réglementation européenne, dans un document téléchargeable sur le site : www.ifoam-eu.org. IFOAM EU group, 2009. *Le nouveau règlement européen pour l'agriculture et l'alimentation biologiques. Contexte, évaluation, interprétation.*

– le principe d'équité, selon lequel l'AB devrait se construire sur des relations qui respectent les humains, les animaux et l'environnement commun. L'équité concerne des systèmes de production, de distribution et de commercialisation rendant compte de coûts sociaux et environnementaux réels ;
– le principe d'attention, selon lequel l'AB devrait être conduite de manière prudente et responsable afin de protéger la santé et le bien-être des générations actuelles et futures ainsi que l'environnement. Il doit également éclairer les choix technologiques et s'appuyer sur des recherches participatives, mobilisant les expériences et connaissances de praticiens.

L'agriculture biologique nous interpelle tous, malgré la moindre place qu'elle occupe sur le plan quantitatif dans le paysage agricole et alimentaire. Que nous soyons agriculteur, technicien, chercheur, citoyen ou consommateur, chacun est amené à se prononcer dans sa sphère professionnelle ou personnelle sur l'AB.

Certains agriculteurs se disent proches de l'AB, mais ne voient pas l'intérêt objectif qu'ils auraient à être formellement certifiés. D'autres sont sceptiques sur la faisabilité d'une conversion pour eux-mêmes, compte tenu de leur situation particulière et des difficultés qu'ils anticipent techniquement, économiquement ou socialement. Les cas de figure sont nombreux, mais chaque agriculteur a son opinion sur le sujet.

Ceux qui sont en dehors de l'AB, parfois qualifiés de « conventionnels »[2], voient souvent la conversion comme synonyme de risques multiples : pour les agriculteurs, risques techniques, risques commerciaux, voire risques en termes d'acceptabilité par les voisins et les pairs, pour les opérateurs économiques, risque de rupture d'approvisionnement, et souvent, pour les professionnels du conseil et de l'accompagnement, risque de faire prendre trop de risques aux agriculteurs…

Les théories de la diffusion de l'innovation expliquent que l'aversion aux risques est susceptible de freiner chez les agriculteurs l'adoption d'une innovation technologique du fait des coûts d'apprentissage. Ces coûts peuvent être importants lors d'un changement radical des modes de production. Ils impliquent des réductions temporaires des bénéfices dues, par exemple, à des baisses de rendements pendant la phase transitoire de maîtrise et d'adaptation de nouvelles techniques ou de nouveaux systèmes, en comparaison avec ce que

---

2. La référence à l'agriculture conventionnelle se brouille toutefois, au fur et à mesure que les qualificatifs de l'agriculture se multiplient (Pervanchon et Blouet, 2002. *Lexique des qualificatifs de l'agriculture. Le Courrier de l'environnement*, vol. 45). Dans cet ouvrage, le terme de conventionnel sera donc plutôt utilisé par commodité que comme catégorie d'analyse.

gagne un agriculteur déjà expérimenté. Certains agriculteurs, en général considérés comme plus réfractaires aux risques, prennent en considération plus fortement ces surcoûts. Pourtant, plus vite l'innovation est maîtrisée, plus vite ces coûts transitoires diminuent. Cet apprentissage peut être accéléré grâce à l'action collective, au conseil et à l'encadrement technique (échanges d'informations, évaluations croisées…). En effet, il faut ici ajouter que la notion classique d'aversion au risque, loin de n'être qu'individuelle, est fortement inscrite dans, et influencée par, les réseaux et collectifs auxquels se relient les agriculteurs. En outre, la période de « prise en main » de l'AB comme innovation technologique se superpose avec une phase dite de transition écologique, pendant laquelle le milieu retrouve de nouveaux équilibres.

Alors, risqué ou pas, le passage à l'AB ? Certes, sur une exploitation, mettre en place un autre fonctionnement du sol et d'autres processus biologiques a nécessairement des incidences en termes de performances techniques et économiques. Mais les baisses de rendement sont-elles inéluctables, et si oui sont-elles compensées par la meilleure valorisation des produits, surtout après la période formelle de conversion ? Sont-elles compensées par une meilleure qualité de travail et de vie ? Ou bien, se convertir à la bio, est-ce forcément « travailler plus pour gagner moins » ?
Les soutiens permettant malgré tout de passer au mieux la période formelle de conversion, qui est de deux à trois ans et s'accompagne souvent de baisses importantes de rendement et de coûts élevés d'apprentissage, sont bien entendu essentiels. Toutefois, le pari que nous adoptons dans cet ouvrage est celui d'envisager la question de la transition vers l'AB sur un pas de temps débordant largement celui de cette période formelle, et avec un point de vue lui aussi élargi. Ce pari tient compte des situations initiales, des acquis et des connaissances qui peuvent aider à passer au mieux cette première période, qu'il s'agit bien d'inscrire dans la trajectoire et la durée plus longues d'un projet d'exploitation, d'activité et de vie. Rétrospectivement, en regardant les trajectoires de ceux qui sont passés à la bio, parfois rien ne laissait présager qu'ils le feraient. Autrement dit, tout agriculteur est potentiellement convertissable, bien que les termes et durées de passage soient différents selon les situations.
La notion de « transition » sera souvent employée dans cet ouvrage. Elle nous semble bien exprimer l'amplitude temporelle de la démarche de conversion ou d'installation en AB, sans se limiter à une durée administrative. La transition vers l'AB peut même s'inscrire dans un pas de temps de l'ordre d'une génération d'agricul-

teurs. Elle renvoie aussi à des éléments non codifiés dans le déroulé formel du « cycle de vie » d'une exploitation, décrit classiquement comme succession de phases normées : installation, investissement, régime de croisière, transmission d'exploitation. Elle perturbe ce schéma, en introduisant d'autres étapes et trajectoires.

Cette transition vers l'AB est aussi multidimensionnelle, puisqu'elle implique un autre rapport à la nature, à la technique et au travail humain, à l'alimentation et aux consommateurs. Les changements sont interconnectés dans différents domaines comme la technologie, l'économie, l'écologie. En revanche, tant ce qui sous-tend la transition, que les termes vers lesquels elle converge, ne sont pas toujours explicites pour les agriculteurs en conversion. Le terme de « dessein », au sens de la construction architecturale ou *design*, semblent eux aussi répondre à cette ambition de donner sens à des adaptations ou transformations des exploitations agricoles et des systèmes agrialimentaires qu'elles soutiennent. Cet assemblage de dimensions donne lieu à une diversité de trajectoires singulières, mais regroupées dans un même corpus de principes, de règlements et de pratiques de l'AB.

LES CANDIDATS À L'AB

Le développement de l'AB concerne au moins quatre catégories de personnes (mais aussi bien sûr leur famille et leur exploitation) :
• Celles qui souhaitent s'installer en AB. Elles ont parfois une expérience professionnelle antérieure à leur projet d'installation, et sont alors en conversion professionnelle. S'appliquant plutôt à de petites structures d'exploitation, leurs projets sont souvent originaux, mais demandent à être ajustés et concrétisés au travers d'un parcours de formation et avec l'appui de producteurs ou de techniciens.
• Celles déjà engagées dans d'autres formes d'agriculture et qui souhaitent produire ou commercialiser autrement. Leurs parcours et leurs antécédents sont multiples, le point commun étant qu'à un moment donné, cette opportunité ou cette volonté de changement est incarnée par un projet de conversion à l'AB.
• Celles déjà engagées dans l'AB, et pour lesquelles la conversion formelle est passée. Pour autant, les techniques, les animaux, les parcelles et l'environnement continuent à évoluer après la période de conversion formelle. Ces agriculteurs déjà convertis contribuent aussi à orienter les deux catégories précédentes, par leurs conseils ou leur parrainage.

• Enfin, celles qui sont converties de longue date (les « pionniers de la bio ») et en voie de transmettre leur unité de production. De nouveaux producteurs s'installeront après une formation, le plus souvent issus de la même famille, mais peut-être porteurs d'autres projets en AB. Les liens qui s'établissent entre ces quatre catégories conduisent à envisager le développement de l'AB sur un pas de temps inter-générationnel, qui est aussi celui des trajectoires d'exploitations. L'installation en AB et la conversion élargissent et renouvellent la base productive de l'AB, grâce à de nouveaux projets d'exploitation. Elles mettent aussi en relation de nouveaux entrants avec le monde actuel de la bio. Ces nouveaux entrants peuvent s'inspirer de pratiques déjà éprouvées, les adapter ou les mettre en œuvre; en apportant leur expérience et leurs projets, ils peuvent aussi contribuer à réévaluer ou renouveler ces pratiques. Quant aux pionniers, ils ont su au fil du temps adapter leurs pratiques techniques, économiques et sociales. Aujourd'hui, nombre de ces pionniers de la bio se mobilisent, non pas tant pour accroître leur propre surface que pour favoriser l'installation de nouveaux producteurs, par diverses formes de soutien, complémentaires de celles proposées par les organismes de développement agricole, ou pour s'associer à d'autres producteurs dans la production et la commercialisation.

Le développement de l'AB prend peut-être aujourd'hui une dimension plus collective que par le passé, ce qui multiplie les leviers d'action susceptibles de sortir l'AB de la niche dans laquelle elle est longtemps restée, et dans laquelle elle a été remisée. Ces leviers relèvent de l'appui aux agriculteurs et entre agriculteurs, mais aussi de l'action publique, qui s'exprime à différents niveaux, depuis l'Union européenne (réglementation, mais aussi dispositifs d'incitation) jusqu'aux collectivités territoriales (soutien à des conversions, mise en place de repas bio dans les cantines scolaires, etc.) et aux consommateurs. Les « nouveaux consommateurs » (pour reprendre un terme proposé par Bertil Sylvander), souvent partiels ou « intermittents du bio », affichent de plus en plus souvent aux côtés des militants et fidèles de la bio, leur intérêt pour les produits bio et dans une mesure variable, pour l'agriculture biologique. Dans certains cas, par exemple dans des systèmes de vente directe, la période de conversion peut être prise en compte, alors que les produits ne sont normalement pas valorisés sous le label AB. C'est aussi le cas dans certaines filières, même si la structuration des filières biologiques reste aujourd'hui insuffisante dans bien des secteurs de production et dans bien des régions. En effet, une transition d'envergure vers l'AB ne peut s'appuyer sur les seules conversions individuelles, elle suppose aussi des évolutions bien plus larges dans le système sociotechnique qui structure la production, la transformation et la circulation de nos aliments, comme on y reviendra dans un chapitre conclusif. Dans ce système, ce sont non seulement des aliments, mais aussi des connaissances et des savoir-faire liés aux questions agricoles et alimentaires qui circulent, sont mis en commun et sont transmis et transformés dans des réseaux sociaux dont l'histoire de l'AB a montré toute l'importance.

Ainsi, le développement de la bio est à la confluence de politiques publiques, de la structuration des marchés, et de réseaux sociaux. Si ces trois types de leviers semblent converger vers un même objectif d'extension du nombre de producteurs et des surfaces certifiées, lequel a été réaffirmé avec force en France en 2007, permettent-ils pour un producteur donné, d'avoir une vision claire du projet de transition vers l'AB et du trajet à parcourir pour le mettre en œuvre? Quelles sont les ressources mobilisables pour réaliser ces projets: modèles d'exploitation envisagés (référencés ou à imaginer), mais aussi d'accompagnement technique et de soutien institutionnel? Et finalement, la conversion ne concerne-t-elle pas, au-delà des producteurs, un ensemble d'acteurs qui, dans leur itinéraire personnel et leur métier spécifique, peuvent et souhaitent contribuer à fonder les bases de nouvelles agricultures jugées plus durables?

LES AUTEURS

De telles questions justifient et traversent cet ouvrage, et les réponses apportées ne seront que partielles, mais appuyées en tout cas sur l'expérience et les échanges collectifs[3] d'une vingtaine de spécialistes qui appartiennent tant au monde de la recherche qu'à celui du conseil, du développement ou de l'enseignement. Les auteurs ont donc des parcours et des appartenances assez diverses, mais aussi un degré d'ancrage dans la bio très différent des uns aux autres, plusieurs d'entre eux ne travaillant d'ailleurs pas exclusivement sur cette question. La dynamique de l'AB atteste d'ailleurs du fait que les lieux de production de connaissances sont multiples. Des prati-

---

3. L'idée de cet ouvrage a vu le jour à l'occasion de la fin du projet de recherche Tracks (Analyse multidimensionnelle et accompagnement de trajectoires de conversion en agriculture biologique), centré sur le maraîchage et l'arboriculture dans le sud de la France, et conduit entre 2005 et 2007 dans le cadre du programme INRA-Acta mené conjointement par l'INRA, l'ITAB et le CTIFL. Il a ensuite été discuté en 2008 et 2009 dans le cadre du Réseau Mixte Technologique DévAB associant des institutions de la recherche, du développement, du conseil et de l'enseignement autour du développement de l'AB.

ciens ont eu un rôle déterminant pour faire vivre l'AB, laquelle s'est écartée d'un schéma linéaire de diffusion des connaissances qui irait depuis la recherche vers le producteur en passant par l'intermédiaire de formateurs ou d'agents de développement. Son développement suppose d'autres schémas de circulation des connaissances, en particulier dans des Réseaux Mixtes Technologiques mettant en synergie les partenaires concernés, comme celui consacré à l'AB justement (DévAB). L'AB est aussi un chemin qui en recoupe et en rejoint bien d'autres – par exemple, ceux des autres formes d'agriculture dites « durables ». L'histoire de ces chemins est en train de s'écrire. À ce chemin et à cette histoire nous entendons modestement contribuer aux côtés des milliers d'autres spécialistes qui pratiquent la bio, la commercialisent, la défendent, l'enseignent ou encore l'étudient.

L'OUVRAGE

L'ouvrage est composé en deux grandes parties. La première partie est centrée sur les transitions dans des productions qui nous paraissent emblématiques : l'arboriculture, le maraîchage, la viticulture, les grandes cultures, l'élevage allaitant, et la polyculture-élevage (laitier) ; la conversion en production laitière ayant déjà fait l'objet d'un ouvrage spécifique chez Educagri éditions (Ragot, 2001).
Dans un chapitre introductif numéroté 1 dans la partie 1 et écrit par S. Bellon et C. Lamine, nous inscrirons la question dans une temporalité plus longue. Cette mise en perspective historique montrera que la bio a fortement évolué tant de manière interne que dans ses rapports à la société, tout en apportant des éléments de compréhension de la situation actuelle de l'AB dans notre pays. Nous présenterons aussi les approches classiques de la conversion, et l'importance de prendre en compte la complexité et le temps long des transitions.
Le chapitre 2 (J. Fauriel) est consacré à l'arboriculture et montre que l'enjeu d'une transition vers l'AB est d'autant plus complexe que l'espèce fruitière considérée est la cible d'un grand nombre de bioagresseurs. Le point de départ peut être un verger existant, ce qui implique la mise en œuvre progressive de techniques alternatives, l'idéal restant une démarche à partir d'un terrain à aménager en un verger conçu pour fonctionner d'une manière plus autonome.
Le chapitre 3 (F. Bressoud, C. Mazollier, M. Navarrete) aborde les cultures maraîchères en AB et les difficultés inhérentes à cette conversion, notamment liées au choix des cultures et à la construction des rotations ainsi qu'à la question de la fertilité et de la santé

des sols, et bien sûr à la protection des cultures. Il met particuliè-rement l'accent sur la coévolution des modes de production et des modes de commercialisation.

Le chapitre 4 (P. Masson) présente la viticulture biodynamique qui rencontre un intérêt croissant. Il expose les voies de transition vers cette viticulture aux pratiques spécifiques.

Le chapitre 5 (Ch. David) traite des grandes cultures biologiques, dans lesquelles les exploitations, inscrites dans des modèles de production contrastés allant de la polyculture-élevage à des systèmes bien plus spécialisés, se situent en équilibre instable entre des principes fondateurs et une réglementation AB qui prônent l'autonomie et la mixité des systèmes d'une part, et un marché porteur qui conduit au contraire à une homogénéisation et à une concentration des productions d'autre part.

Le chapitre 6 (M. Benoit et P. Veysset) étudie conjointement les productions ovine allaitante et bovine allaitante. Il montre que la réussite économique de la conversion à l'AB repose avant tout sur la capacité à concilier productivité animale et autonomie alimentaire élevées, en adaptant le système d'élevage au contexte local.

Le chapitre 7 (A. Blouet et X. Coquil) rend compte des principes agronomiques qui ont guidé la conception, à partir d'une installation expérimentale de l'INRA, de deux systèmes laitiers biologiques dans une perspective de complémentarité entre système herbager et système de polyculture-élevage. Cette conception pourrait être transposable à des exploitations et territoires «réels», comme le suggère une première évaluation de cette expérience. Plus fondamentalement, il s'agit d'envisager les conditions de transmission des ressources du milieu naturel aux générations futures.

La seconde partie traite de l'accompagnement aux transitions vers l'AB, vu dans ses principales modalités : les dispositifs incitatifs, le conseil agricole, l'enseignement, la formation des accompagnants eux-mêmes, et enfin les outils d'accompagnement à disposition tant des agriculteurs que de ceux qui les soutiennent. Cette partie s'appuie entièrement sur l'expérience d'enseignement, de conseil et de formation des différents auteurs, et s'avère ainsi complémentaire d'autres publications issus d'analyses de chercheurs sur ces questions de l'accompagnement et du conseil[4].

Le chapitre 8 (N. Sautereau) concerne l'accompagnement et se centre sur la mise en place de politiques incitatives et sur les dispositifs de conseils des différents réseaux, en s'appuyant notamment

---

4. En particulier, dans la même collection, Rémy J., Brives H., Lémery B., 2006, *Conseiller en agriculture* ; et Compagnone C., Auricoste C., Lémery B., 2009. *Conseil et développement en agriculture. Quelles nouvelles pratiques ?* Quae-Educagri, Collection Sciences en partage.

sur les expériences des régions PACA et Rhône-Alpes.

Le chapitre 9 (D. Garraud et J-M. Morin) traite des parcours d'installation en AB de candidats sans formation capacitaire agricole et souvent non originaires du milieu agricole. Il présente les dispositifs de formation et d'accompagnement de leurs projets, qui concernent souvent du maraîchage diversifié en vente directe. Il traite aussi de la formation initiale (lycées agricoles), dans laquelle les projets d'installation sont souvent plus lointains dans le temps, et des formations à orientation agriculture biologique qui sont proposées.

Le chapitre 10 (A. Le Fur) a pour objet d'identifier les enjeux de la formation des divers conseillers qui interviennent aujourd'hui dans les processus de transition vers la bio. Construit pour l'essentiel sur la base de l'expérience de la FNAB en matière de formation des conseillers sur l'agriculture biologique, il expose successivement les parcours de conversion et les actes d'accompagnement posés par les conseillers tout au long de ces parcours, les compétences mises en œuvre, et enfin les enjeux des formations.

Le chapitre 11 (A. Haegelin) présente les grands types d'outils existant à ce jour pour l'accompagnement des conversions. À travers quelques exemples ciblés, l'accent est mis sur les clés de choix de ces supports. L'essentiel du travail du conseiller et du producteur pour choisir l'instrument le plus adapté est avant tout d'identifier et de replacer son usage à une étape précise de la trajectoire de conversion, l'outil utilisé n'étant « le meilleur possible » pour répondre aux questions posées que s'il est utilisé au « bon moment » et de la « bonne façon ».

Enfin, en écho aux chapitres précédents et aux enjeux développés dans le chapitre 1, le chapitre 12 (C. Lamine et S. Bellon) présente une synthèse des conditions favorisant la conversion au niveau individuel, collectif, territorial, et en termes de politiques publiques territoriales.

Remerciements

Nous souhaitons tout d'abord remercier les contributeurs qui, dans les différents chapitres, ont écrit des passages et des encarts illustratifs : A. Arrufat, CIVAM BIO 66 ; C. Bazard, INRA Mirecourt ; J. Brunier, chambre d'agriculture d'Ardèche ; J-L. Fiorelli, INRA Mirecourt ; A. Lefevre, SEDARB ; B. Mondy, ENFA Toulouse ; S. Penvern, INRA Écodéveloppement ; M. Roy, ISA Lille ; J.-M. Trommenschlager, INRA Mirecourt.

Nous tenons aussi à remercier les collègues qui ont contribué au projet Tracks lors duquel est née l'idée de cet ouvrage (M. Jonis, ITAB ; JR. Roos, CTIFL ; N. Perrot ; S. Mothes, P. Baudhun), les animateurs et participants du RMT Dévab et notamment C. Cresson et L. Fontaine, les collègues, partenaires et amis qui ont accepté de relire des parties de cet ouvrage (H. Martin, AgribioVar ; F. Ernou, APCA ; A. Le Du, ITAB ; S. Simon, INRA Gotheron ; J-P. Gouraud, AgroBio Poitou-Charentes ; M. Scholtus, S. Bui, INRA), et aussi ceux qui ont éclairé le chemin des transitions vers l'AB : C. Aubert, D. Barres, C. Béranger, X. Florin, Y. Gautronneau, Y. Le Pape, B. Sylvander et tous les agriculteurs croisés sur le chemin.

PARTIE 1

Trajectoires et pratiques en agriculture biologique

Chapitre 1

Enjeux et débats actuels sur la conversion à l'AB

Stéphane Bellon, Claire Lamine, INRA

Ce chapitre propose une mise en perspective historique montrant que la bio a fortement évolué, tant de manière interne que dans ses rapports à la société. Il apporte des éléments de compréhension de la situation actuelle de l'AB dans notre pays et introduit l'analyse des transitions à l'AB, traitées pour les principaux systèmes de production dans les chapitres suivants.

La conversion doit être resituée dans un contexte temporel et institutionnel particulier : se convertir à l'agriculture biologique (AB) dans les années 1970 hors existence de toute réglementation nationale et de tout dispositif public, même si la bio commençait alors à être portée par différents mouvements associatifs, et se convertir aujourd'hui ne signifient évidemment pas la même chose. La bio s'est progressivement installée dans le paysage réglementaire au niveau européen dans les années 1990, avec le règlement de 1991 et les possibilités de subventionnement dans le cadre de la réforme de la PAC de 1992. Cependant les premiers standards pour l'AB sont bien antérieurs : le label « Demeter » est le premier signe de qualité (apparu en 1932 en Allemagne[1]), et d'autres suivent en Europe (par exemple : en 1967, Soil Association au Royaume-Uni ; en 1972, Nature et Progrès en France). En France, la loi d'orientation agricole de 1980 définit pour la première fois l'AB et met en place des systèmes de certification associés à des marques et réseaux différents, ainsi qu'un système d'inspection. Le premier cahier des charges privé, celui de Nature et Progrès, apparu antérieurement à cette loi, sera ensuite homologué en 1986.

La réglementation européenne de 1991 (règlement CE 2092/91) cadre les pratiques productives et l'étiquetage des produits biologiques. La conversion y est définie comme le passage à l'AB, lequel devient effectif après une période donnée au cours de laquelle les dispositions relatives au mode de production biologique ont été appliquées (règlement CE 834/2007). L'article 17 et le chapitre 5 du règlement d'application aujourd'hui en vigueur (règlement CE 889/2008) précisent les principes et les règles de la conversion. Il s'agit en particulier des durées de conversion spécifiques par type de culture ou de production animale, ainsi que de l'assujettissement de l'exploitation à un système de contrôle. Ces nouveaux règlements modifient peu les conditions de conversion par rapport au précédent règlement de 1991, hormis sur l'élevage. En effet, les règles relatives à la production animale élargissent potentiellement le nombre d'agriculteurs convertissables, en réduisant notamment la part de l'alimentation devant être produite sur l'exploitation et en allégeant ou supprimant certaines règles concernant les densités ou durées d'élevage (Leroux *et al.*, 2009).

Si la réglementation est régie au niveau européen, les politiques publiques de soutien à l'AB sont surtout construites à l'échelle nationale. Ces politiques nationales combinent le plus souvent un ensemble d'instruments divers : aides directes pendant la période de conversion, politique de recherche, appui à la structuration des filières, etc. (Lampkin et Stolze, 2006 ; Guyomard, 2009). En France, les plans pluriannuels de développement de l'AB (PPDAB, tel que le « plan Riquois » lancé en 1998, ainsi que le « plan Barnier » lancé en 2007 puis relayé par le Grenelle de l'environnement) visent *a priori* à engager l'ensemble des acteurs impliqués dans l'AB. Un certain nombre d'agriculteurs biologiques bénéficièrent aussi de la mise en place des MAE (mesures agrienvironnementales) pour leur conversion, mais surtout de dispositifs tels

---

1. En 1927, ce nom était celui d'une coopérative de transformation allemande. Elle donna lieu en 1932 à l'union économique Demeter, qui déposa cette même année la marque Demeter auprès de l'administration des marques de Munich. Cette marque internationale des produits issus de l'agriculture biodynamique est aujourd'hui présente dans plus de 50 pays.

que les CTE (contrats territoriaux d'exploitation, en vigueur entre 1999 et 2003), bien que ces deux types de dispositifs ne fussent pas spécifiquement réservés à l'AB. Pour mémoire, la conversion à l'AB a été intégrée au dispositif CTE en 1999, compte tenu de la globalité et de la cohérence des mesures attachées à la conversion, considérée comme un projet à moyen terme intégrant des dimensions productive, économique et environnementale (voir le chapitre 8).

Dans les pages qui suivent, une première partie présente les grands traits de l'évolution de l'AB en France, sur la base d'un découpage schématique par décennie nous conduisant des années 1970 jusqu'à la période actuelle.
Dans une deuxième partie, nous rendrons compte de la situation actuelle de l'AB en France et du nouveau tournant dans la dynamique de l'AB qu'incarne la fin des années 2000.
La troisième partie présente différentes approches des transitions vers l'AB, ainsi que les positions adoptées dans cet ouvrage.

1. LES GRANDES ÉTAPES DU DÉVELOPPEMENT DE L'AB

Dans les décennies suivant la parution des ouvrages des grands penseurs de la bio, qui s'échelonnent des années 1920 (le cours aux agriculteurs de R. Steiner, fondateur de la biodynamie date de 1924) aux années 1940 (*Le testament agricole* de A. Howard est publié en 1940), la littérature scientifique sur l'AB apparaît bien mince[2]. Puis, au début des années 1970, plusieurs études pionnières en agronomie comme en sciences sociales s'efforcent de rendre compte de cette nouvelle donne qu'était alors l'apparition de l'AB dans le monde agricole.

1.1. *La bio comme alternative crédible au modèle modernisateur dans les années 1970*

C'est sous l'angle de l'élargissement de la palette d'itinéraires techniques que les premiers travaux d'agronomes se sont intéressés à l'AB (Sebillotte, 1972), du moins en France – laquelle fut l'un des pays européens pionniers de la bio. Certains de ces travaux, s'attachant à évaluer les performances de production de l'AB, sa reproductibilité, et les différences réelles séparant l'AB de l'agriculture conventionnelle, conduisirent à une vision critique qui restera globalement dominante dans l'agronomie française. Dans cette perspective, l'AB ne serait pas tant une réelle alternative au sens agronomique, qu'un mythe dont le sens et la portée, bien que légitimes car exprimant le malaise de certains agriculteurs vis-à-vis du modèle de modernisation technique de l'époque, ne concernent pas l'agronome au sens strict, qui reste donc critique envers

2. Sur cette période, on pourra se référer à Besson (2009) ainsi qu'à Conford (2001) et Heckman (2006).

l'AB. En témoigne par exemple un document publié en 1972 par l'Acta, intitulé « *À propos de controverses récentes. Réponses à quelques questions sur l'emploi des engrais* », qui aborde diverses questions relatives à l'AB, telles que : « L'apport exclusif d'amendement organique et de lithotamne, à faible dose, permet-il une agriculture rentable à court terme et à long terme ? », ou encore « La généralisation de l'agriculture dite « biologique » permettrait-elle de couvrir les besoins alimentaires de la population ? », en leur apportant des réponses dont le contenu prend clairement une tonalité sceptique, les nombreuses incertitudes scientifiques et techniques qu'incarne l'AB fondant ainsi une posture critique plutôt qu'ouverte ou neutre.

Face à cela, d'autres auteurs ont au contraire tenté de réhabiliter cette agriculture et ses praticiens, en analysant non seulement les spécificités de ses bases techniques, mais aussi sa nature de pratique sociale et sa situation dans l'économie agricole ainsi que ses perspectives de développement. Par exemple, la préface à une étude interdisciplinaire (Cadiou *et al.*, 1975) cherchant à décrire les spécificités des systèmes de production en AB restitue les enjeux de l'AB à cette époque, et porte ainsi en germe divers thèmes fondamentaux perdurant jusqu'à ce jour :

SITUATION DE L'AB EN FRANCE DANS LES ANNÉES 1970, D'APRÈS J. DESSAU (*IN* CADIOU *ET AL.*, 1975)

Dans la préface de l'ouvrage de Cadiou *et al.* (1975), J. Dessau[3] souligne plusieurs faits permettant de resituer les enjeux de l'AB au milieu des années 1970 :

– l'AB apparaît non pas comme une appellation publicitaire plus ou moins critiquable, mais comme un ensemble social relativement défini et structuré, qui a montré dans les faits sa capacité à survivre et à se développer ;

– elle est une « filière technologique » nouvelle, un ensemble cohérent de techniques productives, qui consiste à maîtriser sur une même exploitation des écosystèmes plus diversifiés, comprenant des chaînes alimentaires plus complexes, utilisant ainsi une plus grande part de la productivité biologique potentielle. Cette filière technologique est définie globalement par rapport à l'agriculture « industrialisée ». De ce point de vue, une distinction est faite entre les nombreux exploitants qui n'ont pas « dépassé » les techniques traditionnelles, et ceux qui ont volontairement choisi une technique nouvelle en se tournant vers l'AB. Ces derniers opèrent une conversion systématique au prix d'un effort substantiel de formation et d'information, en ayant la conscience nette de mettre en œuvre un ensemble de connaissances complexes, et en s'intégrant au réseau de l'agriculture biologique par les intrants qu'ils achètent, les conseils qu'ils demandent, les canaux de commercialisation qu'ils utilisent, les groupements auxquels ils adhèrent ;

3. À cette époque, J. Dessau était directeur de l'UER Institut de recherche économique et de planification, Irep Grenoble, auquel était rattaché Yves Le Pape, un des auteurs de l'ouvrage cité.

– même si l'AB reste marginale, elle exerce une influence qui paraît hors de proportion avec ses forces réelles, probablement en lien avec le fait qu'elle rejoint l'ensemble des mouvements dits écologiques, mais aussi parce qu'elle aboutit à une critique fondamentale de la filière technologique dominante ;

– cette critique de l'agriculture industrialisée porte sur le fait que la modernisation, résultat d'un effort systématique de diffusion de techniques nouvelles, a modifié tous les aspects du processus de production, de transformation et de commercialisation même si elle n'a pas affecté – loin de là – toutes les exploitations. Cette perspective de la modernisation technique tendrait à considérer le sol comme support physique neutre ou passif, à éliminer les populations animales et végétales non commercialisables, donc à maîtriser des chaînes alimentaires aussi simples que possible (donc plus fragiles et qui ne se reproduisent qu'au moyen d'interventions permanentes de l'exploitant). Les produits dérivés de la mise en œuvre de ces techniques sont définis hors de l'agriculture, exclusivement selon des critères commerciaux de dimension, de volume, de régularité, d'attrait extérieur, de durabilité et de résistance aux manipulations. Ces critères ne tiennent pas compte de la valeur nutritive, et celle-ci tend à baisser, alors que les volumes relatifs d'eau et de cellulose transportés tendent à s'accroître. Ainsi se produit une dissociation entre le fondement de la valeur d'usage du produit alimentaire, c'est-à-dire sa capacité nutritive, et sa valeur d'échange sur le marché ;

– le remplacement de la productivité biologique – liée aux écosystèmes et attachée à la terre, donc fondement de la rente foncière – par la productivité industrielle – où les agriculteurs ne peuvent alors survivre que grâce à l'augmentation des rendements physiques et un recours accru aux intrants, quelles qu'en soient les conséquences écologiques et nutritionnelles.

Cette étude identifie un grand type dominant d'agriculture familiale, où le système polyculture-élevage est orienté par les productions animales, tandis qu'une minorité des exploitations étaient spécialisées dans le maraîchage ou l'arboriculture. L'étude souligne aussi de fortes nuances régionales. Cette dominance des systèmes de polyculture-élevage est également montrée par d'autres auteurs : 7 des 8 modèles d'exploitation présentés dans l'*Encyclopédie permanente d'agriculture biologique* (collectif, 1974) comportent un élevage, l'autre modèle étant celui d'un maraîcher en région périurbaine. Le directeur de la publication de cet ouvrage imposant en trois volumes, Henri Messerschmitt (1920-1990) souhaitait réaliser, à l'intention de tous les acteurs du monde agricole, une encyclopédie destinée à enseigner la théorie et la pratique d'une conception nouvelle de l'agriculture. Elle reposait sur trois piliers : l'écologie (les impératifs), la technologie (les possibilités) et l'économie (les choix). Le premier des trois volumes paraît en 1973, mobilisant au total 24 auteurs. Si la mise à jour envisagée par H. Messerschmitt n'a pas pu être réalisée, cette encyclopédie reste un jalon de l'histoire de l'AB, et son projet est prolongé par ses rédacteurs, ses lecteurs et leurs successeurs.

À la fin des années 1970, certaines études commencent à appliquer à l'AB des approches éprouvées dans l'agriculture conventionnelle, mettant en évidence les logiques de fonctionnement technico-économique au niveau d'exploitations, et évaluant au moyen de différents bilans (fertilité minérale et organique, temps de travail et résultats économiques) la reproductibilité de ces exploitations (Bellon et Tranchant, 1981). Dans l'ensemble de ces travaux, contrairement à d'autres évoqués précédemment, l'AB est vue comme une alternative crédible au modèle conventionnel (Viel, 1979; Gautronneau *et al.*, 1981). C'est aussi une perspective holiste que privilégient ces travaux, considérant les systèmes naturels comme un modèle, et mettant en avant le rôle des agriculteurs dans l'évolution de leurs propres systèmes.

Ce rôle est d'ailleurs reconnu dans un mouvement plus général de réorientation des programmes de recherche utilisant l'approche systémique pour analyser et transformer l'agriculture. C'est dans cette période qu'apparaissent ainsi les premiers travaux proposant un nouveau point de vue sur l'innovation et le développement, relié à une approche systémique des exploitations (par exemple en France : Petit, 1974; Osty, 1978).

Dans cette période où elle ne s'inscrit pas encore dans une logique administrative et réglementaire, la conversion est peu abordée, si ce n'est sous l'angle des motivations des agriculteurs pour passer à l'AB (Berthou *et al.*, 1972). Les raisons évoquées pour « passer en AB » se réfèrent à des problèmes antérieurs à la conversion à l'AB. Par exemple en polyculture-élevage : difficultés sanitaires dans la conduite et faible productivité de l'élevage ; volonté des éleveurs de produire par eux-mêmes la base de leur alimentation, les produits extérieurs leur semblant de qualité médiocre ; importance des charges en engrais dans la comptabilité. Des résultats économiques insuffisants et la volonté de mieux valoriser les produits viennent ensuite, mais le désir d'accroître son revenu n'est que rarement évoqué par l'agriculteur. Cette enquête basée sur 40 exploitations montre qu'une fois le passage réalisé, le choix de l'AB semble apporter une réponse aux problèmes de santé animale et à ceux posés par les techniques culturales, tels que les difficultés de travail du sol, et procure en polyculture-élevage, des rendements peu différents de ceux obtenus en agriculture classique. En outre, le label AB n'existait pas à l'époque, et c'est la vente directe qui offrait des opportunités de valorisation satisfaisantes.

Une fois qu'ils sont en AB, quatre raisons principales expliquent l'attachement des agriculteurs à ce mode de production :

1. Meilleure santé des animaux.

2. Sentiment d'être en accord avec la nature (techniques peu perturbatrices, apport d'amendements naturels, observation au champ de l'activité biologique).

3. Bons résultats d'ensemble, même si les deux premières années sont jugées très difficiles, surtout si l'utilisation d'intrants était importante avant conversion.

4. Appartenance à la « famille des agriculteurs biologistes ».

Le rôle des réseaux apparaît donc décisif, ce qui s'oppose à une certaine image de l'agriculteur biologique souvent perçu comme isolé et individualiste. Enfin, le rôle du « conseiller agrobiologiste » est mis en avant par les agriculteurs. Il apparaît comme plus efficace et plus disponible que les conseillers de chambre d'agriculture et plus neutre que les techniciens de coopératives ou de fournisseurs d'intrants. Il apprend à l'agriculteur comment observer la faune et la flore et resitue la production agricole dans une vision plus globale incluant le vivant et l'alimentation humaine. Cette étude critique aussi certains systèmes de justification théorique de l'AB comme celui de la méthode Lemaire-Boucher (Berthou *et al.*, *op. cit.*), critique reprise dans le document publié par l'Acta (1972, *op. cit.*).

Au début des années 1980, la contribution de l'agronomie s'atténue, même si l'AB est présente dans quelques cursus d'enseignement agronomique et que le métier de conseiller en bio apparaît, avec le premier conseiller spécialisé en AB dans une chambre d'agriculture au début des années 1980, et l'émergence de conseillers privés rassemblés dans l'ACAB (Association des conseillers indépendants en AB)[4].

1.2. Reconnaissance de la diversité et de la légitimité de l'AB dans les années 1980

En agronomie, les années 1980 attestent des premières interrogations sur les limites de l'agriculture intensive – au-delà de celles fondant justement des modèles alternatifs tels que l'AB – et sur les contributions possibles de l'écologie (Sebillotte, 1984). Il en va ainsi des méthodes de lutte biologique ou intégrée[5] pour satisfaire une demande alimentaire croissante et ne pas perturber de façon irréversible les agroécosystèmes (Rebischung, 1976). Le débat se recentre alors sur l'AB à la suite de la remise d'un rapport de l'IRAAB[6] au ministre de l'Agriculture en 1980, commenté dans la revue *Agronomie* (Cauderon, 1981). Cet auteur identifie deux pôles, depuis des théories condamnant tout ce qui n'est pas naturel jusqu'à des réalisations remarquables d'agriculteurs qui ont mis au point et en œuvre des systèmes en marge de l'agrotechnique classique. Cet article plaide aussi pour une confrontation sur le terrain – au niveau régional – entre les techniques de l'AB et les recherches sur des systèmes de protection intégrée. Cependant, cette proposition ne sera pas suivie d'effets dans la recherche agronomique, du moins pas dans les années suivantes. Elle a en revanche été remise au premier plan dans la période plus récente.

---

4. Pour approfondir ce thème, voir Gontier (2008).

5. La lutte biologique repose sur l'exploitation des relations antagonistes qui existent entre les différents organismes vivants. Pour protéger les cultures des organismes nuisibles, on utilise leurs ennemis naturels. Ceux-ci vont se charger d'éliminer les nuisibles sans que l'agriculteur ait besoin d'avoir recours à des traitements chimiques. La lutte intégrée complète la lutte biologique par d'autres méthodes de protection (biologiques, chimiques ou physiques), en respectant des critères économiques, écologiques et toxicologiques spécifiques.

6. Institut pour la recherche et l'application en AB. La FNAB (Fédération nationale de l'AB) est créée en 1978. L'UNITRAB (Union nationale interprofessionnelle des transformateurs et redistributeurs de l'AB) et le GRAB (Groupe de recherche en AB) le sont en 1979. L'ITAB (Institut technique de l'AB) voit le jour en 1982. Ces différentes structures existent encore aujourd'hui, hormis l'UNITRAB mais le SYNABIO (Syndicat national des professionnels au service de l'aval de la filière agriculture biologique) a un rôle comparable.

En sciences sociales, certaines études continuent, comme dans la période précédente, à aborder les motivations des agriculteurs bio et mettent l'accent sur leurs visions du monde et sur les facteurs biographiques d'une conversion vers le bio. Il s'agit de situer ces agriculteurs par rapport au reste de l'agriculture et surtout par rapport au mouvement de modernisation en cours. L'une de ces études propose ainsi une typologie des agriculteurs bio en trois catégories (Barrès *et al.*, 1985) :
1. Des agriculteurs âgés et exploitant de petites fermes, les plus critiques par rapport à la modernisation.
2. Un groupe intermédiaire qui refuse les excès de la modernisation mais considère l'AB comme une autre voie qui s'appuie elle aussi sur des connaissances scientifiques.
3. Enfin, une avant-garde moderniste.
L'hypothèse sous-jacente est que certains agriculteurs n'assumeraient pas totalement l'évolution de leur métier et la modernisation en cours, ce qui générerait ainsi un malaise latent (Le Pape *et al.*, 1988). On retrouve la notion de malaise présente dans la vision critique des agronomes présentée plus haut, mais ce malaise est ici vu de manière constructive, puisqu'au fondement d'une volonté de produire autrement. Ces différents types d'agriculteurs bio partagent une logique commune, celle de l'autonomie : ils ne veulent plus être les exécutants des prescriptions de l'appareil d'encadrement et se sentent acteurs de leurs choix, qu'ils soient techniques ou de commercialisation. Cette quête d'une plus grande autonomie semble assez structurante des trajectoires d'exploitations biologiques, et nous y reviendrons au cours des chapitres suivants.

Malgré le scepticisme dominant du milieu scientifique à l'égard de la bio, divers travaux pionniers montrent donc que les agriculteurs biologiques ont des pratiques cohérentes et sont bien intégrés dans un système économique et social. Ces travaux contrent ainsi les stéréotypes qui mettent en avant des motivations subjectives ou philosophiques et une production destinée uniquement à la vente directe ou à des marchés très spécialisés. L'idée est de réhabiliter cette forme d'agriculture par rapport aux autres, et ces agriculteurs par rapport à un monde professionnel qui reste majoritairement peu accueillant à leur égard, tout en montrant que les méthodes d'étude existant pour l'agriculture conventionnelle peuvent aussi s'appliquer à l'AB, celle-ci étant donc tout autant justifiable d'une évaluation scientifique.

1.3. Institutionnalisation et spécialisation de la bio dans les années 1990

Les années 1990 marquent le début de la reconnaissance formelle et juridique de l'AB à l'échelle européenne (règlement (CE) 2092/91) comme en Amérique du Nord, et donc son institutionnalisation, ainsi que le début de son développement sur le marché de masse avec les premières lignes de produits bio dans la grande distribution.
Cette reconnaissance de l'AB va de pair avec l'assignation d'un statut à la conversion, qui devient une période bien délimitée et encadrée et se redéfinit parallèlement

comme objet de recherche tant pour l'agronomie que pour les sciences sociales. Les travaux de recherche décrivent alors le mouvement de spécialisation de l'AB, qui s'est accentué par la suite, et ses conséquences (Allard *et al.*, 2000). Certaines productions telles que les céréales étant devenues insuffisantes, la conversion de systèmes céréaliers sans élevage s'accélère, notamment avec l'instauration de politiques européennes et nationales de soutien financier (par exemple, aides à la conversion, règlement EU 2078/91 relatif aux MAE). L'apparition de systèmes de production plus spécialisés a pour corollaire le renforcement de certains problèmes techniques, notamment liés au contrôle des adventices et à la gestion de la fertilisation en l'absence de matières organiques produites sur l'exploitation. Dans des systèmes de plus en plus spécialisés, la résolution des problèmes techniques est souvent envisagée elle aussi par type de culture, aux dépens du rôle des successions culturales et donc de l'échelle des systèmes de culture. Ce mouvement de spécialisation va d'ailleurs de pair avec la structuration par productions (céréales, élevage bovin, etc.) de l'appareil de recherche-développement et de conseil. En corollaire, pour s'adapter à ce contexte, de nouveaux systèmes bio doivent être réinventés sur des bases assez différentes du modèle canonique d'association polyculture-élevage qui dominait dans les années 1970. Cette tendance à la spécialisation est toutefois perçue comme *a priori* antinomique de systèmes organiques complexes (David, 2000). D'autant que dans un marché où la guerre des prix s'installe, il y a un risque pour que le développement de la bio se trouve confronté aux mêmes problèmes que connaissent les exploitants conventionnels, comme le soutient la thèse de la conventionalisation de l'AB, développée à la fin des années 1990 par les sciences sociales, en particulier à partir du cas de l'AB californienne (Buck *et al.*, 1997).

Dans les années 1990 apparaissent aussi, parallèlement aux premiers signes de développement de l'AB dans les circuits de distribution conventionnels, les premiers travaux cherchant à identifier les différents types de consommateurs. Ainsi, les travaux fondateurs de Bertil Sylvander[7], appuyés sur le courant de « l'économie des conventions », distinguent différents types de consommateurs en fonction des formes de confiance privilégiées, que l'on peut rapporter à des répertoires ou à des « conventions » plutôt industrielle, marchande, civique, ou domestique. Les « anciens », intellectuels et assez aisés, sont fidèles aux anciens circuits et à l'agriculture biologique comme choix de société alternative, et assez exclusifs dans leur alimentation. Ils font confiance au label « agriculture biologique » et aux mentions des organismes certificateurs. Les acheteurs récents, plus occasionnels et moins fidèles, appartiennent aux catégories moyennes et n'acceptent pas, contrairement aux premiers, d'écarts de prix importants. Pour eux, la garantie est incarnée par la marque et l'étiquette (Sylvander, 1994). Des sociologues s'intéressent pour leur part aux consommateurs bio en s'appuyant sur les apports théoriques de l'anthropologie et de la sociologie de l'alimentation, afin de montrer l'articulation et la cohérence des valeurs et des pratiques de ces consommateurs (Ouedraogo, 1998 ; César, 1999 ; Lamine, 2003).

7. Pour en savoir plus sur le bilan de carrière de ce chercheur pionnier, le lecteur pourra se référer au texte « Pour entendre les signaux faibles », B. Sylvander, octobre 2007 : www.agrobiosciences.org

1.4. Une diversification des modèles de la bio dans les années 2000

La bio est davantage reconnue dans de nombreuses communautés scientifiques et techniques. Elle est présente dans des colloques, des évènements ordinaires et dans la presse spécialisée ou grand public. L'attention des agronomes se centre sur les performances de l'AB dans divers domaines : impacts environnementaux, qualité des aliments, capacité à nourrir une population grandissante. Ces études font aussi objet de controverses, parfois attribuées à la diversité des situations présentes – en AB comme dans d'autres régimes de production – et à la variabilité des résultats observés. Ainsi, si l'impact positif de l'AB sur la conservation de la biodiversité est reconnu (Hole *et al.*, 2005 ; Bengtsson *et al.*, 2005), cet impact diffère selon les communautés biologiques observées, les standards de certification, l'antériorité de la conversion et les antécédents des agriculteurs.

Les études centrées sur la conversion restent plutôt rares, bien que certains travaux s'intéressent aux changements afférents à la conversion, à leur gestion et aux moyens d'accompagnement mobilisables. Ces travaux prêtent une forte attention aux situations initiales de production avant conversion, qui induiront des écarts de pratiques et des rythmes de conversion différents (Bonnaud *et al.*, 2000). Parallèlement, les autres formes d'agricultures alternatives se multiplient également (Pervanchon et Blouet, 2002 ; Fréret et Douguet, 2001) à tel point que la comparaison biologique/conventionnel devient problématique.

L'intérêt accru des sciences agronomiques pour l'AB est-il le signe d'une conversion des chercheurs et techniciens, d'une prise en compte explicite de l'AB comme modèle candidat d'agriculture durable, ou bien d'une tentative de justification de la pertinence de ces travaux pour un panel d'agricultures plus larges, intégrant l'AB au sein d'autres voies ? La réponse à cette question n'est pas univoque, mais l'accroissement du nombre d'agronomes formés à la réalité et à la diversité de l'AB ne peut que contribuer à son développement.

Dans les sciences sociales, on observe au cours de la décennie 2000 une forte croissance des articles et travaux publiés au sujet de l'agriculture et des réseaux liés à l'AB, en particulier dans le monde anglo-saxon, comme en témoigne la vitalité des groupes de travail sur l'AB lors des congrès européens de sociologie rurale (Holt et Reed, 2006). Les approches typologiques restent très présentes. Une étude danoise identifie par exemple trois types d'agriculteurs bio, en fonction de leur conception de la relation entre nature et culture, de leur conceptualisation des problèmes environnementaux, et du rôle qu'ils attribuent à la science : (i) des agriculteurs biologiques « pré-modernes » qui s'inspireraient surtout des pratiques et conseils des fermiers retraités et des techniques traditionnelles, (ii) des agriculteurs « modernes » qui voient l'AB comme un moyen technique de résoudre des problèmes environnementaux, et (iii) des agriculteurs « post-modernes », ou modernes réflexifs qui sont souvent des citadins qui choisissent leur style de vie, et croient à une certaine politisation de la science et de la consommation (Kaltoft, 2001). Le débat sur le positionnement de l'AB par rapport à la modernité – loin d'être spécifique à la période historique de la modernisation agricole – se poursuit donc dans la période récente, autour de clés de lecture de la modernité redéfinies. L'AB aurait ainsi toute sa place dans la modernité « réflexive » (Beck, 1992), consciente de ses conséquences et de ses limites, et qui a succédé à la modernité « classique » du progrès technique. Le mouvement de l'AB serait un cas empirique nous éclairant sur la réflexivité de la société moderne à partir de ses marges. Une autre étude propose une catégorisation des agriculteurs bio en 6 classes : les entrepreneurs, les sous-traitants (en général de coopératives), les opportunistes, les contestataires (revendiquant fortement leur autonomie), les agriculteurs en relance professionnelle, et les repreneurs spécialisés, qui reprennent une ferme familiale déjà en bio, et qui seraient proches des valeurs d'origine de l'AB (Morel et Le Guen, 2002). Cette étude constate aussi que, contrairement aux pionniers des années 1970-1980 qui ont dû se positionner « contre », pour les convertis récents (tournant des années 2000), la conversion aurait été facilitée par la légitimation politique, professionnelle et sociale du bio et le développement de son marché.

Dans la majorité des études récentes, c'est d'ailleurs le rapport au marché qui structure les catégorisations, lesquelles ancrent bien souvent l'AB entre les deux pôles devenus classiques du militantisme et du marché. Dans une étude menée en Belgique, cette opposition entre militantisme et marché correspond à celle entre une rationalité économique ou calculatrice et une rationalité qui serait plus centrée sur l'identification et la conviction. Cette opposition fonde une typologie distinguant les chercheurs d'or, les convertis, les militants et les chercheurs de sens (Van Dam, 2005). Ces différentes classifications attestent, chacune à leur façon, de la diversité et de la dynamique de l'AB.

Mais les motivations des agriculteurs sont complexes. Il est nécessaire d'aller au-delà de cette opposition entre marché et militantisme, qui dans certains travaux anglosaxons fondés sur des études d'attitudes, devient parfois simpliste (voir Lamine et Bellon, 2009, pour une critique de ces approches). On constate alors que derrière les motivations dites « militantes », on trouve des motivations relevant du style de vie visé par les producteurs ainsi qu'un ensemble de dimensions d'ordre éthique – liées à la santé, à la qualité de l'alimentation, à l'environnement, au modèle de développement rural privilégié (Padel, 2001). Il en va d'ailleurs de même des consommateurs, dont les raisons d'aller vers la bio sont multiples et en tension – que ce choix soit exclusif ou partiel comme c'est le plus souvent le cas pour des mangeurs bio intermittents de plus en plus nombreux – (Lamine, 2008).

Le rôle des projets européens est décisif dans le développement d'un panel de travaux sur la consommation et la construction des marchés (Sylvander *et al.*, 2004). Ainsi, des enquêtes réalisées dans le cadre du projet européen OMIaRD (2001-2004) relient les principales motivations de l'achat bio à la santé, l'environnement, l'éthique, le goût, parfois le maintien du tissu rural et une dimension plus humaine. Ces motivations des consommateurs évoluent au cours du temps, la démocratisation de l'accès aux produits bio faisant que les motivations liées à la santé ou au goût des produits l'emportent souvent sur les questions d'ordre environnemental. Enfin, la question des interactions entre production et consommation reste un sujet encore assez peu exploré et informé, bien que la nécessité d'un « tournant de la consommation » soit fortement affirmée par certains auteurs à partir de l'étude des systèmes alternatifs, en partie liés, mais pas seulement, à l'AB (Goodman, 2002, 2003).

Le découpage temporel que nous venons de proposer correspond peu ou prou à celui que l'on peut identifier dans d'autres pays européens. Par exemple, un travail conduit au Danemark (Ingemann, 2006) établit la même périodisation. Plus largement, à partir d'une étude comparant six pays européens (Europe du Nord et de l'Ouest), Michelsen *et al.* (2001) identifient 7 étapes successives (tableau 1) : l'AB a été un mouvement social, avant même d'acquérir une reconnaissance politique, puis de générer un marché. Cette approche a ensuite été appliquée pour d'autres espaces géographiques (Hamade *et al.*, 2008).

Tab. 1 Comparaison des trajectoires de développement de l'AB selon Michelsen *et al.* (2001) et dans les pays balkans occidentaux

Trajectoires dans 6 pays de l'Europe de l'Ouest	Trajectoires dans les pays balkans occidentaux
Étape 1 : mouvement organique	Étape 1 : reconnaissance politique
Étape 2 : reconnaissance politique	Étape 2 : mesures de soutien (paiements)
Étape 3 : mesures de soutien (paiements)	Étape 3 : mouvement organique combiné avec pouvoir de marché
Étape 4 : relations non compétitives	Étape 4 : marché de l'alimentation bio
Étape 5 : marché de l'alimentation bio	Étape 5 : relation non compétitive combinée avec la question du conflit
Étape 6 : dispositif institutionnel engagé	Étape 6 : question du conflit
Étape 7 : question du conflit (Moschitz et Stolze, 2005)	Étape 7 : dispositif institutionnel engagé

Source : Hamade *et al.*, 2008.

On voit ainsi que les trajectoires de développement de l'AB sont multiples, et non linéaires bien que certaines étapes communes puissent être identifiées. Même si fondamentalement, elles passent par des individus et leur entourage (Brandenburg, 2008), ces trajectoires mobilisent un ensemble de collectifs et d'institutions qui ne se résument pas à un marché, à un produit ou à une filière. Cette dimension économique doit être prise en compte dans le projet de conversion, mais les attentes des citoyens, des consommateurs, des associations et des pouvoirs publics introduisent également d'autres dimensions dans l'AB. Ces dernières sont d'ailleurs explicites dans le nouveau règlement européen (n° 834/2007), notamment au travers de la notion de biens publics contribuant à la protection de l'environnement et du bien-être animal, ainsi qu'au développement rural, ou encore dans les principes de l'IFOAM rappelés en introduction.

2. Situation et enjeux de la conversion à l'AB en France

2.1. Un marché restreint mais en expansion

Bien que le marché des produits biologiques ne représente toujours que 1 % du marché alimentaire mondial (pourcentage correspondant en 2007 à 46,1 milliards de dollars au niveau mondial et à 16 milliards d'euros au niveau européen), il continue de croître depuis 1998 de plus de 10 % par an.

Ce marché est néanmoins très inégalement réparti dans le monde : l'Europe et l'Amérique du Nord concentrent plus de 90 % des ventes de produits biologiques, tandis que la production africaine par exemple est tournée vers l'exportation. Cette hétérogénéité persiste lorsque l'on ramène ces chiffres au nombre d'habitants. Rien qu'en Europe, les budgets alloués aux produits bio par les ménages peuvent atteindre en 2007 jusque 105 €/an/habitant en Suisse, contre moins de un euro en Pologne et en Hongrie. La France se situe autour de 30 €/an/habitant.

Pour la France, si selon le baromètre 2008 de l'Agence Bio, 44 % des Français consomment au moins un produit biologique par an, le prix plus élevé des produits bio reste un frein important à leur développement.

Les achats de produits bio concernent principalement le rayon crèmerie (produits laitiers et œufs représentent 23 % des ventes d'aliments bio en France), les légumes et l'alimentation infantile. Les canaux principaux de distribution restent les supermarchés, même si la commercialisation des produits biologiques reste aujourd'hui plus diversifiée que celle des produits conventionnels, elle-même plus diversifiée en France que dans d'autres pays où les grandes surfaces représentent la quasi-totalité des achats alimentaires. Les débouchés se diversifient en effet avec la vente directe ou à domicile, sous forme de colis ou de paniers (Lamine, 2008), mais aussi avec des perspectives de valorisation identifiées au niveau régional ou territorial (Schermer, 2006).

Cette réalité économique se traduit-elle en termes d'impulsion donnée aujourd'hui aux conversions ? Si l'appel du marché est un facteur important pour inciter des producteurs à se convertir, il ne peut à lui seul justifier un engagement durable dans l'AB. Comme nous le verrons dans les chapitres suivants, d'autres éléments interviennent, pour un producteur donné, pour construire et pérenniser un projet de conversion. Par ailleurs, un développement viable de l'AB suppose de n'exclure aucun mode de valorisation (Stassart et Jamar, 2005 ; Sylvander *et al.*, 2006), et nous verrons même qu'il peut être opportun, à l'échelle individuelle comme à l'échelle collective, de chercher à combiner différents circuits.

2.2. Des surfaces et une production qui peinent à subvenir à la demande

L'AB est bien un phénomène mondial avec 31 millions d'ha en bio en 2006, et plus de 719 000 exploitations certifiées, mais inégalement réparties entre pays. En Europe, la surface biologique et en reconversion atteint 2,9 % de la SAU en 2006 (comptant les pays de l'UE-25, plus les quatre pays candidats et les pays de l'AELE[8]). Mais cette proportion de surfaces biologiques est très disparate d'un pays à l'autre et s'échelonne de 13,6 % (Autriche) à 0,1 % (Malte), la France se situant avec 2 % dans la fourchette basse. Les surfaces en AB continuent à croître dans certains pays (Espagne, Allemagne...) mais stagnent, voire régressent, dans d'autres (Danemark, Finlande). L'Italie possède quasiment 16 % du total des cultures biologiques dans l'UE-27. Parmi les pays qui ont rejoint l'UE en 2004, c'est la République tchèque qui enregistre le plus fort pourcentage de surfaces en AB (plus de 4 %). Le développement des cultures biologiques et l'augmentation du nombre d'opérateurs sont donc très contrastés selon les pays.

Fig. 1 Évolution des surfaces et du nombre d'exploitations françaises en mode de production biologique depuis 1995

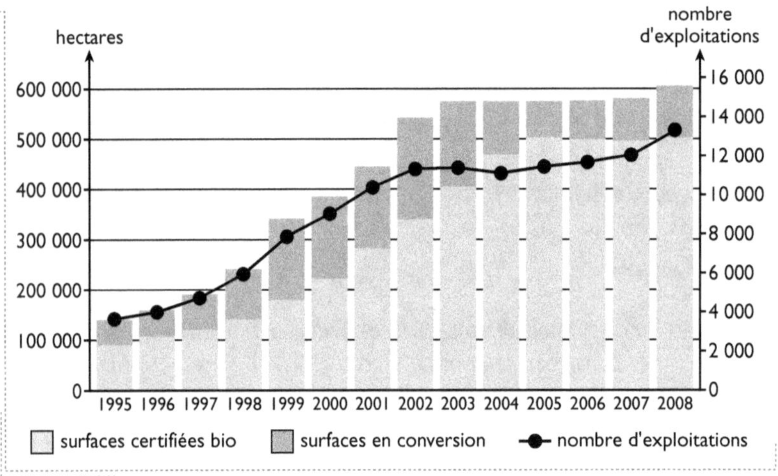

Agence Bio, 2009. *L'agriculture biologique, chiffres clés*, édition 2009.

En 2008, la superficie en mode de production biologique était en France de 583 799 ha (+ 4,8% par rapport à 2007), dont 81 565 ha en conversion (et 55 % en première année de conversion, soit 45 000 ha environ). Les surfaces en bio représentaient 2,12 % de la surface agricole utilisée (SAU) en France métropolitaine.

8. Association européenne de libre échange, comprenant des pays qui ne souhaitent pas faire partie de la Communauté économique européenne : Suisse, Islande, Liechtenstein, mais mettent en place une zone de libre échange limitée aux produits industriels et agricoles transformés, sans tarifs douaniers communs vis-à-vis de l'extérieur et sans mise en place de politiques communes.

Pour ce qui concerne l'utilisation des surfaces, près de 2/3 étaient des surfaces toujours en herbe ou en cultures fourragères. Cette part (2/3) est identique à celle des surfaces en herbe certifiées au niveau mondial, et supérieure à la moyenne des pays européens. Les grandes cultures représentaient 21 % et les cultures pérennes (vigne et arbres fruitiers, avec une période de conversion de 3 ans) près de 7 %. Les vignes, fruits et légumes, grandes cultures, plantes à parfum aromatiques et médicinales (PPAM) progressent (Agence Bio, 2009). En revanche, les légumes secs et les protéagineux tardent à se développer, voire régressent, alors qu'ils pourraient s'intégrer significativement dans des rotations culturales.

Les exploitations sont diversifiées, et il est difficile de dégager un profil type d'agriculteur bio. En 2008, 41 % des exploitations biologiques cultivaient des céréales et oléoprotéagineux. L'élevage contribue encore fortement à l'AB : 37 % des 13 300 exploitations agricoles françaises engagées en AB pratiquaient l'élevage en 2008, et près d'1/4 d'entre elles avaient un troupeau de vaches laitières ou allaitantes. L'activité principale constatée par les organismes certificateurs dans des exploitations biologiques serait répartie comme suit : 21 % des exploitations bio spécialisées dans l'élevage bovin ; 19 % avec comme orientation principale les grandes cultures ; 15 % centrées sur la production de légumes ; 11 % sur la viticulture. En 2008, les secteurs de la viticulture et les fruits et légumes constituaient l'activité principale de la moitié des exploitations agricoles *nouvellement* engagées (Agence Bio, 2009).

Tab. 2 Importance des productions en AB (certifiées et en conversion) en France en 2008

Cultures	surfaces (ha)	Part AB/total national	Élevages	nombres de têtes	Part AB/total national
Surfaces toujours en herbe (STH)	220 010	2,7 %	Vaches allaitantes	62 356	1,5 %
Autres fourrages*	13 435	2,9 %	Vaches laitières	61 386	1,6 %
Céréales	95 722	1 %	Brebis allaitantes	99 952	2,4 %
Oléoprotéagineux	24 230	1 %	Brebis laitières	28 572	2,1 %
Légumes	9 919	2,2 %	Chèvres	21 022	2,5 %
Fruits	10 954	5,9 %	Truies reproductrices	4 724	0,4 %
Vigne	28 190	3,3 %	Poulets de chair	5 333 119	4,5 %
Plantes à parfum, aromatiques et médicinales (PPAM)	3 907	13 %	Poules pondeuses	1 703 186	4,1 %
Autres (dont jachères)	56 517	4,3 %	Apiculture (nombre de ruches)	42 421	4,3 %

* prairies temporaires et cultures fourragères (données Agreste surfaces semi-définitives)　　　Source : Agence Bio, 2009.

En 2008, 5 exploitations bio sur 6 étaient 100 % en bio. La mixité (bio/conventionnel) était variable suivant les régions et les productions dominantes dans l'exploitation. Là où les cultures industrielles (par exemple betterave sucrière) sont importantes, la mixité est assez fréquente. Elle l'est également dans des exploitations produisant principalement des PPAM ou des fruits. Elle est moins développée dans les exploitations dont l'élevage de ruminants constitue l'orientation principale.

2.3. Les politiques de développement de la bio

Historiquement, diverses politiques publiques de soutien ont existé en Europe pour développer l'AB, avec des raisons différentes selon les pays : opportunité pour soutenir et valoriser une agriculture de zones difficiles (sud de l'Italie, montagnes de l'Autriche, pays qui se sont appuyés sur les aides à la conversion instaurées par la PAC en 1992), recherche d'une agriculture alternative pour des zones très peuplées et polluées (Pays-Bas) ou développement de productions pour l'exportation (Espagne).
L'ensemble des pays européens affichent des objectifs ambitieux pour faire progresser la bio : l'Autriche souhaite que 20 % de sa surface agricole utile soit travaillée de manière biologique dès 2010, la France veut tripler ses surfaces bio d'ici à 2012 (soit 6 %), l'Allemagne vise aussi d'atteindre 20 % de surfaces agricoles bio à moyen terme et les Pays-Bas ambitionnent d'augmenter la part bio de 5 % par année.
Des distorsions de concurrence peuvent aussi apparaître entre pays européens, comme pour la main-d'œuvre, dont l'AB est forte consommatrice. La concurrence avec les bassins de production des pays de l'Est va certainement s'intensifier, notamment sur les productions méditerranéennes telles que les PPAM et les fruits et légumes. De même, les politiques de soutien diffèrent d'un pays à l'autre : le montant moyen de l'ensemble des aides à l'AB est de 190 €/ha en France et de 320 €/ha en Italie. Cette utilisation différente des moyens, en particulier ceux du second pilier de la PAC explique certainement en partie la situation française, et son retard relatif, indéniable dans les années 2000, alors qu'elle occupait dans les années 1980 une position de leader.

La croissance de la demande dans les années 1990 a été stimulée par les crises sanitaires, et a provoqué un déficit commercial qui a conduit les pouvoirs publics à envisager des plans de soutien à l'AB, le premier datant de 1997. L'option nationale a été de ne pas multiplier les structures spécifiques à l'AB, mais plutôt de l'intégrer dans toutes les structures agricoles : recherche, développement et formation doivent prendre en compte l'AB. De fait, aides à la conversion, aides aux filières, encadrement technique, structuration des réglementations, doublés de plans régionaux et de soutiens multiples dans le pays ont permis un essor rapide du bio au tournant des années 2000, avec un décollage des conversions, le nombre d'exploitations étant passé de 6 000 en 1998 à plus de 11 000 en 2003. Mais après ces quelques années de croissance rapide, en 2003 les surfaces en AB se mirent à stagner.

Les objectifs du PPDAB de 1998 sont loin d'avoir été atteints (50 % de ceux fixés). Un rapport (Saddier, 2003), ayant cherché à identifier les causes de ce retard persistant de l'AB française par rapport à celle d'autres pays européens, l'a imputé notamment à l'implication insuffisante de la recherche, du développement et de l'enseignement, mais aussi aux distorsions de concurrence évoquées ci-dessus et dues à des disparités entre pays dans les aides accordées (montants et durée plus faibles des soutiens) et dans la réglementation, avec notamment une interprétation exigeante du nouveau règlement européen relatif aux productions animales), aux différentiels de prix à la consommation entre bio et conventionnel, et enfin à la dispersion de la profession.

Dans la période récente, et suite au plan de développement de l'AB à horizon 2012 (Barnier, 2007)[9], de nouvelles mesures sont apparues, notamment le crédit d'impôt inscrit dans la Loi d'orientation agricole de 2006 et revalorisé, la réévaluation des aides à l'hectare, l'exonération des taxes foncières (voir chapitre 8 et Agence Bio [2009] section « Aides publiques pour encourager le développement de l'AB : repères »).

2.4. Une conversion souvent présentée comme synonyme de risque

La conversion est parfois vue comme période à risques multiples, alors que les expériences et travaux que nous rapportons dans cet ouvrage montrent que ce n'est pas toujours si difficile. Les risques évoqués diffèrent selon les acteurs concernés : producteurs, opérateurs économiques, consommateurs (Bellon *et al.*, 2000).

Risques techniques et économiques pour l'agriculteur

La renonciation aux intrants de synthèse, notamment aux produits phytosanitaires et vétérinaires, soumet l'AB aux aléas climatiques et biologiques, qui se traduisent par une variabilité des rendements plus forte qu'en agriculture conventionnelle. Ces risques sont accrus dans les exploitations biologiques sans élevage et les exploitations spécialisées, dont le nombre augmente avec les conversions suscitées par l'appel du marché ou les aides.

PERFORMANCES PRODUCTIVES DE L'AB : UNE QUESTION CONTROVERSÉE

L'AB a de solides atouts pour la protection de l'environnement. En revanche, un argument récurrent de ses détracteurs est son incapacité à « nourrir le monde », compte tenu de ses moindres rendements. Cette baisse des rendements est cependant discutée (Stanhill, 1990 ; Badgley, 2007), et la question d'une intensification éco-fonctionnelle de l'AB est également mise en chantier (Niggli *et al.*, 2008). Lors d'une transition vers l'AB, les rendements diminueraient d'autant plus que le système initial est intensif en intrants (Halberg *et al.*, 2006). Les rendements relatifs en AB seront d'autant plus faibles

---

9. Cinq priorités définissent les grands axes de ce plan d'action : la recherche, le développement et la formation ; la structuration des filières ; la consommation de produits bio ; l'adaptation de la réglementation ; la conversion, puis la pérennisation d'exploitations biologiques.

qu'on les compare à des modèles occidentaux exigeants en intrants et sous des climats plus favorables.

Les meilleurs rendements relatifs sont observés dans les pays en voie de développement où les conditions climatiques sont plus sévères et l'accès aux intrants de synthèse est limité (Sanders, 2007). Dans ces pays, Zundel and Kilcher (2007) observent même un doublement de certains rendements (figure 2).

En tout cas, le constat général de baisse de rendement doit être nuancé selon les situations initiales et les régions, mais aussi compte tenu du fait que les objectifs et les moyens de production sont souvent révisés à l'occasion d'une conversion.

Fig. 2 Évolution prévisible du rendement selon le niveau d'intensification agricole (Zundel et Kilcher, 2007).

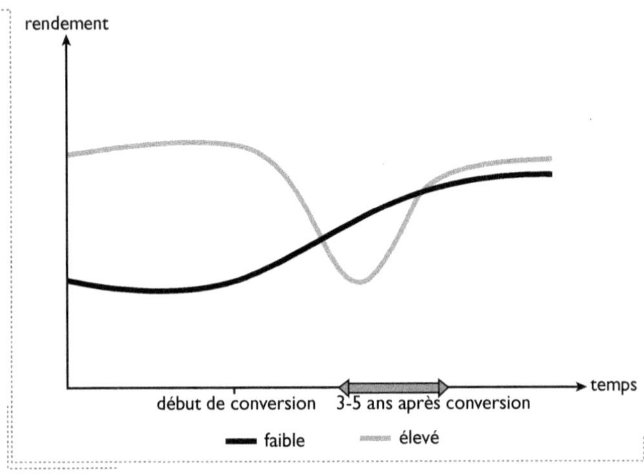

Le pas de temps concerné par ces évaluations de performances de l'AB est primordial. Ainsi, plusieurs auteurs, mettant en avant le rôle du sol dans la conversion, mentionnent un effet de transition biologique (ou organique, pour reprendre le terme utilisé par les anglo-saxons, qui souligne l'importance accordée à la matière organique). Cet effet conduirait à une réduction des performances technico-écono-miques pendant les premières années après conversion formelle. Les processus écologiques seraient inadéquats pour que le sol nourrisse les plantes, pour contrôler les maladies et ravageurs, ou bien pour assurer d'autres fonctions remplies antérieurement par des intrants chimiques. Ensuite, les propriétés et l'activité biologique s'améliore-raient, après 3 ans ou plus de conduite biologique, ce qui en retour améliorerait les rendements (Liebhardt *et al.*, 1989; MacRae *et al.*,

1990). Cette amélioration non systématiquement observée et reste discutée (Martini *et al.*, 2004).

La conversion s'accompagne souvent d'une modification des assolements et rotations. En particulier, les effets de l'intégration de légumineuses sur les cultures suivantes peuvent s'exprimer à moyen terme (cas d'une luzerne restant 3 à 5 ans en place). La réduction de la variabilité interannuelle des rendements reste un thème de travail important en bio, même si elle peut être compensée par une diversification des assolements.

De façon générale, la notion de performances mérite d'être précisée en AB. Le critère de rendement physique a souvent été privilégié en agriculture, surtout dans l'après-guerre. Ceci a conduit à disqualifier certaines variétés dont le rendement était insuffisant au regard des variétés dominantes. Mais surtout, la gamme des critères d'évaluation se complexifie, du fait de compromis possibles entre qualité et quantité des récoltes, entre objectifs de production et de protection de l'environnement, entre rendement physique et résultat économique… Enfin, au-delà d'évaluations classiques, un enjeu est aussi d'apprécier l'AB à l'aune de son propre système de valeurs (Darnhofer *et al.*, 2009).

La baisse des rendements – qu'elle soit durable ou non – et leur plus grande variabilité possible sont-elles compensées par la meilleure valorisation des produits biologiques ? Les produits obtenus en période de conversion ne peuvent pas être valorisés immédiatement en AB, alors que l'agriculteur doit généralement investir dans de nouveaux équipements et intrants. Les produits végétaux ne peuvent être certifiés et commercialisés en AB que 24 mois après la date formelle de conversion pour ceux issus de cultures annuelles et 36 mois pour les cultures pérennes. Ceux produits dans la période de conversion, et récoltés à partir du 13e mois de conversion, sont certifiables et commercialisables sous l'appellation « produits en conversion vers l'AB ». Les végétaux produits et/ou récoltés durant les 12 mois qui suivent la date de début de conversion d'une parcelle ne peuvent faire référence ni à l'AB ni à la conversion. Tout ceci explique que la période de conversion peut être vue comme un cap difficile à franchir.

Risques pour l'aval

Les aléas d'une production par définition plus dépendante des conditions naturelles, et la relative inorganisation de la production aboutissent à des approvisionnements plus aléatoires voire à des risques de rupture d'approvisionnement pour les opérateurs économiques en aval de la filière. Ce risque n'est guère acceptable pour les grandes surfaces, ni d'ailleurs pour tout industriel qui doit programmer ses flux de production et de vente. Les opérateurs de l'amont qui ont su répondre à ces exigences ont acquis des positions favorables dans leurs relations avec ce type de débouchés, mais ce n'est pas le cas de tous. Diverses expériences illustrent la tentative de mettre en place des systèmes d'échange qui permettent un partage plus équitable des incertitudes aux différents niveaux de la filière, soit au niveau des circuits courts (cas des AMAP par exemple), soit même dans des circuits longs (voir le chapitre 12).

Enfin, on peut considérer que le choix du biologique est aussi porteur de risque pour le consommateur, qui n'est jamais sûr que les propriétés attendues seront au rendez-vous. Si une part croissante des consommateurs semble reconnaître aux produits bio des qualités gustatives, hygiéniques (absence de résidus de pesticides) et nutritionnelles supérieures à celles du standard (Lairon, 2009), cette supériorité n'est pas toujours démontrée et fait l'objet de polémiques. « Plus naturels », les produits de l'AB sont aussi moins standardisés et plus variables quant à leurs qualités gustatives ou visuelles ; et si ce risque est connu et assumé par les consommateurs « anciens », il peut poser des problèmes aux autres.
Il existe également un risque de fraude sur la provenance (le « faux bio »), qui tend toutefois à disparaître en France grâce à la présence de véritables professionnels tout au long de la filière et à la mise en place d'une réelle traçabilité, mais qui reste réel pour les produits importés.

Pour réduire ces risques dans leur ensemble, il est nécessaire de poursuivre la structuration des filières, d'harmoniser la certification au niveau mondial et de développer les recherches pour aider les agriculteurs et les autres acteurs à résoudre les nombreux problèmes qui se posent tout au long de la filière. Ces obstacles ne sont, en fait, pas propres à l'AB ; ils concernent également d'autres modèles technico-économiques, comme les productions artisanales ou fermières, les AOC (appellations d'origine contrôlée), etc.
Même s'il existe des exceptions, les produits bio sont généralement plus chers que leur équivalent en qualité standard. Plusieurs facteurs peuvent expliquer ces prix élevés (Sylvander, 1992) : le coût des contrôles et des intrants spécifiques, les rendements souvent plus faibles, les coûts de transformation et de logistique élevés liés à la faiblesse des volumes traités. Les agrobiologistes invoquent aussi le montant bien moindre des aides qu'ils reçoivent par rapport aux autres agriculteurs, qui les obligent à avoir des prix supérieurs à ceux de l'agriculture conventionnelle. Ils demandent que soit faite une estimation des coûts réels de la production alimentaire, intégrant les coûts induits par les pollutions et les services rendus par l'agriculture. Ce travail reste à faire.
Ces niveaux de prix supérieurs pourraient suggérer l'idée que l'AB s'adresse à une clientèle aisée. Cela n'est que partiellement vrai. Dès le début du développement des produits bio, les consommateurs des catégories aisées étaient effectivement surreprésentés, mais plus encore ceux de niveaux d'éducation élevé. En outre, ces consommateurs rattrapaient la cherté des produits en changeant de mode d'alimentation (plus d'achats de produits bruts, moins de viande, etc.). Ce phénomène semble toutefois moins marqué dans le cas des clientèles de grandes surfaces, plus conformes à la moyenne dans leurs habitudes et plus sensibles au prix.

Une analyse complète de cette question – gamme de prix pratiqués, coûts logistiques, coûts de production, répartition de la plus-value le long des filières, évaluation financière des politiques publiques – reste toutefois à conduire.

2.5. Transitions vers l'AB et préservation de l'environnement

Les relations entre AB et environnement évoluent fortement. Trois niveaux peuvent être distingués de ce point de vue.

À un premier niveau, on peut considérer que (i) la définition même de l'AB, qui « allie les meilleures pratiques environnementales, un haut degré de biodiversité, la préservation des ressources naturelles » (règlement (CE) 834/2007), (ii) les pratiques mises en œuvre ainsi que (iii) les contrôles opérés chez les producteurs, les transformateurs et les distributeurs, sont une garantie de qualité environnementale. La non-utilisation de produits de synthèse, les rotations culturales et la lutte biologique, le recyclage des matières organiques et le lien au sol sont autant d'arguments en faveur des bénéfices environnementaux potentiels de l'AB. La complémentarité entre productions animale et végétale dans une exploitation ou à l'échelle régionale est aussi un facteur de diminution des risques environnementaux liés à l'élevage, en évitant de produire plus de déjections animales que les cultures ne peuvent en absorber. Enfin, les évolutions règlementaires et technologiques vont dans le sens d'une meilleure maîtrise des points jugés critiques, tels l'usage de certains moyens de protection des cultures (réduction des usages du cuivre), les méthodes de travail du sol (réduction des consommations d'énergie fossile, au-delà du fait que le poste de consommation le plus important est annulé, puisqu'il n'y a pas de consommation d'hydrocarbures pour fabriquer des engrais azotés de synthèse).

À un deuxième niveau, de nombreuses études se sont attachées à évaluer l'impact de l'AB sur différents compartiments environnementaux (Benoît *et al.*, 2003 ; Blanchart *et al.*, 2005). Les méthodes d'analyse de ces performances environnementales sont nombreuses : utilisation de suivis, de bilans, d'indicateurs, de modèles. Elles se réfèrent en général à un témoin conventionnel, et prennent généralement peu en compte les dynamiques de conversion et la diversité des situations internes à chaque agriculture à l'échelle d'exploitations ou de petits territoires (Lamine et Bellon, 2009). De façon symétrique, peu d'études se sont penchées sur la façon dont intervient l'environnement comme facteur de production ou plus globalement – avec un ensemble de compartiments – pour soutenir le développement de l'AB conformément aux principes énoncés précédemment (en particulier selon le principe d'écologie). On peut cependant retenir que ces études attestent du fait que l'AB est bien positionnée par rapport à un ensemble de compartiments environnementaux, même si des améliorations sont possibles (Niggli, 2009).

À un troisième niveau, nous pouvons considérer que l'émergence de la composante environnementale peut être un facteur de développement et d'orientation de l'AB et qu'il concerne l'ensemble des opérateurs[10]. Cette proposition s'appuie sur l'intérêt récent manifesté par des acteurs environnementaux pour l'agriculture biologique : agences de l'eau, parcs naturels régionaux, collectivités territoriales, conservatoires des espaces naturels, etc. Cet intérêt est encore peu intégré dans les politiques des acteurs environnementaux, mais depuis peu, plusieurs programmes d'intervention, comme dans certaines agences de l'eau, cherchent explicitement à susciter des actions pour développer l'AB, à l'échelle locale ou régionale. Ceci peut passer par une contractualisation entre agriculteurs bio et acteurs de l'environnement sur des objectifs de performances environnementales, au-delà (ou différents) du règlement de l'AB. En corollaire, il y a également à intégrer une ou plusieurs dimensions environnementales dans des dynamiques de filières et/ou des dynamiques de territoire, sachant que les problématiques peuvent être assez différentes selon qu'il s'agit de ressources en eau ou de biodiversité. Enfin, une telle perspective invite à repenser la diffusion de pratiques et de connaissances entre AB et autres agricultures à base ou à visée écologiques.

2.6. Perspectives

L'AB est de nouveau à un tournant de son histoire. La périodisation proposée montre que cette histoire récente peut être schématisée en décennies. Et une nouvelle décennie commence. Doit-on considérer qu'être arrivé à 2 % des surfaces en 40 ans est un bon résultat ? Ou bien faut-il considérer que ce qui fait la force de l'AB n'est pas tant une question de pourcentage actuel ou ciblé ? Au-delà des chiffres, l'AB a en effet incarné et mis en perspective une possibilité concrète de produire et de s'alimenter autrement, tout en préservant l'environnement. Cette possibilité s'inscrit dans un cadre d'exercice et d'orientation défini par la réglementation et dans des principes également réaffirmés dans les communautés dédiées (IFOAM). Les acquis et enjeux de recherche, de formation ou de développement en AB sont aujourd'hui identifiés et débattus dans de nombreuses instances, tant nationales qu'internationales. En résumé, l'AB a su s'adapter et continue à évoluer, comme un organisme vivant.

Ces 40 ans correspondent aussi à un tournant générationnel, puisque les pionniers de l'AB ont déjà passé la main à des successeurs. Les transitions vers l'AB s'inscrivent dans une perspective intergénérationnelle, avec quatre voies de réponse principales aux objectifs nationaux de développement de l'AB : (i) l'installation de nouveaux agriculteurs, ayant parfois une expérience professionnelle hors de l'agriculture et souvent porteurs de projets originaux, (ii) la conversion de producteurs pratiquant antérieurement une autre forme d'agriculture, (iii) le développement d'exploitations déjà en AB, susceptibles d'accroître leurs surfaces ou leur productivité, (iv) la reprise d'exploitations déjà en AB.

Au fil du temps, l'AB a connu un processus d'institutionnalisation dû à la structuration progressive de ses instances professionnelles et associatives (Piriou, 2002) et à leur passage, d'une position de rupture ou de marginalité, à une certaine reconnaissance

---

10. Cette position est partagée et discutée dans un des axes du RMT DévAB.

(Ruault, 2006). Certains considèrent que cette institutionnalisation de l'AB et sa reconnaissance dans les politiques publiques révèlent aussi un dualisme structurel permettant finalement au reste de l'agriculture (assimilée à l'agriculture conventionnelle) de perdurer sans trop de remise en question. Ils soulignent aussi le fait que l'AB cesse de devenir un mouvement social précisément à partir du moment où elle s'institutionnalise (Tovey, 1997 ; Kaltoft, 2001). *A contrario*, on peut penser, et aujourd'hui peut-être plus encore, que l'AB pourra jouer un rôle de pilote d'une évolution élargie de l'agriculture vers des formes plus durables, si toutefois les politiques publiques lui en donnent les moyens. L'ouverture et l'intérêt croissant de nombreux acteurs par rapport à l'AB en attestent, et ceux qui se convertissent ne sont plus considérés comme déviants mais comme porteurs de projets dignes d'examen et d'accompagnement. En corollaire, de nouvelles formes de coopération s'établissent, en interne à l'AB et avec d'autres professionnels.

Les agriculteurs bio ont également su innover, et nous y reviendrons dans les chapitres suivants. Si des performances de l'AB sont déjà manifestes dans plusieurs domaines, la perspective d'un changement d'échelle de l'AB – avec de nouveaux entrants – implique aussi de résoudre les problèmes techniques et économiques qui demeurent (Bellon *et al.*, 2009 ; Meynard, 2009). Compte tenu de la surface d'exploration que représente l'AB, les thèmes candidats sont multiples : maîtrise des maladies et ravageurs en favorisant des régulations biologiques ; insertion des légumineuses dans les systèmes de production ; améliorations technologiques dans la transformation des produits biologiques ; caractérisation des qualités des processus et produits de l'AB ; adaptation au changement climatique ; meilleure prise en compte du bien-être animal… Le maintien d'une capacité d'innovation peut être guidé par une autonomisation et une diversification des unités de production, incarnées par le modèle canonique de polyculture-élevage. Mais des systèmes viables en AB peuvent différer de ce modèle, même s'il a montré sa robustesse, et ils peuvent être conçus au-delà de la seule exploitation. Les modèles de production et de développement de l'AB seront sans doute différents de ceux qui prévalent aujourd'hui. Ils seront aussi soutenus par des acteurs multiples, incluant le secteur privé et les politiques publiques intervenant à différents niveaux : le développement d'une véritable « économie de la bio » passe par une stratégie globale, soutenue par un projet partagé par l'ensemble du secteur de l'AB (Sylvander, 2006 ; Lairon, 2009).

3. Introduction à l'analyse des transitions vers l'AB

3.1. Les approches classiques de la conversion en sciences agronomiques et sociales

Les études agronomiques sur l'AB se consacrent souvent à des comparaisons d'effets, par exemple des effets de la conversion sur différents critères de performances techniques ou environnementales tels que le rendement, la biodiversité, la fertilité des sols, etc. Les comparaisons sont, soit entre agriculture conventionnelle et AB, soit entre avant et après la conversion, sur un écart temporel restreint, au détriment d'une appréhension des processus d'évolution sur la longue durée (Lamine et Bellon, 2009). Or, il a été montré, entre autres, que les effets sur le rendement, en général négatifs à court terme, pouvaient être fort différents à plus long terme, lorsque des équilibres biologiques ont pu se rétablir (voir p. 35-36). Par ailleurs, les études sont en général à l'échelle parcellaire ou au mieux à celle de l'exploitation, au détriment d'approches plus territoriales pouvant prendre en compte des interactions à une échelle spatiale plus large.

Dans la transition vers l'AB, les processus d'évolution ne touchent pas que les pratiques techniques et les résultats économiques qui en résultent, ils concernent aussi l'organisation du travail, les apprentissages, l'appartenance à des réseaux, la construction d'un rapport au métier à la fois similaire (puisqu'on reste évidemment agriculteur) et différent (on accorde en général plus d'attention à d'autres aspects tels que les rapports avec les consommateurs). C'est pourquoi, si l'on admet ce côté multidimensionnel de la conversion, l'évaluation qui en est faite devrait l'être aussi. C'est pourquoi également la transition vers l'AB est aussi un objet de recherche et de travail légitime pour les sciences sociales.

Pourtant, si quelques études pionnières sur la bio avaient bien mis l'accent sur ces aspects multidimensionnels de la conversion en s'intéressant à ses facteurs biographiques, interrelationnels et sociaux (Barrès *et al.*, 1985 ; Le Pape et Rémy, 1988), par la suite la majorité des études en sciences sociales se sont centrées sur les motivations des agriculteurs à se tourner vers l'AB, le « pourquoi » prenant nettement le pas sur le « comment » de la conversion, ses étapes et difficultés. L'agriculteur est alors le plus souvent considéré comme un être isolé, voire calculateur d'utilités comparées, bien plus qu'agriculteur inséré dans un monde professionnel, des réseaux et une société plus large.

Au final, comme le montre la figure 3, on fait le constat d'une dominante d'approches typologiques et d'analyses des motivations ou freins à la conversion ainsi que de ses effets, dans l'ensemble de ces disciplines, au détriment d'études de trajectoires et de réseaux, ainsi que d'études longitudinales et systémiques prenant en compte les divers aspects afférents à la conversion.

Fig. 3 Les principaux types d'études de la conversion, en sciences sociales et agronomiques

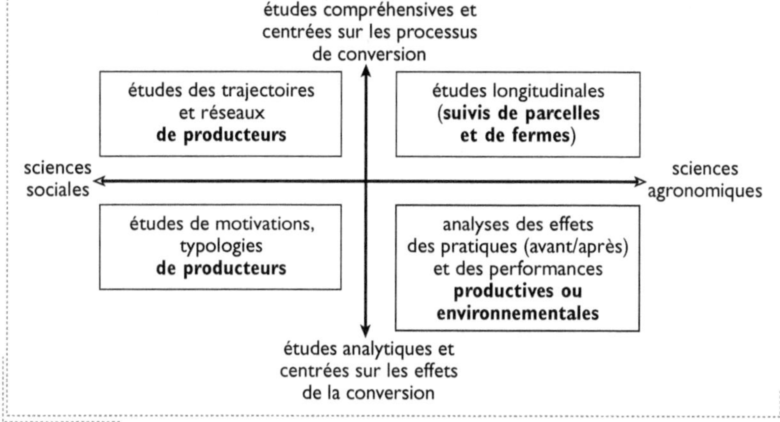

Source : adapté de Lamine et Bellon, 2009.

3.2. Complexité et temps long des transitions

Les projets de recherche et études qui se sont intéressés au processus de la transition vers l'AB dans sa pluridimensionnalité – au sens où s'y enchevêtrent et s'y articulent de nombreux aspects différents – et son « temps long », ont conduit à souligner plusieurs points essentiels qui guident aussi nos approches dans cet ouvrage :
– l'importance des antécédents dans les trajectoires des producteurs (pratiques antérieures de réduction d'intrants, réalisation d'essais, intérêt pour la bio, insertions dans les réseaux, etc.) ;
– l'échelle de temps de la conversion, qui va souvent bien au-delà de la période de 2 ou 3 ans officielle ;
– enfin, l'articulation de l'ensemble des aspects caractérisant l'activité agricole, avec de fortes interactions entre évolution des pratiques techniques et évolution des modes de commercialisation.

LE PROJET TRACKS, UNE APPROCHE EXTENSIVE ET COMPRÉHENSIVE DES TRANSITIONS VERS L'AB

Le projet Tracks (Analyse multidimensionnelle et accompagnement de trajectoires de conversion en agriculture biologique) réalisé en 2005 et 2006 dans le cadre du programme INRA-Acta conjointement par l'INRA, l'ITAB et le CTIFL, a justement tenté d'aborder la conversion en tenant compte de la longue durée et de la complexité des objets qu'elle englobe. L'objectif était d'analyser quels sont, pour les exploitations, les changements liés à la conversion à l'agriculture biologique, dans les domaines agronomiques, organisationnels, économiques, commerciaux, et dans les relations aux consommateurs.

Ce projet s'est appuyé sur un dispositif d'enquête et de suivis articulant :

– des enquêtes agronomiques sur des exploitations présentant une diversité de structures et de modes de mise en marché ;

– des enquêtes sociologiques auprès de producteurs dont étaient retracées et analysées les trajectoires sociotechniques ;

– des enquêtes et suivis ethnographiques de systèmes d'AMAP et des interactions entre producteurs et consommateurs.

Une partie des enquêtes a été menée conjointement en binôme agronome-sociologue afin de croiser les dispositifs et points de vue sur une même situation. Ce travail a mis en évidence que le processus de transition est enclenché bien avant le démarrage administratif de la conversion et qu'il se poursuit au delà de cette période formelle. Les origines de l'intérêt porté à l'AB par les agriculteurs sont diverses : elles relèvent dans certains cas d'une volonté de s'en sortir mieux économiquement dans un contexte donné, ou d'une décision assez soudaine déclenchée, par exemple par un événement de type problème de santé ou rencontre, ce qui conduit à des transitions souvent relativement rapides. Dans d'autres cas, l'intérêt pour l'AB découle de motivations et pratiques plus anciennes, qui expliqueront des transitions au contraire très progressives, pouvant s'étaler sur une dizaine ou même une vingtaine d'années : recours à l'homéopathie, consommation de produits bio, refus d'utiliser des produits chimiques ou diminution antérieure de leur utilisation, recherche d'une meilleure relation avec les consommateurs. Le passage à l'acte – installation ou conversion – est bien entendu lié à la prise de risque que le producteur s'autorise, car l'AB reste un mode de production perçu comme risqué, même si la volonté et le plaisir de travailler autrement sont fort présents chez les producteurs. De ce fait, non seulement la généralisation des techniques et pratiques spécifiques à l'AB, mais aussi le fait d'avoir déjà testé certaines techniques ou réductions d'intrants en conventionnel (les antécédents), ou encore celui d'avoir un accès sensible et proche aux pratiques biologiques grâce aux réseaux et connaissances du producteur, apparaissent essentiels.

Cette entrée par les transitions et trajectoires n'est toutefois pas exclusive de la bio ; toutes les exploitations ont évidemment des trajectoires, et dans aucune de ses formes l'agriculture n'a été pour ses professionnels un long fleuve tranquille, au cours de ces dernières décennies : réformes de la PAC, crises sanitaires, variations des prix et globalisation des marchés ont régulièrement remis en question les trajectoires empruntées.

Cependant, le fait que ces trajectoires soient en général posées au travers des catégorisations professionnelles (gestionnaires) classiques telles que installation, croisière, cessation/reprise, conduit à ignorer les processus d'adaptation des exploitations à des conjonctures variables et les changements internes à chacune de ces phases classiques.

3.3. Diversité des conversions : entre continuité et rupture

L'identification des types de trajectoires suivies par les producteurs permet de contraster le degré de continuité ou de rupture qu'incarne la conversion à l'AB, par rapport à leurs pratiques antérieures.

Trois grands types de trajectoires ont ainsi pu être identifiés (Bonnaud *et al.*, 2000), que les professionnels du secteur et en particulier les conseillers bio retrouvent aussi dans leur quotidien (voir chapitre 8) :

1. Renforcement d'une orientation d'exploitation déjà engagée, en valorisant des modes de production déjà proches de l'AB afin de faire reconnaître des pratiques respectueuses de l'environnement et soucieuses de la qualité des produits (cas assez fréquent en élevage extensif, par exemple).

2. Bifurcation vers une nouvelle orientation d'exploitation, plus en rupture par rapport aux pratiques antérieures, en expérimentant de nouveaux itinéraires et réseaux techniques ; ou encore par la recherche de nouvelles combinaisons productives, plus économes.

3. Installation directement en AB, le plus souvent hors cadre familial et avec une commercialisation en vente directe (cas fréquent des « néoruraux »).

Il s'avère que ces cas d'installations sont en réalité plus diversifiés, avec des profils assez différents, dont certains présentent une certaine continuité, du fait d'activités professionnelles proches de l'agriculture ou de l'environnement, d'engagements personnels ou de pratiques de jardinage bio antérieur, par exemple, contrairement à l'image de rupture qu'incarnent les néoruraux (Lamine, Perrot, 2006).

Le premier type peut être assimilé à une bio « en continuité ». Dans certains cas, c'est même une bio « par défaut » qui relève davantage d'une opportunité de qualification que d'un changement de mentalité (au sens où les conceptions sont déjà proches du bio), mais qui représente un fort potentiel pour sortir l'AB de sa niche et contribuer à son développement.

Les deux autres types incarnent bien plus une rupture dans la trajectoire de l'exploitant et de sa ferme même si, dans de nombreuses trajectoires, des antécédents dans les pratiques ou réseaux agricoles, ou même en dehors, peuvent faciliter le passage à l'AB. Ces différents types de trajectoires ont des conséquences en termes d'attente des producteurs en matière de maîtrise du changement technique et d'aide à la prise de décision, et donc en termes d'accompagnement, comme on le verra dans la partie 2 de l'ouvrage, justement consacrée à l'accompagnement des transitions vers la bio (incitations, conseil, formation, outils supports).

Ces éléments sur les processus de transition et types de trajectoires valent dans tous les secteurs de production agricole. Toutefois, des difficultés spécifiques se posent dans les différents systèmes, c'est pourquoi l'on a choisi de traiter successivement les grands types de systèmes dans les chapitres à suivre, tout en veillant à évoquer les complémentarités possibles entre différentes productions, sachant qu'un chapitre sera spécifiquement consacré à la polyculture-élevage. Dans ces chapitres, nous essaierons d'aborder les aspects techniques sous l'angle avec lequel ils peuvent apparaître au fil des trajectoires de transition vers la bio, trajectoires dont les points de départ varient évidemment selon les modèles techniques auxquels correspondent les exploitations. Pour cela, nous nous appuierons sur des cas concrets, tout en respectant la diversité de ces cas, et de l'AB elle-même.

BIBLIOGRAPHIE

ACTA, 1972. *À propos de controverses récentes: réponses à quelques questions sur l'emploi des engrais*, Ronéo Acta.

AGENCE BIO, 2009. *L'agriculture biologique - Chiffres clés*, L'Agence française pour le développement et la promotion de l'AB.

ALLARD G., DAVID C., HENNING J., 2000. *L'agriculture biologique face à son développement - Les enjeux futurs*, Les colloques INRA éditions, n° 95.

BADGLEY C. *et al.* 2007. Organic agriculture and the global food supply - *Renewable Agriculture and Food Systems*: 22 (2).

BARNIER M., 2007, *Agriculture biologique horizon 2012*, Grand conseil d'orientation de l'Agence Bio, 12 septembre 2007. Ministère de l'Agriculture et de la Pêche.

BARRÈS D. *et al.*, 1985. Une éthique de la pratique agricole. *Agriculteurs biologiques du Nord-Drôme*. INRA-ESR.

BECK U., 1992. *Risk Society. Towards a New Modernity*, London, Sage.

BELLON S., PRACHE S., BENOIT M., CABARET J., 2009. «Recherches en élevage biologique: enjeux, acquis et développements», *INRA Productions Animales*, vol 22 n °3, Numéro spécial élevage bio.

BELLON S., TRANCHANT J.-P., 1981. «Elements of analysis of biological husbandry on four farms in South-East France», *in* Stonehouse B. (Ed.), *Biological Husbandry: a scientific approach to organic farming*, Butterworths, London.

BELLON S. *et al.*, 2000. «L'agriculture biologique et l'INRA: vers un programme de recherche», suppl. *INRA mensuel* n° 100, consultable en ligne, www.inra.fr

BENGTSSON J., AHNSTRÖM J., WEIBULL A.C., 2005. « The effects of organic agriculture on biodiversity and abundance: a meta-analysis », *Journal of Applied Ecology*, 42.

BENOÎT *et al.*, 2003, Agriculture biologique et qualité des eaux, *in Séminaire sur les recherches en AB*, INRA-ACTA.

BERTHOU Y., CAPILLON A., CORDONNIER J., ROUMAIN DE LA TOUCHE Y., 1972. *L'agriculture biologique: éléments de diagnostic à partir d'une enquête sur 40 exploitations*, Ronéo INA Paris-Grignon, 88 p.

Besson Y., 2009. « Une histoire d'exigences : philosophie et agrobiologie. L'actualité de la pensée des fondateurs de l'agriculture biologique pour son développement contemporain », *Innovations Agronomiques, 4.*

Blanchart E., Cabidoche Y.-M., Gautronneau Y., Moreau R., 2005. *Les aspects spatiaux et environnementaux de l'agriculture biologique. Agriculture biologique en Martinique. Qelles perspectives de développement ?* IRD Éditions, Coll. Expertise collégiale.

Bonnaud T., Leseigneur A., Soulard C.-T., 2000. « Situer le profil des agriculteurs en conversion et leurs attentes - Une étude de cas en Bourgogne », *Travaux et Innovations, 65.*

Brandenburg A., 2008. « Mouvement agroécologique au Brésil : trajectoire, contradictions et perspectives », *Natures Sciences Sociétés,* n° 16.

Buck D., Getz C. & Guthman J., 1997. « From Farm to Table : The Organic Vegetable Commodity Chain of Northern California », *Sociologia Ruralis,* 37 (1).

Cadiou O. *et al.,* 1975. *L'agriculture biologique en France : écologie ou mythologie,* Presses Universitaires de Grenoble.

Cauderon A., 1981. « Sur les approches écologiques de l'Agriculture », *Agronomie,* 1 (8).

César C., 1999. *De la conception du naturel, les catégories à l'oeuvre chez les consommateurs de produits biologiques,* Thèse de sociologie, Paris X.

Collectif, 1974. *L'Encyclopédie permanente d'agriculture biologique,* éditions Debard.

Conford P., 2001. *The origins of the Organic Movement,* Floris Books.

Darnhofer I. *et al.,* 2009. « Conventionalisation of organic farming practices : from structural criteria towards an assessment based on organic principles » *Agronomy For Sustainable Development.*

David C., 2000. « La spécialisation des systèmes céréaliers en Europe : origine et conséquences », *in* Allard G., David C., Henning J., *L'agriculture biologique face à son développement. Les enjeux futurs,* Les colloques INRA éditions n° 95.

Fréret S., Douguet J.-M., 2001. « Agriculture durable et agriculture raisonnée. Quels principes et quelles pratiques pour la soutenabilité du développement en agriculture ? » *Natures, Sciences, Sociétés,* n° 9 (1).

Gautronneau Y., *et al.,* 1981. « Une nouvelle approche de l'Agriculture Biologique », *Économie Rurale,* 142.

Gontier, 2008. La deuxième modernité à l'œuvre dans l'agriculture : L'exemple de l'agriculture biologique à l'épreuve des catégories d'objets de nature, de qualité et d'équité, MASTER ESSOR, université de Toulouse.

Goodman D., 2002. « Rethinking food production-consumption : integrative perspectives », *Sociologia Ruralis,* 42.

Goodman D., 2003. « The quality turn and alternative food practices : reflections and agenda », *Journal of Rural Studies,* 19.

Guyomard H., 2009. « Politiques publiques et agriculture biologique », *Innovations Agronomiques,* 4. Halberg N. *et al.,* 2006. The impact of organic farming on food security in a regional and global perspective, *in* Halberg *et al.* (Eds.) *Global Development of Organic Agriculture : Challenges and Prospects,* CABI Publishing.

Hamade K., Midmore P., Pugliese P., 2008. *Institutions and Policy Development for Organic Agriculture in Western Balkan Countries : a Cross-Country Analysis. Cultivating the Future Based on Science,* 2nd Conference of the International Society of Organic Agriculture Research ISOFAR, Modène, Italie, June 18-20.

Heckman, 2006. « A history of organic farming: Transitions from Sir Albert Howard's War in the Soil to USDA National Organic Program », *Renewable Agriculture and Food Systems*, 21.

Hole D.G., *et al.*, 2005. Does organic farming benefit biodiversity? *Biological conservation* 122 (1).

Holt G., Grey P., Nielsen R., Tranter R., 2003. *A multi-country case study of the process of conversion to organic farming in the EU*, Centre for Agricultural Strategy, The University of Reading. [non publié].

Holt, G. C., Reed M. (éd.), 2006. *Sociological perspectives of organic agriculture*, Cab International.

Ingemann J.H., 2006. « The Evolution of Organic Agriculture in Denmark », *OASE working paper*, n° 2006 (4).

Kaltoft P., 2001. «Organic Farming in Late Modernity: At the Frontier of Modernity or Opposing Modernity?», *Sociologia Ruralis*, 41 (1).

Lairon D., 2009. « La qualité des produits de l'agriculture biologique », *Innovations Agronomiques*, 4.

Lamine C., Bellon S., 2009. « Conversion to organics, a multidimensional subject at the crossroads of agricultural and social sciences », *Agronomy for sustainable Development*, 29.

Lamine C., 2003. *La construction des pratiques alimentaires face à des incertitudes multiformes, entre délégation et modulation - Le cas des mangeurs bio intermittents*. Thèse de sociologie, EHESS, Marseille.

Lamine C., 2008. *Les intermittents du bio*, éd. de la Maison des Sciences de l'Homme, éditions Quae.

Lamine C., Perrot N., 2006. *Trajectoires d'installation, de conversion et de maintien en agriculture biologique: étude sociologique*, projet Tracks INRA-ITAB-CTIFL.

Lampkin N., Stolze M., 2006. « European Action Plan for Organic Food and Farming », *Law, Science and Policy*, 3.

Le Pape Y. & Remy J., 1988. «Agriculture biologique: unité et diversité» *in* M. Jollivet (éds), *Pour une agriculture diversifiée*, coll. Alternatives Rurales, L'Harmattan.

Leroux J., Fouchet M., Haegelin A., 2009. «Élevage bio: des cahiers des charges français à la réglementation européenne», *INRA Productions Animales*, vol 22 n°3, Numéro spécial élevage bio.

Liebhardt W.C. *et al.*, 1989. « Crop production during conversion from conventional to low-input methods », *Agronomy Journal*, 81.

MacRae R.J., Hill S.B., Henning J., Mehuys G.R., 1990. « Farm-scale agronomic and economic conversion from conventional to sustainable agriculture », *Advances in Agronomy*, 43.

Martini E.A. *et al.*, 2004. « Yield increases during the organic transition: improving soil quality or increasing experience », *Field Crop Research*, 86.

Meynard J.-M., 2009. «Quelles priorités pour la R & D en agriculture biologique?», *Innovations Agronomiques*, 4.

Michelsen J.; Lynggaard K.; Padel S., Foster C., 2001. « Organic Farming Development and Agricultural Institutions in Europe: A Study of Six Countries ». *Organic Farming in Europe: Economics and Policy*, Vol. 9, Université de Stuttgart.

Morel B., Le Guen R., 2002. *Une typologie compréhensive pour analyser la dynamique des producteurs biologiques*, Séminaire INRA DADP, Montpellier, déc. 2002.

Moschitz H., Stolze M., 2005. *Making policy – A network analysis of Institutions involved in organic farming policy. Researching Sustainable Systems - International Scientific Conference on Organic Agriculture*, Adelaide (Australie) 21-23 sept.

Niggli U.*et al.*, 2008. Vision for an Organic Food and Farming Research Agenda 2025. *Organic Knowledge for the Future.* Technology Platform Organics, consultable en ligne : orgprints.org/13439/

Osty P.L., 1978. « L'exploitation agricole vue comme un système. Diffusion de l'innovation et contribution au développement », *Bulletin technique d'information*, 326.

Ouedraogo A., 1998. « Manger naturel : les consommateurs de produits biologiques », *Le Journal des Anthropologues,* 74.

Padel S., 2001. « Conversion to organic farming : a typical example of a diffusion of an innovation ? », *Sociologia Ruralis,* 40 (1).

Pervanchon F., Blouet A., 2002. « Lexique des qualificatifs de l'agriculture », *Le Courrier de l'environnement de l'INRA* n° 45.

Petit M., 1974. « Adoption des innovations techniques par les agriculteurs », Revue *POUR* n° 40.

Piriou S., 2002. *L'institutionnalisation de l'agriculture biologique (1980 – 2000),* École Nationale Supérieure Agronomique de Rennes, thèse de doctorat.

Rebischung M.J., 1976. *Écologie et agriculture intensive,* Académie des Sciences.

Règlement d'application n° 889/2008 de la Commission du 5 septembre 2008 (JO L 250 du 18.9.2008).

Règlement CE n° 834/2007 du Conseil du 28 juin 2007 (JO L 189 du 20.7.2007) modifié.

Ruault C., 2006. « Le conseil aux agriculteurs bio : un analyseur des interrogations et évolutions du conseil en agriculture », *in Conseiller en agriculture*, coll. Sciences en partage, Educagri éditions.

Saddier M., 2003. *L'agriculture biologique en France : vers la reconquête d'une première place européenne,* rapport au Premier ministre Jean-Pierre Raffarin, consultable en ligne : www.ladocumentationfrancaise.fr/rapports-publics/034000464/index.shtml

Sanders, J., 2007. *Economic impact of agricultural liberalisation policies on organic farming in Switzerland.* Research Institute of Organic Agriculture (FiBL), Suisse, Aberystwyth University, Grande-Bretagne.

Schermer M., 2006. « Regional Rural development : the Formation of Ecoregions in Austria », *in* Holt, G. C., Reed M. (éd.), 2006. *Sociological perspectives of organic agriculture,* Cab International. 227-259.

Sebillotte M., 1972. « Pourquoi une enquête auprès des agriculteurs "biologiques" ? » *in* Berthou *et al.,* *L'agriculture biologique : éléments de diagnostic à partir d'une enquête sur 40 exploitations,* Ronéo INA Paris-Grignon.

Sebillotte M., 1984. « Écologie et agriculture intensive », *Bulletin de l'écologie.*

Stanhill G., 1990. « The comparative productivity of organic agriculture », *Agriculture, ecosystèmes & environment,* 30.

Stassart P., Jamar D., 2005. « Le Blanc Bleu Belge est-il soluble dans le bio ? », *Nature, Sciences, Société,* 13.

Sylvander B., 1992. « L'évolution du marché des produits biologiques : tendances et perspectives ». *Le courrier de la cellule environnment,* n° 18.

Sylvander B., 1994. « La qualité : du consommateur final au producteur », *Études et Recherches sur les Systèmes Agraires*, 28.

Sylvander B., 2006. *Quatre questions à Bertil Sylvander. AB. De la recherche à la pratique. Quelques résultats du programme Agribio*, INRA Ciab.

Sylvander, B., Kristensen, N. H., Midmore, P., Vaughan, A., 2004. *Organic Marketing Initiatives in Europe*, Vol. 2, OMIaRD EU project, Aberystwyth, Grande-Bretagne.

Sylvander B., Bellon S., Benoit M., 2006. « Facing the organic reality : the diversity of development models and their consequences on research policies » *in Joint Organic Congress Organic Farming and Eur. Rural Development*, Danemark.

Tovey H., 1997. « Food environnmentalism and rural sociology : on the organic farning movement in Ireland », *Sociologia ruralis*, 37 (1).

Tovey H., 2002. « Alternative agriculture movements and rural development cosmologies», *International Journal of Sociology of Agriculture and Food*, 10 (1).

Van Dam D., 2005. « Les agriculteurs biologiques : vocation ou intérêt ? », *Presses Universitaires de Namur*.

Viel J.-M., 1979. *L'agriculture biologique : une réponse ?*, éd. Entente.

Zundel C., Kilcher L., 2007. « Organic agriculture and food availablity », *in Issues paper presented during the conference « Organic Agriculture and Food Security »*, FAO, Rome.

Chapitre 2

La conversion du verger : vers une reconception du système

Joël Fauriel, INRA

Le verger constitue un système pérenne dans lequel la protection phytosanitaire occupe une place importante de l'itinéraire technique. L'enjeu d'une transition vers des systèmes économes en intrants est d'autant plus grand que l'espèce fruitière considérée est la cible d'un grand nombre de bioagresseurs. Le point de départ peut être un verger existant, implanté sans objectif particulier de limiter l'utilisation de fertilisants et de produits phytosanitaires, mais l'idéal est une démarche à partir d'un terrain à aménager en un verger conçu pour fonctionner d'une manière plus autonome vis-à-vis des intrants externes.

En 2003, les vergers représentaient 1 % de la SAU et consommaient 21 % des insecticides chimiques vendus en France (Codron *et al.*, 2003). Chaque année le Service national de la protection des végétaux recense de nouvelles espèces de ravageurs dans les cultures. Ce constat pourrait illustrer les difficultés à transiter massivement vers une arboriculture moins dépendante des produits chimiques. Il démontre surtout les limites du système de production actuel. L'arboriculture biologique, par ses principes et son expérience, se doit de proposer une alternative plus autonome vis-à-vis des intrants quels qu'ils soient et plus résiliente face à des perturbations extérieures (accidents climatiques, nouvelles espèces invasives, etc).

Depuis peu, la production fruitière biologique se développe. 77 % des consommateurs de produits bio déclarent acheter en premier lieu des fruits et légumes[1], de préférence en provenance de France. Au début des années 2000, les surfaces de vergers bio stagnaient autour de 9 000 ha en France et elles enregistrent en 2008 une progression de 13,5 % pour atteindre près de 11 000 ha (Agence Bio, 2 009).

Certes, étant donné la dépendance des cultures fruitières aux produits phytosanitaires, on se doute bien que l'abandon de toute une gamme de produits chimiques efficaces ne se fait pas sans effort et sans courage. Les vergers d'abricots et de prunes représentent 55 % des surfaces bio en 2008. Ce sont donc bien les cultures les moins dépendantes aux pesticides qui sont les plus développées par rapport aux cultures de fruits plus consommés comme les pommes. Quoi qu'il en soit, l'offre de fruits bio produits en France se développe, principalement dans le sud du pays : les régions Rhône-Alpes, Provence-Alpes-Côte d'Azur et Languedoc-Roussillon dénombrent plus de 400 exploitations fruitières et plus de 1 200 ha chacune. D'autres régions comme Midi-Pyrénées et Pays de la Loire connaissent un dynamisme récent. Les plus grandes entreprises s'y intéressent, entraînant avec elles des surfaces importantes. Le développement de variétés adaptées et spécifiques à l'AB comme la pomme Juliet®, une restriction d'usage de plus en plus sévère des substances actives chimiques, associés à un contexte social plus exigeant vis-à-vis des enjeux environnementaux sont quelques-uns des facteurs expliquant ce sursaut récent de l'arboriculture biologique.

La nécessité d'utiliser massivement des intrants en production fruitière est liée à l'absence de rotation des espèces cultivées et à la difficulté de disposer de variétés rustiques adaptées. La pérennité du système verger est, certes, favorable au maintien des populations d'auxiliaires, mais aussi à celui de certains bioagresseurs. L'absence d'une succession de cultures dans un temps court ne permet pas de perturber les cycles des ravageurs ou maladies. Elle ne permet pas non plus d'augmenter simplement la fertilité du sol par l'introduction de légumineuses. La conception et la conduite du verger devront compenser ces handicaps.

Le verger est constitué de deux milieux distincts : le rang et l'entre-rang. Le rang est composé d'arbres fruitiers « monoclonaux » (à l'exception des pollinisateurs) et conduit en conditions de développement des plus confortables (réduction de la concurrence

---

1. Baromètre CSA/Agence Bio de consommation et de perception de produits biologiques en France, 2008.

des adventices, fertilisation). Entre deux rangs d'arbres, une zone sert principalement au passage des engins agricoles et à la pénétration de la lumière. Elle est souvent composée d'une bande enherbée (graminées). Autour du verger, les espaces peuvent être de composition très variée (vergers, haies, urbanisme, bois…). Ces trois espaces interagissent et interfèrent sur les populations d'arthropodes du verger, ces interactions dépendant des interfaces et de la diversité des espèces végétales.

Un agriculteur souhaitant pratiquer l'arboriculture biologique se retrouve face à deux cas de figure. Il peut disposer d'une parcelle pour implanter un verger dédié à l'AB, c'est ce que nous évoquerons dans la première section. Dispensé d'outils chimiques, le mode de production biologique incite à repenser le système, pour davantage mobiliser les capacités de régulation et de production naturelles et le potentiel génétique des variétés. Nous présenterons comment la conception du verger et ses composantes permettent de limiter les risques phytosanitaires et de simplifier les interventions de l'agriculteur pendant la vie du verger. Sinon, l'agriculteur possède un ou plusieurs vergers déjà en place qu'il souhaite « passer en bio ». Cette situation est la plus fréquente mais aussi la plus délicate car les variétés et conditions d'implantations sont rarement celles préconisées en AB. Nous évoquerons dans la deuxième section les étapes de la conversion d'un verger en place. Nous verrons comment instaurer, avant le démarrage de la conversion formelle, des conditions favorables (bas niveaux des populations de bioagresseurs, vigueur suffisante, présence d'auxiliaires). Nous développerons ensuite comment conduire un verger en agriculture biologique. Pour finir, nous amorcerons une réflexion sur le choix des performances attendues et à valoriser pour un verger conduit en AB.

1. Création du verger : réduire la dépendance vis-à-vis des intrants

Les produits phytosanitaires ont un coût économique, environnemental et social élevé. La protection phytosanitaire en verger de pommier est le poste le plus énergivore et représente à lui seul 39,8 % des apports énergétiques nécessaires en production intégrée (Strapasta *et al.*, 2006). Même s'ils sont souvent inférieurs à ceux des produits chimiques de synthèse, les impacts des produits phytosanitaires utilisables en AB sur l'applicateur ne sont pas négligeables. Il est possible de réduire leur utilisation au moyen d'un choix variétal et d'une conduite du verger appropriés. Le système verger est alors conçu de manière à réduire le recours aux intrants au moyen de mesures préventives. L'idée de reconcevoir le système plutôt que de se limiter à une substitution d'intrants ou une amélioration de leur efficacité a été développée notamment par Hill *et al.* (1999). En arboriculture, les propositions de systèmes répondant à ces exigences sont peu nombreuses (Brown & Mathews, 2005). Il s'agit de mettre en œuvre tous les éléments qui vont permettre au système de s'autoréguler tout en garantissant une production suffisante et de qualité: variétés rustiques, aménagements favorisant les régulations trophiques, environnement sain, méthodes prophylactiques. Le choix du matériel végétal, incluant variété et porte-greffe s'il est nécessaire, est le facteur clé.

1.1. Le choix variétal

En France, les variétés dominantes du verger de pommier sont celles qui exigent le plus de traitements phytosanitaires. Les variétés du groupe Gala, Golden et Pink Lady® représentaient 54 % des surfaces en 2007 alors que Melrose, Idared et les variétés résistantes à la tavelure n'en représentaient que 3,2 % (Agreste, 2006). Le tableau 1 établi pour l'Europe montre que la sensibilité aux maladies n'est pas un critère prioritaire dans le choix variétal, même en agriculture biologique. Or, le choix de la variété détermine la gestion des maladies et ravageurs durant toute la vie du verger. Les maladies du pommier se développent davantage dans le nord de la France, les ravageurs comme le carpocapse sont plus problématiques au sud. Sur certaines espèces, on dispose de plus de recul et de connaissances sur le comportement des variétés vis-à-vis de la conduite des arbres et de leurs sensibilités aux bioagresseurs, notamment dans les conservatoires végétaux (Leterme et Lespinasse, 2008).

Tab. 1 Sensibilités aux maladies pour les principales variétés de pommes cultivées en AB

Variétés	Production européenne en AB	Tavelure	Oïdium	Feu bactérien	Tâche de suie	Maladies de conservation	Chancres
Golden Delicious	16 %	+++	+	+	++	++	+
Jonagold/ Jonagored	15 %	+++	+++	++	+++	+	++
Elstar	14 %	++	++	++	++	++	++
Topaz	11 %	R	+	++	+++	+++	+++
Gala	10 %	+++	+++	+++	?	+	+++
Breaburn	6 %	+++	+++	+++	?	++	
Idared	3 %	+	+++	+++	?	+	
Boskoop	2 %	+	+	+	?	+	++
Pinova	2 %	+	++	++	?	+++	

+++ très sensible, ++ sensibilité intermédiaire, + peu sensible, R résistant, ? non connu ou masqué par la protection fongique vis-à-vis d'autres maladies.

D'après Trapman et Jansonius, 2008.

En lien avec les porte-greffes, les propriétés génétiques de la variété influent globalement sur la facilité à conduire la culture dans un système à bas niveau d'intrants: dépendance aux produits phytosanitaires, plasticité vis-à-vis des manipulations architecturales, dépendance de l'apport en oligo- et macroéléments, exigence en irrigation. Sur un dispositif comparant trois systèmes de production de pommes (biologique, écologique et raisonné) et trois variétés (Ariane®, Melrose et Smoothee®), une expérimentation de l'INRA a mis en évidence l'importance de la variété dans le management des bioagresseurs, quel que soit le système (Simon *et al.*, 2008). Au terme des trois premières années de l'étude, le nombre de traitements phytosanitaires effectués est plus élevé sur Smoothee®, variété sensible. À l'inverse, Melrose, variété rustique, est la variété la moins traitée. Cette étude montre l'intérêt des variétés globalement rustiques qui permettent une protection réduite contre plusieurs bioagresseurs. Corail Pinova®, Juliet®, Goldrush®, Dalinette sont aussi des variétés qui associent plusieurs caractères intéressants (faible sensibilité aux maladies dont celles liées à la conservation, bonne qualité gustative, productivité). Peu d'études s'intéressent à la sensibilité des variétés aux ravageurs. D'après les suivis d'Hogmire (2005) relatifs à 23 variétés cultivées aux États-Unis, Goldrush® et Sunrise sont peu sensibles aux arthropodes, contrairement à Caméo®, Fuji et Gala Supreme®. Deux variétés résistantes à la tavelure, Goldrush® et Florina®, sont également peu sensibles au puceron cendré. Une étude italienne sur l'évaluation du développement du puceron cendré sur quelques variétés confirme la tolérance de Florina® et de Golden Orange® et valide la plus grande sensibilité de Red Delicious®, Reinette du Canada® et Golden delicious® (Angeli et Simoni, 2006). En France, le GRAB a comparé 26 variétés de pommes (variétés récentes et plus anciennes, hybrides INRA) sur différents porte-greffes (M7 et PI80) dans un dispositif où les interventions et les intrants ont été réduits au minimum (Gomez, 2009). Cette situation a permis d'évaluer la sensibilité des variétés aux bioagresseurs ainsi que leur comportement physiologique (port de l'arbre) et agronomique (production). Cabarette, Pinova, Reinette des Capucins, De l'Estre, Pitchounette, Florina sont peu sensibles au puceron cendré. Globalement, les variétés anciennes (Cabarette, De l'Estre, Reinette des Capucins, Provençale Rouge d'Hiver) sont plus rustiques et tolérantes à la tavelure, mais ont des niveaux de production plus faibles en cinquième feuille.

Les variétés résistantes comme Ariane (variété ayant une résistance monogénique à la tavelure) qui semblaient une solution alternative, révèlent leurs limites par le fait que leur gène de résistance (Vf) peut être contourné et que la sensibilité aux autres maladies comme l'oïdium s'avère élevée.

Enfin, les problèmes phytosanitaires ne sont pas les seuls en jeu : du point de vue de la qualité nutritionnelle des fruits, si l'on considère la variété, le mode de production et le terroir, le facteur qui a la plus forte influence sur la composition en micronutriments est de loin la variété.

Pour l'abricotier, il est préférable que la variété soit autofertile pour assurer une produc-tion chaque année. Le principal frein phytosanitaire à la production d'abricots en AB est la moniliose. De longues périodes d'humectation au moment de la floraison favori-sent son développement. Les variétés très floribondes ont tendance à avoir des durées d'humectation plus élevées. Des premiers résultats ont été obtenus sur la sensibilité de quelques variétés aux monilioses : généralement, les variétés à floraison tardives (Bergeron, Tardif de Tain cov, Orangered®) échappent plus facilement aux périodes humides et sont moins sensibles que des variétés à floraison plus précoces comme Tomcot®, Goldrich® ou Bergarouge® (Mercier *et al.*, 2008).

La culture de pêcher peut difficilement s'envisager avec des variétés tardives du fait des risques importants liés à la conservation des fruits (périodes pluvieuses plus fréquentes et piqûres de tordeuses plus importantes). La cloque, principale maladie du pêcher, a fait l'objet d'observations sur une gamme variétale présentant une grande variabilité. La comparaison de 31 variétés commerciales par le CTIFL montre que Bénédicte®, Honey Kist cov, Summer Rich cov, Diamond Bright cov et Coraline® se comportent bien vis-à-vis de la maladie avec une protection au cuivre limitée à nulle (Mandrin, 2007). A l'inverse, Summer Lady cov, Rome Sart cov, Nectaross cov et Mélina® sont fortement attaquées dans les mêmes conditions.

Les porte-greffes ont des capacités différentes à développer leur système racinaire ou à se prémunir des bioagresseurs. En AB, on recherchera un matériel plus vigoureux ayant la capacité de développer des racines en profondeur pour explorer au mieux les ressources du sol et assurer un bon ancrage de l'arbre. En culture de pommier, le choix du porte-greffe est plus large et moins dépendant de la présence de calcaire actif dans le sol contrairement aux espèces à noyaux. En adéquation avec la vigueur de la variété et la fertilité du sol, des porte-greffes plus vigoureux que le type M9 sont plus intéressants pour des vergers à bas niveau d'intrants. La sélection M7 semble un bon compromis pour assurer une mise à fruit rapide avec une vigueur suffisante pour supporter un entretien limité sur le rang. La gestion de la vigueur du porte-greffe et de la variété est également le résultat d'une combinaison de pratiques (taille, fertilisation, gestion de l'enherbement, charge). La configuration des vergers classiquement préconisée n'est pas la plus favorable aux régulations biologiques (interrangs monospécifiques, arbre en haie fruitière, haies composites uniquement en bordure lorsqu'elles existent). Des vergers où l'on envisage d'intégrer plus de diversité nécessitent des distances de plantations supérieures. L'espace libéré réduit également les durées d'humectation et de fait la sensibilité des végétaux aux maladies.

1.2. Production d'environnement et de services écosystémiques

L'impact des produits phytosanitaires utilisables en AB sur les auxiliaires et leur efficacité souvent partielle incitent à s'appuyer sur les régulations naturelles de l'agroécosystème dans la gestion des ravageurs, voire de certaines maladies. Par la combinaison de plusieurs strates végétales et leur pérennité, le verger est un milieu favorable à la biodiversité végétale et animale. Les réseaux trophiques composés de la plante hôte, ses insectes phytophages et le cortège de parasites ou de prédateurs associés sont mobilisables sous réserve que ces trois niveaux existent. La lutte biologique par conservation fonctionne en verger conduits en AB pour certains ravageurs (acariens, cochenilles, psylles) du fait de l'absence d'insecticides chimiques, de la présence de haies ou de bois dans l'environnement, et parce que ces insectes peuvent être présents à des niveaux de population élevés sans pour autant avoir une forte incidence sur le rendement et la qualité de la récolte.

Cependant, d'autres ravageurs comme les pucerons ou les tordeuses sont peu régulés naturellement, soit parce que les populations auxiliaires se développent à partir des infestations et ne sont présents en quantités suffisantes que tardivement (pucerons), soit parce que même dans des milieux peu anthropisés, le taux de parasitisme et de prédation atteint au mieux 50 % et ne peut donc assurer une régulation naturelle suffisante. Les coccinelles ne pondent pas en quantité suffisante pour réguler une population de pucerons. La complexification du système et l'aménagement de zones de compensation écologique (implantations d'espèces végétales non affectées par les pratiques agricoles) permettent d'augmenter la biodiversité végétale et animale.

Une synthèse sur l'impact de la biodiversité sur le contrôle phytosanitaire en vergers montre que sur 22 études, l'aménagement végétal peut avoir un effet positif (16 cas), nul (9 cas) ou négatif (5 cas) (Simon *et al.*, 2 009). Dans un contexte de production fruitière, il ne s'agit pas uniquement de produire une grande diversité spécifique, mais également de pouvoir l'associer à des services écologiques (régulations naturelles). De par sa contribution à la fonction de régulation des ravageurs, cette biodiversité est alors fonctionnelle pour l'agrosystème. Les haies composées de différentes espèces végétales abritent un grand nombre d'insectes (dix essences suffisent pour accueillir 80 % des groupes fonctionnels d'auxiliaires). Des essences telles que le cornouiller sanguin, la viorne lantane, le noisetier, le sureau ou le charme, en particulier, hébergent en abondance des insectes reconnus utiles. Les haies jouent également des rôles moins connus comme celui de barrière vis-à-vis des maladies bactériennes telles *Pseudomonas syringae*. Toutefois, on constate que les auxiliaires migrent peu de la haie vers le verger : des strates relais intermédiaires sont probablement nécessaires.

Depuis quelques années, des expérimentations sont menées sur l'intérêt de bandes enherbées fleuries placées plus à proximité des arbres. Les espèces sont sélectionnées pour leur capacité à nourrir (nectar, insectes) ou abriter (tiges creuses, feuilles duveteuses) certains insectes connus pour leur efficacité prédatrice ou parasitoïde. Le panais sauvage abrite par exemple en hiver *Elodia tragica*, un diptère qui parasite la larve du carpocapse des pommes (Romet, 2005). Toutefois, malgré un environnement favorable aux arthropodes, les résultats peuvent être décevants. Pour que les régulations fonctionnent au mieux, des ressources (nourriture, abri) doivent maintenir les populations d'auxiliaires toute l'année et les interfaces d'échanges entre les différentes strates « réservoir » doivent être présentes à tous les niveaux. On constate qu'une strate arbustive (buissons) est généralement absente dans les vergers. La mixité dans les variétés voire espèces cultivées, réduit par ailleurs la pression parasitaire. La figure 1 illustre de quelle manière les éléments du verger peuvent s'agencer spatialement. L'agencement reconfiguré des strates apporte plus de diversité floristique et faunistique, plus d'interfaces d'échanges et de régulations naturelles, comme représenté en bas et à droite de cette figure.

Fig. 1 Reconfigurer le système verger pour favoriser les services écologiques

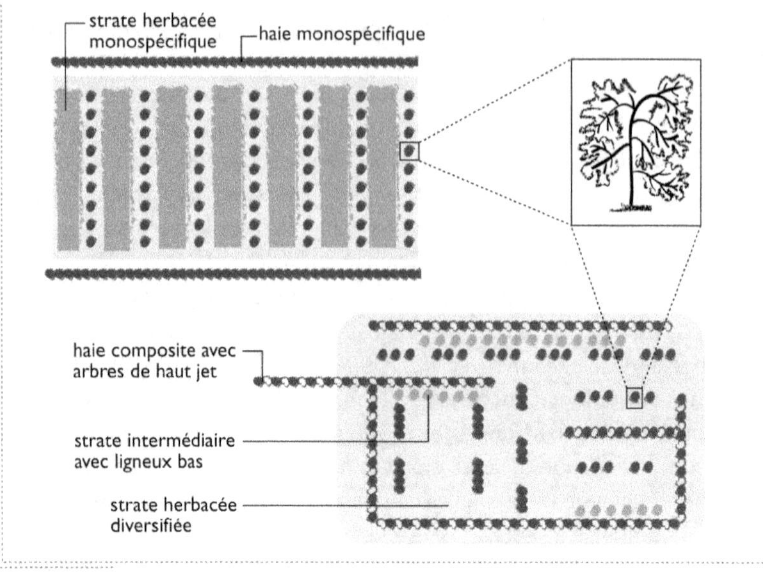

Enfin, des aménagements tels que des nichoirs à oiseaux, des piquets à rapaces, points d'eau pour les chauves-souris ou abris à arthropodes (forficules, coccinelles, syrphes…) sont autant de moyens qui augmenteront la capacité du verger à s'autoréguler.

2. Convertir à l'AB un verger existant : les étapes techniques

La conception d'un verger adapté intégrant les éléments ci-dessus n'est pas toujours possible, car c'est souvent à partir de vergers existants que la conversion se fait. Le choix des parcelles candidates et la préparation du verger sont deux facteurs qui vont alors permettre une transition réussie (Bellon *et al.*, 2008). Selon une étude du CTIFL, 27 % des arboriculteurs récemment convertis ne sont pas satisfaits des résultats économiques de leurs exploitations (Garcin et Gigleux, 2005). La conversion se traduit souvent par des investissements financiers importants et une perte de rendement. Autant d'éléments qui suggèrent de préparer le verger le plus tôt possible sur la base d'un diagnostic initial et au moyen de savoirs nouveaux. Dans un premier temps, la connaissance du verger candidat et de ses habitants renseigne sur les pressions parasitaires passées et les moyens (chimiques ou non) utilisés pour y remédier. L'observation régulière et attentive des arbres permet de réagir préventivement et de mesurer la réalité de la transition. Enfin, il faut savoir comment intervenir face à un problème technique. La réponse n'est pas forcément unique.

2.1. Choix des vergers candidats

L'exploitation agricole est généralement composée de plusieurs parcelles d'espèces et de variétés différentes. Nous avons observé qu'il existait chez les producteurs des préférences quant au choix de l'espèce et de la variété choisie pour une conversion. Les choix sont guidés par la capacité à répondre aux difficultés techniques de la culture. Aussi, les céréales, lorsqu'elles sont présentes sur l'exploitation, sont converties dans un premier temps. La gestion des ravageurs et maladies est simplifiée par leur faible impact sur le rendement (pouvant être réduit par d'autres facteurs) ou par des rotations longues. Parmi les espèces fruitières, les abricots et les poires sont convertis dans un premier temps puis, une fois le mode de production approprié, des espèces plus délicates comme le pêcher ou le pommier sont conduits en AB. Pour une espèce donnée, la préférence ira à la ou les variétés les moins sensibles aux bioagresseurs et à l'alternance de production. Si les variétés ont une grande sensibilité à un ou plusieurs parasites, elles ne pourront être durablement conduites en AB. Enfin, pour le choix des parcelles à convertir, les conditions pédoclimatiques les plus favorables sont des milieux aérés, secs, aux sols filtrants, sans excès de calcaire actif.

2.2. Évaluer le risque : l'écart entre les pratiques actuelles et celles à atteindre

Le diagnostic sur le verger à convertir et la possibilité d'une conduite en AB requiert des connaissances nouvelles sur l'approche globale face à la gestion des problèmes, les moyens bio disponibles pour la protection sanitaire, les techniques de fertilisation et d'entretien du sol. Ces connaissances sont aujourd'hui accessibles : fermes de démonstration, documentations techniques, conseillers spécialisés (groupements d'agriculteurs biologiques, chambres d'agriculture notamment), et formations. Il est préférable de réaliser cette évaluation en collaboration avec un conseiller spécialisé. Une fois les parcelles les moins sensibles retenues (microclimat, sensibilités variétales, historique sanitaire, environnement de la parcelle), et à partir des opérations réalisées sur la parcelle au cours des années précédentes en agriculture conventionnelle, on examine ce qui va changer avec la mise en place d'une conduite biologique. La trajectoire technique est spécifique au verger dans son exploitation. Dans bien des cas, les parcelles sont déjà conduites en PFI (production fruitière intégrée) et sont réceptives à des modes de production peu intensifs. À l'inverse, une protection chimique importante précédant la conversion crée un écart important avec les pratiques biologiques à instaurer et peut masquer les fragilités réelles du verger.

2.3. De l'intégration progressive des techniques à la restructuration

Dès la première année de conversion, la solution chimique n'existe plus et le risque de voir le verger envahi par des parasites est grand. La préparation du verger à ce changement important consiste à intégrer progressivement, et en amont de la conversion, les techniques alternatives utilisables en AB au niveau de l'ensemble de la conduite du verger (figure 2). Dans un premier temps, la fertilisation organique vient se substituer aux engrais minéraux. En AB particulièrement, l'alimentation de l'arbre repose sur le fonctionnement biologique du sol. Les amendements et engrais à base de matières organiques apportent au sol des éléments qui vont stimuler l'activité biologique et progressivement créer un complexe organominéral qui alimentera la plante. L'arbre peut subir une baisse de vigueur liée aux difficultés qu'il aura à s'alimenter pendant la transition. Les quantités d'engrais pourront être augmentées pendant cette période. Le travail du sol sur le rang détruit les racines superficielles, ce qui peut perturber la croissance et le développement de l'arbre quand il est introduit trop brutalement. L'alimentation antérieure de l'arbre à base d'engrais minéraux facilement accessibles et assimilables n'a pas favorisé la prospection en profondeur du système racinaire. La majorité du chevelu racinaire qui absorbe les éléments se trouve concentrée en surface, dans les premiers centimètres de sols. Les outils de désherbage mécaniques (fraise, disques, lame…) devront être utilisés avec précision et descendre petit à petit dans le sol au fur et à mesure des passages, de préférence en période d'expansion racinaire pour que le renouvellement puisse avoir lieu. D'autres choix sont possibles pour l'entretien du rang ; certains sont moins agressifs comme la tonte ou le broyage. Le fait de devoir composer sans produits chimiques de synthèse entraîne une réflexion plus globale par rapport au problème constaté, en vue d'en rechercher les causes. Cette réflexion est de fait difficile à mener en même temps que la conversion. C'est pourquoi, les produits naturels ou techniques culturales pouvant se substituer aux molécules chimiques seront souvent préférés dans un premier temps. L'objectif de réduire les pesticides chimiques peut être visé plusieurs années avant la conversion. Le fait d'adopter des méthodes de lutte biologique lorsque le verger est encore exploité en conventionnel facilite la transition ultérieure vers l'AB.

Par exemple, pour réduire les attaques de carpocapse en verger de pommiers, et sur la base de faibles populations, on substituera les insecticides chimiques par des agents microbiologiques ou des moyens biotechniques (lutte par confusion sexuelle). Étant donné que le virus de la granulose rencontre des cas de résistance et demande des précautions de conservation et d'utilisation, il est préférable d'utiliser le *Bacillus thurengiensis* ou le Spinosad. À terme, il est difficile d'imaginer des seuils de tolérance aux bioagresseurs identiques. 20 à 30 % de la production fruitière ne pourra pas être commercialisée en premier choix. Le surgreffage du verger avec des variétés moins sensibles est souvent pratiqué pour faire face aux difficultés techniques avec des délais plus courts qu'une replantation. La conversion à l'AB d'un verger existant est une étape transitoire. Généralement, sa configuration ne permet pas des aménagements conséquents et une gestion à long terme des problèmes sanitaires. La construction d'un verger dédié à une conduite en AB et à bas niveau d'intrant est spécifique.

Fig. 2 Parcours d'un verger conventionnel destiné à l'AB

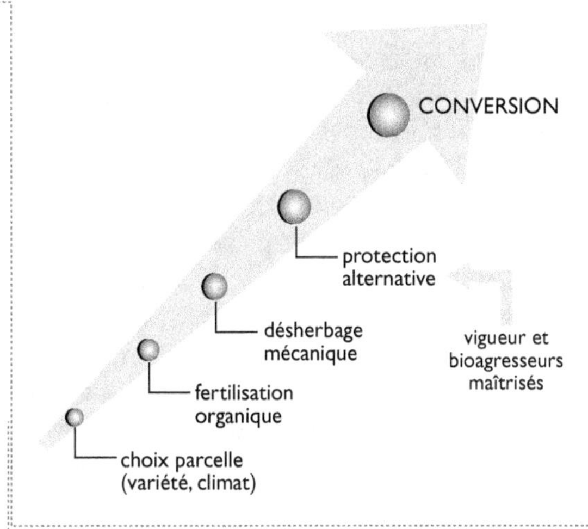

3. La conduite du verger bio

Une fois le verger biologique en place, qu'il s'agisse d'un nouveau verger ou d'un verger converti, la conduite biologique s'appuiera sur un ensemble de principes communs et de pratiques en découlant, touchant à la fertilité du sol, la conduite des arbres, la gestion des bioagresseurs.

3.1. Maintenir la fertilité du sol

Naturellement, la photosynthèse assure la majeure partie de la production végétale. Par la photosynthèse, le végétal capte le carbone de l'air pour le transformer en sucres, qui servent à la fois à la fabrication de la cellulose et à la constitution d'amidon. Par la conduite des arbres, on peut optimiser l'utilisation de l'énergie du soleil et rendre accessible cette ressource naturelle à un maximum de feuilles. La nutrition des plantes dépend aussi de réactions biochimiques dans le sol, au niveau de la rhizosphère. C'est à proximité des racines qu'ont lieu les échanges entre l'eau, les matières organiques et minérales, et la plante. L'activité biologique générée par les microorganismes du sol se fait en présence d'eau, de matières organiques, d'oxygène et d'une température élevée. C'est l'activité biologique qui, par la dégradation des matières, permet l'assimilation des éléments nécessaires à l'arbre. Les mycorhizes, association symbiotique entre les racines d'une plante et un champignon filamenteux, joueront un rôle complémentaire dans l'absorption de l'eau et des éléments minéraux (notamment les moins mobiles comme le phosphore et le zinc), l'agrégation des sols, la protection des organismes pathogènes et la résistance au stress (Fortin, 2008). Les légumineuses, pourtant peu utilisées en verger, favorisent leur développement.

La fertilisation du verger vise à compenser une partie des exportations en éléments minéraux par les récoltes et à stimuler l'activité biologique du sol au départ de la végétation, lorsque la température du sol est encore insuffisante. C'est le cas pour la culture du pêcher et du kiwi qui démarrent leur cycle en hiver. Ce sont également deux cultures exigeantes pour lesquelles les restitutions des feuilles et du bois de taille, ainsi que la production de matières par le couvert herbacé, ne suffisent pas à fournir la matière organique nécessaire à la croissance de l'arbre. Des apports de matières organiques extérieurs sont nécessaires, facilement assimilables en début de saison (par exemple les guanos et les farines) et plus stables au printemps ou à l'automne (par exemple les fumiers, composts, et tourteaux).

Au terme de 11 années de suivi de vergers de pommier et pêcher biologiques à l'INRA de Gotheron, la mise en œuvre de cette stratégie de fertilisation n'entraîne pas de migration de l'azote en profondeur (Simon *et al.*, 2006). Les pollutions par lessivage peuvent être considérées comme étant très faibles. Les légumineuses (trèfle blanc, *Medicago sativa*, vesce, etc.) sont une source d'azote peu utilisée malgré leur intérêt déjà démontré. Les nutriments jouent un rôle dans la maîtrise des maladies des plantes. Ainsi, les parasites obligatoires (dépendant d'un tissu vivant pour leur nutrition) comme le chancre bactérien *Pseudomonas syringae* ou certains oïdiums se développent davantage dans des milieux riches en azote. À l'inverse, les champignons dit facultatifs pouvant se développer sur des parasites lésés ou non (du genre *Xanthomonas*, *Alternaria*) sont plus virulents en sol pauvres en azote. À noter par ailleurs que des niveaux élevés de potassium dans le sol sont généralement défavorables au développement des maladies.

3.2. Les modes d'entretien du sol

L'entretien du sol remplit au moins trois fonctions : maintien de la fertilité, accueil des arthropodes utiles et portance avec un compactage du sol limité. Entre les rangs d'arbres et en comparaison à un sol nu, le couvert herbacé offre plusieurs avantages : il réduit le tassement, l'érosion, la battance et la vigueur des arbres. Si le maintien d'un sol nu limite les risques de gelées et limite au mieux la concurrence des adventices, il réduit la teneur en matière organique du sol et la capacité de stockage du carbone; il ne permet pas une activité biologique importante (Hoagland *et al.*, 2008). L'état sanitaire du verger diffère selon les modes d'entretien. Probablement en lien avec une vigueur plus faible, une atténuation des variations de l'hygrométrie du sol entraînant une croissance régulière du fruit, un couvert herbacé limite le développement du puceron vert *Aphis pomi* et du puceron cendré *Dysaphis plantaginea* (Libourel, 2007). Une culture de trèfle blanc, sur le rang cette fois, réduit le développement des monilioses en verger de pêcher tout en apportant de l'azote (Gomez *et al.*, 2007). Pour des raisons de facilité d'entretien, les graminées (ray gras, fétuques, etc.) sont préférées aux autres plantes. Cependant, ces espèces n'apportent que peu d'intérêt en termes de fertilité et d'accueil des auxiliaires. Les légumineuses (*Medicago sativa, Trifolium sp*) seules ou en mélanges augmentent significativement la teneur en matières organiques et en azote du sol, la production et la présence d'arthropodes et leur diversité. Cependant, certaines légumineuses abritent des ravageurs ou maladies de la culture, c'est le cas par exemple de la cécidomyie des poires présente sur le trèfle.

C'est à proximité du pied de l'arbre que l'entretien est le plus délicat, notamment les premières années de plantation. Plusieurs options existent et se succèdent à des périodes précises de la vie du verger. La concurrence hydrominérale doit être très faible les premières années qui suivent la plantation. L'entretien du sol à proximité de l'arbre à l'aide d'outils mécaniques à palpeur (nombreuses techniques et machines disponibles) limite le développement d'un couvert herbacé souvent néfaste à cette période même en présence de porte-greffe vigoureux (tels que Supporter 4 ou M7 pour le pommier). À terme, l'enherbement total est envisageable si la vigueur des arbres est suffisante et si le risque d'invasion par les campagnols est faible. Le mulch (couverture à base d'écorces, de paille ou de bois raméal fragmenté) est une technique qui favorise la croissance des arbres lorsque l'azote du sol n'est pas déficitaire. La dégradation des matières apportées consomme une quantité importante d'azote disponible les premières semaines. Les résultats des études en vergers sur les effets du mulch sur le fonctionnement du sol divergent : on observe globalement une meilleure croissance des arbres et une augmentation de la matière organique et de la disponibilité en eau, mais l'activité biologique n'augmente pas. Cette technique est favorable au développement des campagnols. Les chercheurs du FiBL (institut de recherche de l'agriculture biologique suisse) ont développé le système « sandwich » : une bande large de 20-30 cm est enherbée avec des espèces peu concurrentes telle que l'épervière piloselle *Hieracium pilosella* au niveau des arbres, et située entre deux bandes sarclées de 40 cm chacune. Le système permet d'entretenir le sol à proximité des arbres avec des outils simples sans pénaliser le développement des arbres (Tschabold, 2005).

3.3. La conduite des arbres et l'éclaircissage

La taille a longtemps eu pour objectif de donner une forme aux arbres. Le résultat était convaincant dans les jardins et parcs, mais la structuration des arbres à travers les formes fruitières ne provient d'aucun raisonnement scientifique et n'a aucune validation physiologique. La forme de l'arbre peut malgré tout avoir un intérêt pratique pour la récolte (verger piéton) ou la mise en œuvre de techniques particulières (éclaircissage mécanique). Les principes de la conduite des arbres fruitiers devraient viser non plus à tailler pour obtenir en priorité une forme géométrique, mais à les accompagner dans leur développement naturel pour obtenir une mise à fruit rapide et de bonne qualité (Lespinasse et Leterme, 2005). Selon les espèces fruitières, le renouvellement du bois est plus ou moins nécessaire et systématique : il l'est par exemple pour le kiwi et le pêcher. Il n'y a pas de conduite des arbres spécifique à l'AB mais deux principes doivent être respectés : pénétration de la lumière et aération maximale jusqu'au cœur de la frondaison. La pénétration de la lumière permet la photosynthèse, assure une bonne qualité des fruits et réduit l'installation de certains ravageurs (puceron lanigère). Des arbres structurés de manière à faciliter la circulation de l'air sont défavorables au développement de maladies telles que la tavelure ou les monilioses (durée d'humectation réduite). En pommier et en comparaison avec le Solaxe[2], la conduite centrifuge[3], développée à la fin des années 1990, augmente le retour à fleur d'une année sur l'autre, réduit l'éclaircissage manuel et la production de gourmands et améliore la qualité des fruits par le calibre et la coloration. Ce type de conduite respecte les principes d'ensoleillement et d'aération et permet une réduction des dégâts de tavelure et de puceron cendré, pouvant aussi s'expliquer par la modification des structures et la suppression d'une partie de l'inoculum d'œufs de puceron lors de la réalisation de l'extinction (Simon *et al.*, 2006).

Pour l'ensemble des espèces fruitières, l'éclaircissage permet de réguler la charge et d'améliorer le calibre des fruits. Son intensité est variable selon les conditions climatiques de l'année et la floribondité des variétés. L'éclaircissage et la régulation de la charge sur plusieurs années sont particulièrement problématiques en culture de pommier pour laquelle les éclaircissants chimiques ne sont pas autorisés. Des produits dessicants ou stimulant la chute physiologique sont en cours d'expérimentation, mais il n'existe pas de solutions efficaces et homologuées à ce jour pour l'AB en France[4]. Des chercheurs suisses ont montré que la combinaison d'un éclaircissage mécanique à l'aide d'un outil rotatif à fils, associé à un engrais à base de vinasse et d'azote assure une réduction de 62 % de fruits à la fois en périphérie et à l'intérieur de l'arbre et un retour à fleur important. Le soleil et les températures élevées (supérieures à 16 °C) améliorent l'efficacité des produits dessicants (Weibel *et al.*, 2008). Les engrais foliaires contenant de l'azote organique en quantité importante comme la plupart des éclaircissants réduisent la nouaison des fruits, mais une moindre chute physiologique a tendance à rééquilibrer la charge et à limiter les effets. L'éclaircissage manuel doit être réalisé très précocement pour avoir une incidence sur l'induction florale de l'année suivante. Finalement, les techniques utilisant des engrais foliaires ou d'autres produits agissant sur la fleur sont insuffisantes, et seul l'éclaircissage mécanique semble être une piste intéressante. Cependant, cette technique nécessite une forme des arbres adaptée et spécifique.

Les opérations de taille et d'éclaircissage sont des moments privilégiés pour faire de la prophylaxie et retirer les organes malades, fruits moniliés ou piqués.

---

2. Conduite de l'arbre en axe vertical développée dans les années 1980 par Jean-Marie Lespinasse, chercheur à l'INRA. L'axe central n'est pas rabattu mais recourbé à 2-2,5 m de hauteur.

3. Création d'un puits de lumière au centre de l'arbre par suppression sélective des rameaux de la zone interne de l'arbre et de ceux mal éclairés (face inférieure des branches).

4. Le Centre expérimental horticole de Marsillargues (CEHM) étudie depuis 1999 l'effet des substances susceptibles d'avoir une action éclaircissante sur l'espèce pommier et pouvant être autorisées en AB.

3.4. Approche globale dans la gestion des bioagresseurs

L'arbre évolue dans un milieu semi-naturel où il interagit avec son environnement composé de bioagresseurs et leurs prédateurs et parasitoïdes. L'INRA contribue depuis plusieurs années à une meilleure connaissance du fonctionnement du réseau tritrophique (plante-phytophage-prédateurs ou parasitoïdes) actif dans le système verger (Sauphanor *et al.*, 2 009). La compréhension des mécanismes de régulation biologique de certaines espèces permet de réduire ou d'optimiser la protection phytosanitaire. Pour définir la protection phytosanitaire du verger, il faut procéder à un inventaire des agents rencontrés et évaluer leur seuil de nuisibilité et les possibilités de régulations naturelles (tableau 2). Dans certains cas, les auxiliaires sont capables de réguler un ravageur de manière autonome et de le maintenir en dessous du seuil de nuisibilité. Les vergers biologiques ont attiré l'attention des techniciens et producteurs conventionnels par le fait que les acariens, les cochenilles ou encore les psylles étaient très peu présents alors qu'aucun traitement n'était réalisé contre ces ravageurs.

Tab. 2 Principaux bioagresseurs en vergers : nuisibilité et moyens de gestion en AB

Ravageur	Espèce fruitière	Nuisibilité *	Moyens de gestion			
			Sensibilité variétale	Prophylaxie et méthodes culturales	Régulations naturelles	Lutte directe
Acariens	Toutes	Faible	+	+	+ + +	
Lépidoptères (tordeuses, carpocapse…)	Toutes	Moyenne à forte	+	+	+	+ + +
Cloque	Pêcher	Moyenne	+ +	+		+ +
Monilia spp	Noyau	Moyenne à forte	+ +	+ +	+	+ +
Mouches	Noyau	Faible à forte	+ +	+	+	+ +
Oïdium	Pommier Pêcher Abricotier	Faible à moyenne	+ +	+	+	+
Puceron cendré	Pommier	Moyenne à forte	+ +	+	+ +	+ +
Puceron farineux	Pêcher Abricotier	Moyenne		+	+ +	+
Puceron vert	Pêcher	Faible à moyenne	+	+ +	+ +	+
Puceron vert	Pommier	Faible	+	+	+ +	
Tavelure	Pommier	Moyenne	+ + +	+ +	+	+ +
Thrips	Pêcher	Faible	+	+ +	+	

* La nuisibilité est évaluée à partir de l'incidence des dégâts liés au bioagresseur sur la culture, aux moyens disponibles et à leur efficacité. Elle est variable selon les zones géographiques. En cas de nuisibilité faible, la lutte directe avec des traitements phytosanitaires est rare. **Contribution des différents moyens dans le contrôle du bioagresseur : + Faible + + Moyen + + + Important.**

En AB, il est tout à fait envisageable de tolérer la présence de bioagresseurs à des niveaux de population élevés (acariens, puceron vert migrant, etc). Parmi les différentes espèces de pucerons présentes en verger de pommier, seul le puceron cendré *Dysaphis plantaginea* a une nuisibilité importante et la tolérance en verger sera faible. Il provoque une perte importante de calibre l'année en cours et une réduction de la production l'année suivante. D'un autre point de vue, les critères de qualité visuels exigés dans les circuits longs conventionnels sont tels que seul le fruit sans défaut est commercialisable. Or, l'obtention de ce type de fruits a un coût énergétique et environnemental élevé. Des ravageurs comme les thrips qui provoquent des tâches superficielles sur les nectarines ne sont plus problématiques dès lors que ce type de dégâts est toléré par le consommateur. À l'inverse, certains ravageurs comme le carpocapse des pommes sont effectivement problématiques pour la culture. La larve de carpocapse creuse des galeries dans le fruit qui devient difficilement consommable en frais. Les fruits tombent rapidement au sol et devront être destinés à la transformation. De plus, le carpocapse passe l'hiver dans le verger et poursuit son cycle l'année suivante. On constate une augmentation progressive des populations d'une année sur l'autre lorsque la protection contre ce ravageur est insuffisante.

Longtemps, l'arboriculture biologique s'est développée en marge de l'agriculture conventionnelle. Mises à part quelques rares exceptions, peu de passerelles techniques se sont construites entre les deux modes de production. Pourtant, l'agriculture conventionnelle dispose d'une série d'outils et de moyens performants qui permettent d'évaluer le risque sanitaire en verger. Il s'agit par exemple des modèles de prévision (carpocapse, tavelure par exemple), des réseaux de piégeage, des suivis phytosanitaires ou encore de réseaux météorologiques spécifiques à l'arboriculture. D'autres données sur la conduite des arbres (tailles, éclaircissage, dates de récoltes) sont aussi disponibles. Ces éléments sont diffusés au moyen d'avertissements agricoles dédiés aux agriculteurs conventionnels mais dont les informations peuvent largement être utilisées en AB (quelques adaptations sont parfois nécessaires).
La conduite des vergers en AB exige une grande vigilance et des observations régulières de l'évolution des stades phénologiques, des populations de ravageurs, du développement des maladies et de la vigueur pour évaluer l'état des arbres et être réactif si nécessaire. Rappelons que les moyens disponibles en AB n'ont pas les mêmes niveaux d'efficacité et présentent une moindre souplesse d'utilisation (délais d'intervention très courts, renouvellement fréquents par exemple) que ceux utilisés en agriculture conventionnelle.

3.5. *Les limites de la substitution d'intrants*

« Et contre le carpo, vous faites quoi ? » Les techniques de substitution sont souvent la première préoccupation de l'arboriculteur en chemin vers l'AB. Tout au long du chapitre, nous avons largement insisté sur l'intérêt de repenser la conception du verger pour le rendre plus autonome vis-à-vis des intrants phytosanitaires, principalement.

Or, l'état des connaissances ne permet pas encore de proposer un système viable en production fruitière dans lequel l'Homme n'a pas à intervenir pour réguler les pressions de phytophages et autres indésirables. Après avoir envisagé les solutions génétiques, agronomiques, prophylactiques et écologiques, examinons maintenant les techniques alternatives aux molécules chimiques.

Pour être utilisable en protection phytosanitaire et pour un usage donné, le produit ou la technique doit être homologué et inscrit à la fois dans la directive 91/414/CEE relative à la mise en marché des produits phytopharmaceutiques et dans l'annexe II B du règlement (CE) 814/2008 qui précise les produits phytosanitaires utilisables en AB. Ils sont souvent d'une efficacité plus faible et exigent des niveaux de populations faibles ainsi que des conditions d'utilisation particulières (taille importante des parcelles, application le soir, dans une eau de pulvérisation légèrement acide, conservation au congélateur par exemple). C'est le cas de la lutte par confusion sexuelle (carpocapse des pommes, poires et noix, tordeuse orientale du pêcher, tordeuses du pommier, zeuzère du pommier...), de la lutte microbiologique au moyen des *Bacillus sp* (lépidoptères, doryphore) ou du virus de la granulose (carpocapse), des nématodes entomopathogènes ou des insecticides d'origine naturelle comme le pyrèthre ou le *Quassia amara*. Les fongicides les plus incontournables en AB demeurent, malgré leurs effets secondaires, le soufre (oïdium, tavelure, phytopte), la bouille sulfocalcique (tavelures) et le cuivre (bactérioses, cloque du pêcher, tavelures, chancres). D'autres sont en cours d'expérimentation (produits carbonatés, Armicarb). Un guide sur la production des fruits en AB reprend pour chaque espèce les alternatives disponibles (ITAB, 2002). Certaines plantes sont connues pour leurs effets fongicides et/ou insectifuges comme la prêle, l'absinthe, l'ortie, la consoude mais aucune préparation n'est homologuée dans ce sens. La qualité de la pulvérisation (type de matériel, réglages, météorologie, prise en compte du stade de végétation) est un moyen de réduire les doses[5]. La technique du piégeage massif (mouches des fruits, carpocapse) n'est efficace que très rarement. Les conditions d'utilisation méritent d'être précisées. Le développement récent des filets Alt'Carpo contre le carpocapse des pommes (Severac et Romet, 2007) apporte une solution efficace qui ouvre des possibilités d'extension de la technique vers d'autres ravageurs (mouches des fruits, pucerons).

Malgré les progrès réalisés dans la formulation, la composition et le mode d'application des produits phytosanitaires, les quantités consommées augmentent régulièrement. Même si les effets non-intentionnels des pesticides sont connus, ils connaissent toujours un grand succès car ils réduisent les pertes économiques à court terme et donnent une sensation de « maîtrise » ou de « puissance » sur le milieu cultivé. La conduite du verger en AB passe par la substitution de produits chimiques de synthèse par des produits d'origine naturelle. Cela consiste à « simplement » remplacer une molécule chimique par une molécule ou un agent d'origine naturelle sans envisager l'origine du problème ou d'autres manières de le résoudre. Ce ne peut-être qu'une situation transitoire : l'impact environnemental du produit de substitution est probablement moindre mais

---

5. En vigne, il a été montré que seulement 60 % de la préparation atteint le végétal lorsque la végétation est la plus développée et que les pertes au sol et vers l'air pouvaient atteindre 80 % en début de saison.

toujours existant (le seul passage d'un atomiseur rempli d'eau dans le verger perturbe les équilibres et consomme de l'énergie) et les risques de développement de souches résistantes du ravageur par l'application récurrente de substances actives, même d'origine biologique ou minérale (*Bacillus thuringiensis*, virus de la granulose, soufre) sont possibles (Sauphanor *et al.*, 2006). Comprendre les causes du problème et ne pas se focaliser sur les symptômes consiste pour les pucerons, par exemple, à analyser la composition azotée des tissus végétaux, améliorer la biodiversité fonctionnelle et utiliser les connaissances sur sa biologie. La prise en compte du cycle de développement des insectes ou maladies problématiques permet d'agir au bon moment, à plusieurs reprises si nécessaire, et avec des moyens adéquats. Pour poursuivre avec l'exemple des pucerons, on sait que les espèces dioéciques ravageurs d'une espèce fruitière ont par définition deux hôtes dont un qui n'est pas l'espèce cultivée. Dans plusieurs cas, l'adulte revient à l'automne sur la culture fruitière pour se reproduire et pondre. En complément de la stratégie phytosanitaire printanière, des expérimentations ont montré l'intérêt d'une intervention à cette période, avant la chute des feuilles avec une barrière physique (argile) afin de limiter les pontes et réduire ainsi les infestations du puceron cendré du pommier au printemps. La combinaison de techniques (variétés peu sensibles, mesures prophylactiques telles que le retrait, le broyage ou l'enfouissement des feuilles à l'automne [Gomez *et al.*, 2003], lutte directe) s'est montrée efficace notamment dans la maîtrise de la tavelure du pommier. Face aux limites de la lutte directe et à une volonté d'aborder différemment la protection du verger, l'arboriculture biologique met en œuvre une approche globale intégrant un ensemble de moyens alternatifs et complémentaires à la lutte directe (figure 3).

Fig. 3 Approche linéaire et approche globale

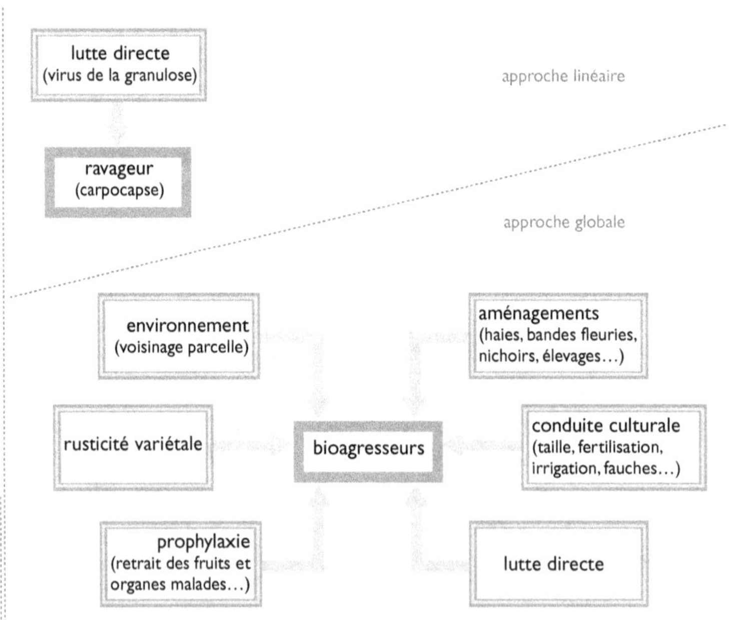

Une conception différente du verger permet de réduire le recours aux méthodes de lutte directe et de favoriser le contrôle des bioagresseurs par des méthodes plus écologiques, lorsqu'elles sont nécessaires. C'est de cette manière qu'on parvient, certes, sur des temps plus longs, à un système autorégulé plus autonome vis-à-vis des intrants. Des stratégies encore plus globales devraient intégrer la responsabilité des différents acteurs de la filière (des sélectionneurs aux consommateurs en passant par les intermédiaires) à développer des variétés résistantes ou tolérantes, et à accepter des critères de qualité plus écologiques.

4. Vers des vergers durables et performants

4.1. Un intérêt pour des vergers mixtes ? Et jusqu'où ?

Chaque espèce a une conduite spécifique : ravageurs et maladies, besoins en azote, besoin en eau, taille, etc. Sur le plan phytosanitaire, les fruits à noyau sont plus sensibles aux bactérioses et aux chancres mais nécessitent globalement une protection moins soutenue, plus limitée que les fruits à pépins. Certains bioagresseurs comme la tavelure, les monilioses, le carpocapse des pommes, le puceron cendré ou la tordeuse orientale du pêcher nécessitent plusieurs interventions phytosanitaires. Les mélanges variétaux en culture de pommier apportent un avantage sur le développement de la tavelure du pommier. Cependant, peu d'expériences existent sur des mélanges interspécifiques dans une même parcelle. En théorie, on peut espérer une réduction des risques sanitaires, mais compliquer par ailleurs les chantiers de récolte. Par ailleurs, l'introduction dans le verger d'animaux tels que les moutons, les porcs, les oies, les poules, des nichoirs pour l'accueil de mésanges participe activement à l'équilibre de l'écosystème : fertilité, gestion de l'herbe, réduction des campagnols et parasites secondaires. Plusieurs exploitations fruitières biologiques expérimentent l'introduction de moutons et mesurent des effets positifs sur l'entretien et la conduite du verger liés au nettoyage des fruits au sol, à la tonte de l'herbe et du piétinement des animaux (voir encart). La conduite d'un troupeau demande des compétences en élevage spécifiques qui ne sont plus nécessaires dès lors que ce sont les animaux de l'éleveur voisin qui viennent pâturer.

Témoignage : quand moutons et arbres font bon ménage
Jean-Yves Fillatre s'est installé en agriculture biologique il y a un peu plus de 20 ans sur 9 ha dans le département de la Manche. Il n'était pas possible d'envisager un système de polyculture-élevage comme préconisé en AB sur une telle surface. Il a préféré planter des pommiers à couteau. En 2005, le verger totalement enherbé a accueilli les premiers animaux, avec comme objectif de réactiver la flore micro-

bienne, de briser le cycle des parasites dans le sol et de retrouver un équilibre naturel. Aujourd'hui, il s'appuie sur la culture de variétés diversifiées et l'introduction de moutons et d'oies aux intérêts complémentaires pour approcher l'équilibre de son verger. 25 moutons de race Shropshire ont été introduits pour entretenir l'enherbement. Cette race n'a pas été choisie au hasard, elle est utilisée par certains producteurs autrichiens de sapins de Noël pour désherber les rangs. Ses moutons ne s'attaquent pas ou peu à l'écorce des arbres, à condition d'avoir à disposition du foin et des sels minéraux. Une trentaine d'oies d'Alsace, des poules et des canards, sont également hébergés à l'année dans le verger. Les dindes ont été testées mais ne semblaient pas assez rustiques.

L'entretien annuel de l'enherbement est 5 fois plus rapide qu'auparavant (25 heures nécessaires pour l'entretien de la clôture). Jean-Yves ne travaille plus le sol et ne fauche qu'une fois par an les orties et les refus. L'herbe maintenue rase par les animaux en sortie d'hiver limite les risques de gel. Depuis l'arrivée des moutons, Jean-Yves apporte seulement des alluvions calcaires et du basalte comme fertilisant du sol. Il ajoute du lithotamne sur les variétés les plus exigeantes. Les animaux « tondent » l'herbe, fertilisent le sol de leurs déjections et réduisent les populations de parasites en consommant les fruits infestés tombés au sol. Selon Jean-Yves Fillatre, il est difficile de trouver des débris de feuilles début mars. Les animaux accélèrent la décomposition des feuilles et donc la réduction de l'inoculum primaire de tavelure. Il pense réduire les problèmes liés aux ravageurs secondaires comme l'anthonome et l'hoplocampe du pommier. Enfin, le piétinement des moutons détruit les galeries des campagnols terrestres. Pour Jean-Yves, la réintroduction d'animaux dans le système agricole est indispensable à la recherche de l'équilibre sanitaire des vergers.

4.2. Une production en lien avec son territoire

La vente directe aux consommateurs est peu pratiquée dans les exploitations fruitières et reste marginale au regard du chiffre d'affaires qu'elle représente. On considère en général que l'agriculteur doit se consacrer à la production de fruits de qualité et en quantité, la commercialisation de ses produits se faisant par l'intermédiaire de structures de commercialisation déjà en place sur le territoire. Par simplicité, l'interlocuteur privilégié est le grossiste. Dans les grandes et moyennes surfaces et les magasins spécialisés dans la distribution de produits bio, on constate que la vente de fruits bio représente une part limitée du chiffre d'affaires des produits frais. Ce résultat est le fait d'un partenariat faible ou inexistant avec les producteurs locaux ; de plus, la qualité de produits frais comme les fruits exige des délais courts entre la récolte et leur consommation. Par ailleurs, des études auprès des consommateurs bio montre que l'origine des produits prend une importance croissante plus pour des raisons de transparence et de fraîcheur que pour des préoccupations environnementales (Sirieix *et al.*, 2009). À tel point que la production locale tend à susciter plus d'intérêt que la production bio, mais la combinaison des deux attributs doit être possible !

4.3. Quand d'autres performances seront rémunérées…

Notre système économique défavorise les agriculteurs soucieux du respect de la nature et de la qualité de leurs produits dans le sens où seul le rendement a une valeur marchande. Pourtant, le fait de produire autrement est devenu une évidence qui ne trouve pas sa place malgré un coût dédié accessible. La production de fruits en AB produit d'avantage de services écologiques. Le bilan de la conduite des vergers en AB, principalement lié à la non-utilisation de pesticides chimiques de synthèse, montre plusieurs impacts favorables sur l'environnement dont certains ont été évalués : augmentation du taux de reproduction des mésanges charbonnières, diversité et effectifs d'arthropodes et d'oiseaux supérieurs en verger, meilleure qualité de l'eau, etc. Les fruits issus de l'AB ont également une qualité gustative et nutritionnelle supérieure (Fauriel *et al.*, 2008). Ce résultat s'explique par une combinaison de facteurs qui rendent les arbres bio plus stressés que les arbres conventionnels, et donc plus à même de synthétiser des molécules telles que les polyphénols (apports d'eau et d'azote plus faibles, attaques du feuillage par les bioagresseurs). Toutefois, la production de fruits en AB n'est probablement pas assez soutenue par rapport à l'arboriculture conventionnelle et son impact sur le réchauffement climatique peut être amélioré de ce point de vue. Les rendements sont plus faibles du fait notamment des petits calibres enregistrés. Nous avons vu que l'AB peut se montrer plus convaincante sur le plan des performances environnementales et nutritionnelles. Une équipe de chercheurs suisse a identifié le rendement comme principal facteur de rentabilité des exploitations fruitières bio quelles que soient les surfaces cultivées (Mencarelli Hofman et Kilchenmann, 2008). L'innovation variétale et dans les techniques de production renforcera la durabilité des exploitations et permettra une bio plus sociale où les coûts de production seront optimisés.

CONCLUSION

L'arboriculture biologique est source d'innovations. Quelques exemples obtenus dans les vergers biologiques méritent d'être diffusés largement : les filets Alt'Carpo permettent de maîtriser le carpocapse des pommes sans application de produits phytosanitaires, la conduite centrifuge a un impact défavorable sur le développement de certains bioagresseurs, la présence d'auxiliaires (absence de produits toxiques, aménagements) assure naturellement la régulation de certains ravageurs.

L'arboriculture biologique est performante. Les pratiques des agriculteurs biologiques ne se limitent pas à respecter l'environnement mais produisent aussi de la biodiversité par une augmentation des populations d'arthropodes et d'espèces d'oiseaux rares. Les fruits issus de vergers bio contiennent plus de microconstituants.

En revanche, les fruits biologiques ne sont pas suffisamment accessibles, à la fois en terme de prix et de lieux de vente. Des prix au détail encore élevés ne facilitent pas leur consommation par toutes les catégories socioprofessionnelles. Plusieurs raisons peuvent expliquer ce phénomène : le marché national est déficitaire et entraîne les prix à la hausse, les réseaux de distributions font appel à un nombre important d'intermédiaires et les coûts de production sont élevés (quantité en main d'œuvre, alternance de la production, coût des intrants, rendements faibles). Ce dernier point est un levier fort à actionner pour optimiser les performances économiques des exploitations agricoles biologiques déjà existantes. Une intensification écologique et modérée est possible en investissant dans une meilleure utilisation des ressources naturelles, dans des équipements spécifiques qui réduiront les charges et la pénibilité du travail et une autre approche des systèmes agrialimentaires, ouverte à d'autres critères de performances valorisées dans une diversité de modes de distribution.

Un changement en profondeur de la manière de concevoir les vergers, à partir d'une vision globale de la production reposant sur les bases écologiques, agronomiques et sociales de l'AB, peut apporter une alternative économique durable. Les objectifs ne se limitent pas à produire avec profit mais intègrent aussi des questions de santé publique et de satisfaction collective inscrites dans la durée.

BIBLIOGRAPHIE

AGENCE BIO, 2 009. *Les chiffres 2008 de l'agriculture biologique française.*

AGRESTE, 2007, *Enquête verger.*

ANGELI G., SIMONI S., 2006. « Apple cultivars acceptance by Dysaphis plantaginea Passerini (Homopera ; Aphididae) », *Journal of Pest Science,* 79.

BELLON S., BRESSOUD F., FAURIEL J., 2008. « Capabilities for conversion to Organic Horticulture. Proceedings of the 1st Intern. Symp. on Hort. In Europe », *Acta Horticulturae,* 817.

BROWN M. W., MATHEWS C. R., 2005. « Components of an ecologically and economically sustainable orchard ». *IOBC WPRS Bulletin,* vol. 28 (7).

CODRON J.M., JACQUET F., HABIB R., SAUPHANOR B., 2003. « Bilan et perspectives environnementales de la filière arboriculture fruitière », *Les Dossiers de l'Environnement de l'INRA 23 : Agriculture, territoire, environnement dans les politiques européennes.*

COLLECTIF, 2002. *Produire des fruits en agriculture biologique,* éditions ITAB.

FAURIEL J. *et al.,* 2008. « Quelles performances en vergers de pêchers bios : intérêt des polyphenols » *in Journées techniques fruits et légumes biologiques* GRAB/ITAB, 16-17 déc. 2008, Montpellier.

FORTIN J. A., PLANCHETTE C., PICHÉ Y., 2008. *Les mycorhizes : la nouvelle révolution verte,* éd. multimondes, éd. Quae.

GARCIN A., GIGLEUX C., 2005. *L'arboriculture biologique : état des lieux de la conversion,* CTIFL éd.

GOMEZ C. *et al.*, 2003. « Diminution des contaminations de tavelure en verger de pommier par réduction de l'inoculum d'automne », *Alter Agri* novembre-décembre 2003, n° 62.

GOMEZ C., MERCIER V., BUSSI C., 2007. *Effet de l'enherbement total d'une parcelle de pêcher sur le développement des monilioses*, GRAB, Fiche action 2007.

GOMEZ C., 2009. « Verger semi-extensif de pommiers à faible niveau d'intrants : Bilan de 7 années d'observation », *Arbo bio infos*, n° 137.

HILL S.B., VINCENT C., CHOUINARD G., 1999. « Evolving ecosystems approaches to fruit insect pest management », *Agriculture, Ecosystems & Environment*, volume 73.

HOAGLAND L., CARPENTER-BOGGS L., GRANATSTEIN D., 2008. « Orchard floor management effects on nitrogen fertility and soil biological activity in a newly established organic apple orchard », *Biology and Fertility of Soils*, 45.

HOGMIRE W. H., 2005. « Relative Susceptibility of new apple cultivars to arthopode pest », *HortScience*, 40.

LESPINASSE J.-M., LETERME E. (coord). 2005. *De la taille à la conduite des arbres fruitiers*, éditions du Rouergue.

LETERME E., LESPINASSE J.-M., 2008. *Les fruits retrouvés, patrimoine de demain*, éditions du Rouergue.

LIBOUREL G., 2007. « Approche des effets de la nutrition de la plante sur les insectes qui s'en nourrissent » *in Journées Techniques Fruits et Légumes Biologiques*, Caen, 4 et 5 décembre 2007, édition ITAB.

MANDRIN J.-F., 2007. *Cloque du pêcher et sensibilité : un essai comparatif sur 31 variétés*, Infos-Ctifl.

MENCARELLI HOFMAN D., KILCHENMANN A., 2008. « Pommes bio : stratégies et facteurs clefs pour une production rentable », *Revue suisse de viticulture, arboriculture, horticulture*, vol. 6.

MERCIER V. *et al.*, 2008. « Gamme variétale d'abricotiers : évaluation de la sensibilité au monilia », *L'Arboriculture Fruitière* n° 626-627.

ROMET L., 2005. « Bandes florales et biodiversité fonctionnelle en verger ». *in Journées techniques fruits, légumes et viticulture biologiques*, Beaune, 6-7 décembre 2005, éd. ITAB.

SAUPHANOR B. *et al.*, 2006. « Carpocapse des pommes : cas de résistance aux virus de la granulose dans le sud-est », *Phytoma* n° 590.

SAUPHANOR B. *et al.*, 2009. « Protection phytosanitaire et biodiversité en agriculture biologique. Le cas des vergers de pommiers », *Innovations Agronomiques* 4.

SEVERAC G., ROMET L., 2007. « Protection : Des filets contre le carpocapse », *Réussir Fruits & Légumes* n° 258.

SIMON S. *et al.*, 2006. « Does manipulation of fruit-tree architecture affect the development of pest and pathogens? A case study in an organic apple orchard », *Journal of Horticultural Science & Biotechnology*, 81.

SIMON S., BUSSI C; GIRARD T., CORROYER N., 2006. *Arboriculture biologique : 11 années d'expérimentation en vergers de pêchers et pommiers*, INRA, unité expérimentale de recherches intégrées de Gotheron.

SIMON S. *et al.*, 2008. « Building up, management and evaluation of orchard system : a three-yar experience in apple production » *in IFP congress 2008*, Avignon 27-30 octobre.

SIMON S., BOUVIER J-C, DEBRAS J-F., SAUPHANOR B., 2009. « Biodiversity and pest management in orchard systems », *Agronomy for Sustainable Development*.

SIRIEIX L., PERNIN J.-L., SCHAER B., 2009. « L'enjeu de la provenance régionale pour l'agriculture biologique », *Innovations Agronomiques*, 4.

Strapasta A. V., Nanos G. D., Tsatsarelis C. A., 2006. « Energy flow for integrated apple production in Greece », *Agriculture, Ecosystems and Environment*, 116.

Trapman M., Jansonius P. J., 2008. *Disease management in organic apple orchards is more than applying the right product at the correct time*, International Conference on Cultivation Techniques and Phytopathological Problems in Organic Fruit-Growing, Wiensberg, Allemagne, 18-20 février 2008.

Tschabold J.-L., 2005. « Connaissances et expériences sur le système sandwich », *in Journées techniques fruits, légumes et viticulture biologique*, Beaune, 6 et 7 décembre 2005, édition ITAB.

Weibel F. *et al.*, 2008. « Fruit thinning in organic apple growing with optimised strategies including natural spray products and rope-device », *European Journal of Horticultural Science*, 73 (4).

Chapitre 3

Le maraîchage et la production de légumes biologiques : ajuster la production et la commercialisation

Frédérique Bressoud, Mireille Navarette, INRA ;
Catherine Mazollier, GRAB

Ce chapitre montre les enjeux de la conversion des cultures maraîchères à l'AB et les difficultés inhérentes à cette conversion. Il met particulièrement l'accent sur la coévolution des modes de production et des modes de commercialisation, ainsi que sur les questions techniques clés liées au choix des cultures et à la construction des rotations, à la gestion de la fertilité des sols, et à la protection des cultures.

Les productions légumières et maraîchères sont des productions intensives au regard du niveau de consommation des intrants, du nombre de cultures par an et du niveau de production recherché. Rien d'étonnant dès lors que la conversion à la bio ne soit pas toujours simple, malgré une forte demande des consommateurs. En effet, les fruits et légumes ont traditionnellement une image de santé et de fraicheur; depuis plusieurs années, de nombreuses campagnes ont été lancées dans l'objectif d'accroître leur consommation, portées par la profession agricole et par les pouvoirs publics (cf. le Plan national nutrition santé qui incite à consommer 5 fruits et légumes par jour). Pourtant leur image est également mise à mal par les études qui pointent régulièrement la présence de résidus de pesticides dans les fruits et légumes produits en agriculture conventionnelle. Aussi existe-t-il un bon potentiel de développement de la production en AB, même si de fait, la part du bio dans la consommation n'est pour l'instant pas très différente des autres produits agricoles.

L'objectif de ce chapitre est de montrer les enjeux de la conversion des cultures maraîchères à l'AB et les difficultés inhérentes à cette conversion. Deux points seront particulièrement analysés : la question de la conversion des sols au maraîchage biologique (comment assurer durablement la fertilité et la santé des sols avec des choix de cultures, de rotations et de pratiques biologiques permettant de « prévenir plutôt que guérir » ?) et celle de la coévolution des modes de production et des modes de commercialisation (comment faire converger attentes de qualité des consommateurs et de la filière et les qualités produites par les maraîchers ?).

Après avoir donné un bref aperçu des caractéristiques générales de la production de légumes biologiques (partie 1), nous analyserons la complémentarité qui doit être recherchée entre production et commercialisation autour de la qualité des produits (partie 2). Puis nous décrirons les principes généraux pour le choix des rotations culturales (partie 3), la gestion de la fertilité des sols (partie 4) et la protection des légumes biologiques (partie 5).

Face à la diversité des systèmes de production maraîchers et légumiers, d'une région à l'autre, en fonction des circuits de commercialisation, en fonction des espèces cultivées, ce chapitre ne prétend pas à l'exhaustivité, mais cherche plutôt à combiner l'exposé de principes généraux et des flashs plus précis sur certains points (encadrés).

1. LA PRODUCTION DE LÉGUMES BIOLOGIQUES

1.1. Diversité des systèmes de production maraîchers et légumiers biologiques

La production de légumes recouvre un grand nombre de produits combinés de façons très différentes suivant les exploitations. On peut distinguer schématiquement 4 types.

Le premier est constitué des producteurs ayant des serres chauffées, conduites en hors-sol. S'ils fournissent la majeure partie des tomates, concombres et fraises consommées en France, leur système de production sous abri chauffé et hors-sol les exclut *a priori* de toute conversion en AB.

Les 3 autres types sont communs aux 2 modes de production, conventionnel et bio.

Les producteurs légumiers associent en plein champ des céréales et des légumes dans leurs rotations, sur des surfaces parfois importantes. Selon les régions, ils produisent des endives (nord), des choux, pommes de terre, poireaux, asperges et artichauts (Bretagne surtout), de la salade ou du melon (sud) ou encore des légumes plus mécanisés comme les oignons, les haricots (nord), les poireaux et les carottes (Landes, Normandie). Ces exploitations fournissent majoritairement des filières longues.

Les maraîchers combinent des productions de légumes en plein champ et sous abri froid. On les retrouve principalement dans le sud de la France et un peu en Bretagne en ce qui concerne les bassins d'expédition, et en tant qu'agriculture périurbaine dans les ceintures vertes des grandes villes. On distingue deux sous-types :

Le premier rassemble les maraîchers en circuit long, généralement spécialisés sur quelques espèces commercialisées par des structures d'expédition qui fournissent les grandes et moyennes surfaces.

Le second regroupe des maraîchers diversifiés, qui organisent des assolements inté-grant plus de 10 espèces, majoritairement à destination des circuits courts, même si certains d'entre eux développent à la marge une commercialisation en circuit long. Ces exploitations en circuit court fournissent à peine 12 % des légumes frais produits en France : elles sont de plus petite taille que celles livrant les centrales d'achat ou les expéditeurs qui, elles, produisent des tonnages nettement plus conséquents.

1.2. Situation et dynamique de la production de légumes biologiques

Un peu moins de 10 000 ha de légumes[1] sont actuellement en AB ou en conversion, soit à peine 4 % du total des surfaces françaises en AB. Près d'un quart (23 %) des exploitations en AB sont des exploitations maraîchères, l'écart s'expliquant bien sûr par la petite taille des exploitations comparativement aux autres productions. L'accrois-sement des surfaces certifiées se poursuit en maraîchage, à un rythme plus important que pour les autres productions (+ 14% entre 2007 et 2008 pour les légumes frais).

Les dynamiques diffèrent selon les régions, avec près de la moitié des surfaces légu-mières AB localisées dans quatre régions (Midi-Pyrénées, Bretagne, Aquitaine et Languedoc-Roussillon, cf. carte page suivante). Environ trois quarts (77 %) des surfaces en légumes secs sont en Midi-Pyrénées. Les autres régions commercialisent plutôt des légumes frais.

---

1. Dont 85% en légumes frais pour l'année 2008.

Fig. 1 Surfaces en légumes frais en 2008

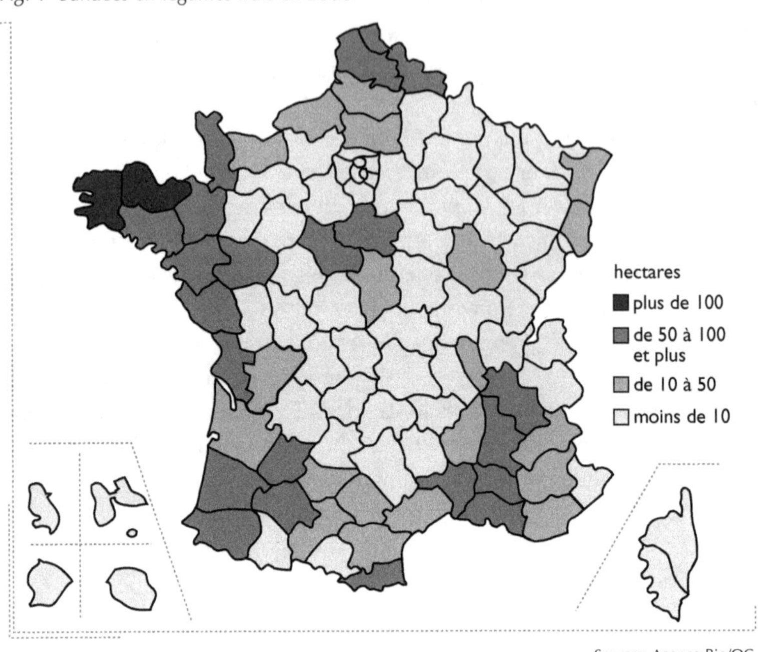

Source : Agence Bio/OC.

Environ 1 000 ha ont été convertis entre 2006 et 2007, soit 10 % des surfaces légu-mières françaises en AB. Les dynamiques de conversion sont donc importantes, mais elles ne suffisent pas à répondre à une demande croissante.

Environ 20 % des exploitations maraîchères opèrent en circuits courts, et près de la moitié d'entre elles sont déjà en AB. Ce mode de production est en effet très cohérent avec les demandes des consommateurs. Il permet une meilleure valorisation de la production. L'engouement des consommateurs pour l'AB accompagne son dévelop-pement rapide. Cependant, ceci se traduit davantage par de nouvelles installations, facilitées par les faibles surfaces et relativement faibles investissements nécessaires, que par des conversions au sens strict.

Du côté des circuits longs, sous l'impulsion des metteurs en marché qui développent les gammes AB et souhaitent accroître leur fourniture locale, de plus en plus d'exploitations maraîchères spécialisées se convertissent à l'AB. Il s'agit aussi parfois d'exploitations arboricoles et/ou viticoles cherchant à diversifier leurs productions et sécuriser leurs revenus (voir chapitre 12). À l'heure actuelle, la demande est cependant bien supérieure à l'offre pour les légumes biologiques, générant un recours important aux importations pour les principales espèces.

Les légumes sont parmi les produits les plus achetés en AB, avec une extension conti-nue de la clientèle et des volumes de vente. Le marché de la restauration collective est également en train de se structurer. Des transformateurs commencent à proposer une 4e ou une 5e gamme bio[2], et ceci va accroître encore la demande de produits.

2. Pour les légumes, le type de transformation se décline comme suit : 1re gamme : le frais, 2e gamme : la conserve, 3e gamme : le surgelé, 4e gamme : le cru prêt à l'emploi , 5e gamme : le cuit prêt à l'emploi.

Le dispositif de soutien à l'AB étant peu incitatif en maraîchage, les montants de l'aide à la conversion et au maintien en AB ont été fortement réévalués en 2009.

1.3. Difficultés et impasses du maraîchage conventionnel : une opportunité pour la bio ?

Par le passé, la construction des références pour le maraîchage conventionnel a très peu tenu compte de la gestion du sol. Sans doute influencé par le modèle du hors-sol, la gestion des fertilisations ne tenait aucunement compte des contributions du sol (stocks d'éléments nutritifs, minéralisations). De même, l'instauration de désinfections chimiques de sol tous les 2 ou 3 ans évitait de prendre en considération les équilibres biologiques. Dans beaucoup d'exploitations, le sol n'était plus considéré que comme un support inerte, dont même les caractéristiques physiques étaient menacées par un travail du sol trop agressif.
Une telle situation était alors défavorable aux conversions, des sols comme des hommes…
Depuis une quinzaine d'années, certaines pratiques sont remises en cause en maraî-chage conventionnel, voir même interdites pour des raisons environnementales et/ou sanitaires : réglementation des fertilisations en zone vulnérable, interdiction de la plupart des fumigants chimiques, cahier des charges spécifiques pour certaines cultures… Les problèmes culturaux rencontrés ont entraîné la restauration de pratiques d'entretien du sol sur la plupart des exploitations : apports de matière organique, intégration d'engrais vert, désinfection solaire, diversification des rotations culturales…
Parallèlement, l'intérêt de la lutte biologique tout comme la raréfaction des produits homologués a également limité le recours aux traitements chimiques, même s'ils restent un recours fondamental aux yeux des producteurs en conventionnel. La technicité des exploitations s'est améliorée sur le plan agronomique, avec plus d'observations et de raisonnement que dans les schémas standard antérieurs.
L'ensemble de ces évolutions offre des situations plus propices à la dynamique de conversion vers l'AB.

2. RELATIONS ENTRE MODES DE PRODUCTION ET DE COMMERCIALISATION

2.1. Les différents modes de commercialisation en maraîchage bio

La commercialisation est un point clé du maraîchage car les légumes sont généralement consommés frais et ont une durée de conservation souvent faible, de l'ordre d'un à deux jours pour la plupart des légumes feuilles, d'une semaine pour les tomates ou aubergines, davantage pour les légumes racines.

Les circuits de commercialisation sont très variés en maraîchage biologique, et peuvent être regroupés schématiquement en deux grandes catégories, selon le nombre d'intermédiaires commerciaux.

1. La vente en circuit court est caractérisée par la présence d'un intermédiaire au maximum entre le producteur et le consommateur. Elle peut revêtir différentes modalités :
– formes individuelles : vente directe sur l'exploitation ou sur un marché ; vente dans un magasin de détail ; vente libre ou sous contrat (AMAP, paniers…) ;
– formes collectives : par exemple magasin de producteurs, panier ou livraison collective.

2. Les circuits longs regroupent des modes de commercialisation ayant au moins 2 intermédiaires : le premier opérateur commercial avec lequel le producteur est en contact est un expéditeur privé, une coopérative ou plus rarement une centrale d'achat. La chaîne de commercialisation est ensuite plus ou moins longue suivant que le produit est destiné au marché français ou à l'export.

En AB, il existe un autre mode de commercialisation spécifique qui correspond à la vente en magasins spécialisés bio et relève, soit de circuits longs, soit de circuits courts suivant la localisation des magasins et des produits.

Au niveau national, l'importance quantitative des différents circuits pour les fruits et légumes bio est la suivante (Agence Bio, 2007) :
– vente directe : 30 % ;
– vente en GMS : 22 % (contre 67 % en conventionnel) ;
– vente en magasins spécialisés : 48 %.

Avec l'augmentation de la consommation et l'intérêt des grandes surfaces pour l'AB, les circuits longs ont tendance à prendre des parts de marché plus importantes. Parallèlement, des initiatives locales se développent notamment pour la livraison de paniers autour des grandes agglomérations. Ces paniers sont perçus par les consommateurs comme un moyen d'accéder à des légumes frais et de qualité.

Par ailleurs, de plus en plus de collectivités commencent à s'intéresser aux produits bio pour la restauration collective (avec un objectif de 20 % d'ici 2012, annoncé dans le plan AB Horizon 2012), ce qui supposera de trouver des compromis entre une offre de produits bio encore souvent atomisée et les demandes de volumes de la restauration collective. Mais ce marché va-t-il se développer avec des productions de fruits et légumes locaux et de saison, ou bien sur la base d'une offre plus standardisée ?

2.2. Les attentes des consommateurs selon les circuits de commercialisation

En circuit court, proposer des légumes goûteux et récoltés à maturité est un moyen important pour fidéliser les consommateurs, qui cherchent avant tout une bonne qualité gustative. Le producteur étant en contact direct avec le consommateur, il peut expliquer les défauts visuels (tâches sur le feuillage ou malformation des légumes dues à des maladies, par exemple), les mettre en balance avec une meilleure qualité gustative, mais aussi nutritionnelle et sanitaire que les produits conventionnels. C'est notamment le cas dans les AMAP et dans les ventes à la ferme, lorsqu'une relation durable s'instaure entre producteur et consommateur, mais également partiellement dans la vente sur les marchés. Les consommateurs souhaitent aussi disposer d'une diversité de produits (légumes feuilles, fruits, racines) et de variétés (salades, tomates notamment) sur une grande partie de l'année. Selon le mode de commercialisation, le producteur sera amené à diversifier en conséquence sa production. C'est explicitement le cas en AMAP, où diversité des produits et étalement des récoltes sont contractualisés entre producteurs et adhérents de l'AMAP. En revanche, il existe des circuits où la complémentarité entre producteurs leur permet de garder une certaine souplesse (magasin collectif, vente sur les marchés, système de dépôt-vente sur stand individuel…). Une autre caractéristique de ces circuits est la limitation des volumes écoulés, du fait d'une force de vente limitée. D'après les statistiques agricoles (Fiche, 1999), une personne à plein temps qui vend au consommateur, produit moins de 25 tonnes de légumes par an, ce qui est très inférieur à la moyenne. Enfin, la variabilité de la production maraîchère est tolérable en circuits courts (voir sections 2.3 et 2.4). À l'inverse, la commercialisation en circuit long permet l'écoulement de gros volumes, auprès de structures de mise en marché parfois très spécialisées par bassin de production. La qualité s'exprime certes par le respect du cahier des charges AB, mais aussi de plus en plus, par le respect des normes propres aux fruits et légumes (calibrage, absence de défauts visuels…), comme c'est également le cas pour les produits issus de l'agriculture conventionnelle. Par conséquent, on tient peu, voire pas du tout, compte de la difficulté à obtenir un « zéro-défaut visuel » en AB à cause du moindre contrôle des maladies et ravageurs. L'adaptation de la production aux débouchés du metteur en marché, et l'aptitude à la conservation sont des atouts pour accéder aux débouchés des circuits longs, en particulier pour l'export.

2.3. La cohérence structurelle entre modes de commercialisation et modes de production

L'ensemble des conditions évoquées explique les relations fortes entre modes de commercialisation et structures des exploitations (cf. figure 2).
– Les producteurs en circuit court combinent généralement des productions sous abris et en plein champ pour produire une même espèce le plus longtemps possible. La main-d'œuvre est presque exclusivement familiale, parfois salariée mais rarement saisonnière. Ces exploitations offrent une production très variée, avec en moyenne 10 légumes différents, et beaucoup plus dans certaines régions, avec pour chacun un tonnage limité.
– Le circuit long (ou d'export) offre un débouché cohérent pour les exploitations de plus grande taille employant souvent de la main-d'œuvre salariée. Les stratégies de production dépendront des régions. Par exemple, dans le sud de la France, c'est la surface sous abri qui est déterminante pour produire de façon très précoce (cf. figure 2).

Par ailleurs, le choix de l'itinéraire technique vise à respecter au mieux les critères de qualité pour réduire le pourcentage de production non commercialisable. La spécialisation des cultures est un moyen de parvenir à une bonne technicité et à une organisation du travail rationnelle, adaptée aux attentes des metteurs en marché. En effet, ceux ci sont intéressés par de grandes quantités de certains produits, bien placés sur le marché international de plus en plus concurrentiel du bio. Par exemple le marché de la tomate bio française à destination des GMS est très concurrencé par le développement de ce segment dans d'autres pays plus méditerranéens (Maroc par exemple).

Au delà de cette distinction schématique (cf. figure 2), certains producteurs jonglent avec différents débouchés commerciaux ou différentes activités, pour mieux répondre aux contraintes de leurs unités de production et/ou mieux répartir les risques. Ainsi, certains des producteurs qui commercialisent en circuit long l'hiver, vendent aussi une partie de leurs produits en circuit court le reste de l'année pour pouvoir salarier la main-d'œuvre à l'année et améliorer leurs revenus. D'autres producteurs vendent la totalité de leurs légumes à une unique structure commerciale, mais diversifient leurs productions et leurs débouchés (arboriculture, viticulture), voire leurs activités en développant une activité d'agrotourisme. D'autres enfin, combinent un débouché principal, éventuellement sécurisé par un contrat avec une structure commerciale, avec des débouchés secondaires. Ceci permet de valoriser la production même quand elle est de qualité hétérogène. Par exemple il est plus facile de trier *a posteriori* des légumes sur le calibre (les petits calibres étant vendus à un opérateur et les moyens et gros calibres à un autre) plutôt que de chercher à tout prix à obtenir, par les pratiques culturales, des calibres homogènes.

Sur le plan agronomique, et plus particulièrement pour ce qui concerne le contrôle des pathogènes, les marges de manœuvre sont donc très différentes. Dans les exploitations diversifiées, l'augmentation de la diversité des espèces cultivées et l'allongement dans les rotations du délai de retour de chaque espèce qui va de pair, réduisent les risques de développement d'une partie des pathogènes telluriques. Cependant, la faible taille des exploitations les oblige souvent à une production continue sur les parcelles, sans introduction des pratiques d'entretien du sol exigeantes en temps, ce qui peut être tout de même un facteur de risque.

Les exploitations très spécialisées en circuit long de leur côté s'exposent à des risques plus élevés de contamination des sols par les pathogènes. La plupart d'entre elles mettent donc en œuvre des techniques de remédiation (engrais vert combinés ou non à une solarisation, apports d'amendements organiques), dont on sait qu'elles sont plus efficaces en préventif que lorsque le déséquilibre biologique est engagé. Cependant, face à certains problèmes comme les nématodes, il n'existe pas de solution satisfaisante en AB, ce qui peut compromettre la pérennité de ces systèmes. Certains producteurs ne trouvent alors d'autre solution que de relocaliser les cultures sensibles sur d'autres parcelles, opération très coûteuse lorsqu'il faut déplacer des tunnels plastiques.

TROIS STRATÉGIES DE COMMERCIALISATION DANS LES EXPLOITATIONS DU SUD DE LA FRANCE ET LEURS IMPLICATIONS EN TERMES DE CRITÈRES DE QUALITÉ ET DE STRUCTURES DE PRODUCTION

Dans une étude réalisée en région PACA sur des exploitations maraîchères en AB produisant de la salade, trois modes d'organisation des cultures ont été identifiés, qui correspondent à des débouchés différents (Navarrete, 2009). Les conséquences agronomiques sont contrastées elles aussi.

Fig. 2 Débouchés selon les modes d'organisation

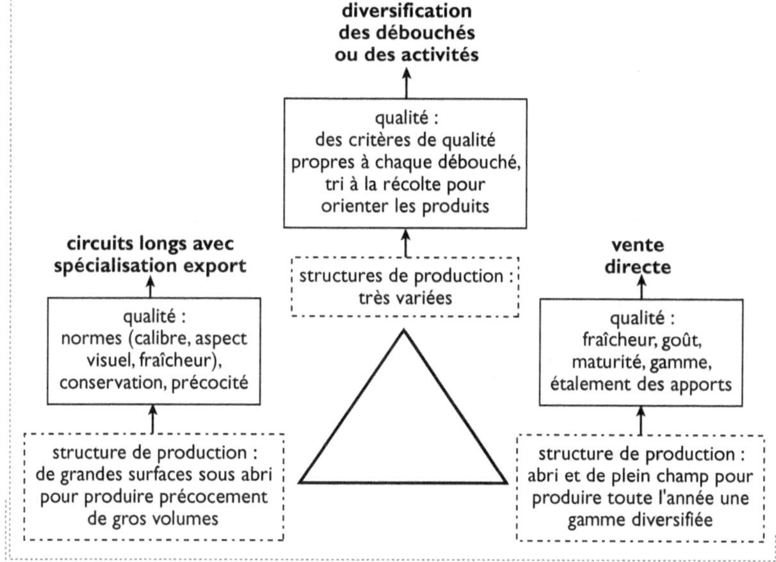

Source: Navarrete et Perrot, 2006.

En circuit long, le nombre moyen d'espèces cultivées est limité (inférieur à 5 en moyenne) et la salade revient sur chaque parcelle chaque année. En circuit court, le nombre moyen d'espèces cultivées est de l'ordre d'une trentaine et la salade n'est cultivée qu'une fois tous les 3 ans en moyenne sur chaque parcelle, ce qui réduit fortement les risques pathogènes.

2.4. Entre héritage et construction : des trajectoires multiples

Les interactions entre modes de production et de commercialisation sont donc très fortes en maraîchage. Elles peuvent être héritées lors de la conversion, ou bien se structurer après le passage en AB. Ainsi, il faut distinguer les producteurs qui s'installent directement en AB, venant parfois d'un autre secteur que l'agriculture ou disposant de peu de connaissances sur les circuits commerciaux, des producteurs de légumes conventionnels qui se convertissent et disposent déjà d'un réseau de commercialisation. Pour les premiers, candidats à l'installation, le circuit court est souvent un choix privilégié, qui peut être autant idéaliste qu'économique ou pragmatique. En effet, du fait du nécessaire apprentissage technique au moment de la conversion, les légumes produits sont variables tant en volume qu'en qualité et la vente directe sur un marché ou à la ferme est alors le moyen le plus simple et le moins engageant pour écouler les produits. La diversification des cultures présente en général un intérêt en circuits courts, bien que moins important dans un point de vente collectif ou sur les marchés, que sur un stand à la ferme ou avec un système de panier. Mais la vente directe est souvent un mode transitoire, car ce mode de mise en marché demande beaucoup de temps (figure 3). Au bout de quelques années, une partie des producteurs évoluent, soit avec intégration d'autres circuits courts moins consommateurs de temps (point de vente collectif, panier, AMAP par exemple), soit en intégrant, pour partie souvent, des circuits longs. D'autant qu'à l'heure actuelle, du fait de la forte demande en légumes biologiques, certains opérateurs des circuits longs ont une démarche de prospection sur des produits en AB, qui peut favoriser une (re) spécialisation chez certains producteurs biologiques, et parfois des conversions partielles chez des producteurs conventionnels (voir le chapitre 12 sur ces derniers points).

Fig. 3 Nombre moyen d'heures d'astreinte par type de commercialisation (transport inclus)

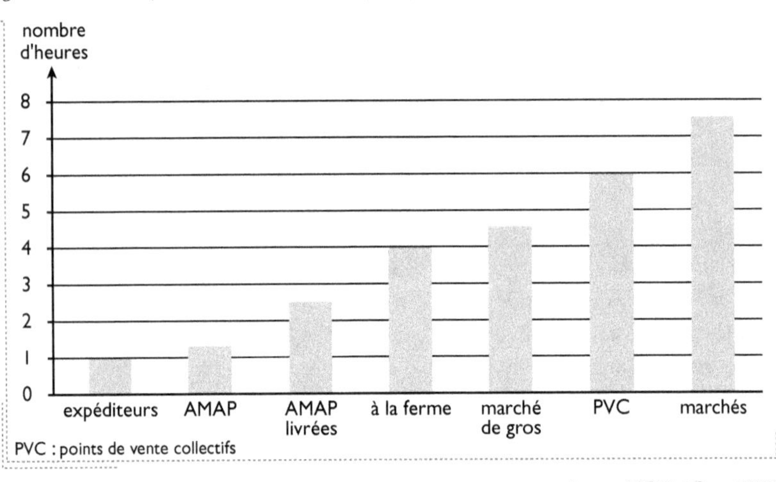

Source : ADEAR et Dancet 2008.

Pour les producteurs en conversion, on constate que pendant la mise en place de nouvelles pratiques culturales, les producteurs préfèrent souvent ne pas changer radicalement de mode de commercialisation. Ce n'est qu'une fois la conversion (des terres et des hommes) réalisée, que les circuits de commercialisation évoluent, pour limiter les contraintes apparues. En particulier, en circuit long, avec le durcissement des critères de qualité des GMS (grandes et moyennes surfaces) et la baisse des prix, certains producteurs préfèrent accroitre le nombre de grossistes ou d'expéditeurs afin de mieux valoriser la diversité des qualités produites sur l'exploitation. D'autres introduisent la vente directe sur l'exploitation en complémentarité du débouché en circuit long[3]. Pour une bonne partie de ces producteurs qui ont amorcé la vente directe à la marge d'un circuit long, celle-ci peut représenter en quelques années plus de 60 % du chiffre d'affaire. Des enquêtes menées dans les Pyrénées-Orientales (Godard, 2006) montrent que ces évolutions s'accompagnent de modifications structurelles importantes sur l'exploitation : limitation des surfaces cultivées et de la main-d'œuvre salariée, changement de matériel (miniaturisation), diversification des cultures. Il se traduit aussi généralement par un investissement conséquent de main-d'œuvre familiale lorsque les formules de vente comportent un stand à la ferme, ce qui est un cas courant. Certains producteurs peuvent aller jusqu'à l'abandon des circuits longs, jugés peu rémunérateurs et moins gratifiants.

Les trajectoires sont donc extrêmement diversifiées, et elles témoignent aussi de la diversité des visions sur ce qui importe dans le choix du métier d'agriculteur.

3. CHOIX DES CULTURES ET CONSTRUCTION DES ROTATIONS

3.1. L'influence des conditions pédoclimatiques sur les choix culturaux

Lors d'un projet de conversion d'une exploitation en maraîchage biologique, la nature du sol est un critère essentiel pour les choix d'assolement. La connaissance des caractéristiques physico-chimiques et biologiques du sol est décisive pour préciser les conditions de disponibilité de la matière organique et de migration des éléments nutritifs. Elle permet d'assurer des conditions favorables à l'enracinement afin d'exploiter au maximum le potentiel du sol. Les sols trop lourds (à dominante argileuse ou limoneuse) présentent des risques de tassement, d'asphyxie, de réchauffement difficile et de mauvaise prospection racinaire. La nature du sol peut aussi limiter les possibilités de cultiver certains légumes et restreindre ainsi la diversité des cultures sur l'exploitation. Des sols légers, favorables aux légumes racines (carotte, radis), présenteront des réserves minérales trop faibles pour des cultures exigeantes en fertilisants (tomate et aubergine notamment). Des sols caillouteux, intéressants pour leur réchauffement rapide, rendent impossible des cultures de légumes racines. Enfin, si en sols sains la pratique de rotations sur 3 ans permet d'éviter l'apparition de la plupart des ravageurs et maladies, elle n'est pas une réponse suffisante vis-à-vis de ravageurs et pathogènes

---

3. Ce débouché secondaire est plafonné à 25 % du chiffre d'affaire pour les producteurs sous statut d'OP (organisation de producteurs).

du sol inféodés à de nombreuses espèces cultivées et se conservant longtemps dans le sol. Par exemple, les nématodes *Meloïdogyne*, fréquents en sol sableux et secs, se conservent dans le sol jusqu'à 10 ans et attaquent de nombreuses cultures : solanacées (tomate, aubergine, poivron), cucurbitacées (melon, concombre, courgette), asteracées (salades). D'autres méthodes doivent donc être utilisées en complément des rotations culturales (cf. section 5).

Le respect de calendriers de production adaptés à la région est déterminant : le manque de lumière, les températures trop basses et les hygrométries excessives sont pénalisants pour les cultures légumières (croissance lente, tissus fragiles, risques d'asphyxie ou de gel), et favorisent les attaques de pathogènes (*Botrytis*, *Sclérotinia*, mildiou…). L'utilisation d'abris froids permet de gagner en précocité sans déroger à ces principes, qui contribuent à la qualité nutritionnelle et organoleptique.

3.2. Le matériel végétal

Les variétés OGM sont interdites en AB et aucune variété OGM de légume n'est autorisée en Europe. Les variétés hybrides sont autorisées en AB et permettent de cultiver des plantes présentant des tolérances génétiques à certains ravageurs (nématodes, pucerons) ou maladies (mildiou, *Oïdium*). Cependant, ces tolérances sont parfois peu durables et contournées. Les variétés populations sont encore largement utilisées par les producteurs de légumes biologiques, notamment en vente directe, pour leur diversité ou leur rusticité, et parfois par refus des variétés hybrides. Ce choix entraîne souvent une prise de risque en l'absence d'information précise sur leurs capacités de production et leurs sensibilités aux ravageurs et maladies. En revanche, elles sont une source de diversification des cultures intéressante et sont appréciées par les consommateurs. Depuis janvier 2004, le règlement européen impose l'utilisation de semences biologiques. Cependant, en raison d'une faible disponibilité en semences biologiques, de nombreuses dérogations sont accordées afin de permettre aux maraîchers de cultiver les variétés de leur choix en semences conventionnelles non traitées. Peu à peu, ce régime dérogatoire est toutefois supprimé pour les espèces offrant désormais une gamme suffisante en semences biologiques : concombre long, scarole et batavia verte de plein champ, radis rond rouge, etc.

3.3. Intérêt commercial

Si des produits originaux séduisent la clientèle, tous n'ont pas la même rentabilité. Ainsi, les produits de masse comme tomate, salade, pomme de terre constituent le gros des ventes, et 50 % du chiffre d'affaire dépend souvent de 6 à 7 espèces majeures. Les charges varient beaucoup selon les productions, de quasiment aucune comme pour la courge jusqu'à des niveaux élevés à cause du travail occasionné, comme pour le haricot, à peine compensées par les prix de vente élevés.
Enfin, l'écoulement de certaines productions est plus facile pour les légumes qui se

conservent ou à récolte échelonnée, mais peut poser de gros problèmes pour ceux aux prévisions de récolte peu fiables, comme les choux. Par ailleurs, certaines cultures peuvent demander des investissements spécifiques avant d'être rentables (exemple : semoir de précision, chambre froide).

Les systèmes de culture doivent donc aussi être raisonnés selon les stratégies et les ressources des exploitations.

3.4. Organisation du travail

L'organisation du travail intervient également dans le choix des cultures. Les capacités de vente doivent être prises en compte pour ces choix, avec un ajustement des volumes et des calendriers de cultures. La diversification des cultures entraîne une complexité technique et organisationnelle non négligeable. Elle peut poser des problèmes d'apprentissage, de gestion du travail (temps de travail, difficulté de délégation, organisation du travail elle-même), ou encore de conduite technique.
Une diversification croissante génère un volume de travail d'astreinte important ; il laisse une faible marge de manœuvre aux exploitants pour la gestion des aléas et demande une organisation des tâches rigoureuse. En effet, la gestion de la diversité des cultures et des modes de commercialisation demande une bonne maîtrise technique de la production, d'autant plus que les exploitations entrent dans des démarches AB avec des contraintes spécifiques supplémentaires.

L'ensemble de ces critères va permettre une première sélection de cultures, possible selon les parcelles. Cet assolement prévisionnel est ensuite ajusté en tenant compte d'autres éléments, liés en particulier à la succession des cultures dans le temps et à l'organisation du travail.

3.5. Organisation des cultures : la question des rotations

La pratique des rotations a pour principe l'alternance de sept familles botaniques lors de la succession des cultures légumières (voir tableau page suivante).

Un objectif majeur des rotations est de limiter la concentration des parasites et pathogènes sur une parcelle en cultures maraichères. Le principe d'action est de faire se succéder des espèces n'étant pas hôtes des mêmes pathogènes. Mais concrètement, cela reste difficile car certains champignons (*Sclerotinia* par exemple) ou parasites (nématodes du genre *Meloïdogyne*) sont hébergés par la plupart des espèces maraîchères. L'alternance de cultures contribue aussi à la maîtrise des plantes adventices, en faisant appel à des techniques différentes de destruction (paillage, désherbage, sarclage).

Tab. 1 Les sept familles des principales cultures maraîchères

Familles botaniques	Exemples de cultures
Alliacées	ail, oignon, échalote, poireau
Apiacées	carotte, céleri, fenouil, persil
Asteracées	laitue, chicorée, artichaut
Brassicacées	chou, brocoli, radis, navet
Chénopodiacées	épinard, blette, betterave rouge
Cucurbitacées	melon, concombre, cornichon, courgette
Solanacées	aubergine, tomate, poivron, pomme de terre

La pratique des rotations permet également:

– de prospecter le sol à différentes profondeurs en alternant des plantes ayant des systèmes racinaires différents, des besoins minéraux différents (légumes racines ou tubercules, légumes feuilles, légumes fruits et graines) ;

– d'assurer une fertilisation de fond sur la tête de rotation (solanacées, cucurbitacées, choux, chénopodiacées…) et de placer en fin de rotation les cultures exigeant la matière organique sous forme d'un compost très évolué.

L'introduction de céréales et d'engrais verts dans les rotations est également fondamentale. Toutefois, elle concerne évidemment plutôt des exploitations légumières de plein champ que celles en maraîchage sous abri.

Il existe une très grande variété de légumes, avec plus 60 espèces légumières cultivées en France, dont les principales appartiennent à 7 familles différentes. La diversité des rotations possibles est donc énorme, d'autant plus que les différents calendriers de culture et la rapidité de croissance de certaines d'entre elles rendent possible plusieurs cultures par an, notamment sous abri. Cette complexité est d'ailleurs régulièrement soulignée par les producteurs en circuits courts, très diversifiés.

PROBLÈMES MENTIONNÉS PAR DES PRODUCTEURS SUR LES CHOIX CULTURAUX ET LEURS CONSÉQUENCES

Des enquêtes menées auprès de 16 producteurs – tous partiellement au moins en vente directe, et plus ou moins diversifiés – en AB dans les Pyrénées-Orientales montrent qu'en moyenne certaines cultures posent plus de problèmes que d'autres (d'après Bressoud, non publié). Les principaux problèmes cités par les producteurs sont liés à la conduite de la culture, à savoir de fortes exigences en main-d'œuvre, une planification des récoltes difficile (cf. chapitre 11 pour des propositions d'outils) ou des niveaux de rendement insuffisants, mais avec des causes mal cernées. La 2e source importante de problèmes est liée aux maladies, en relation avec le fait que dans leur grande majorité ces producteurs traitent très peu, et principalement en curatif. On retrouve peu de maladies de sol, grâce à l'utilisation de rotations souvent très diversifiées. Le désherbage est la tâche la plus lourde et difficile à organiser, l'enherbement de certaines cultures est donc un problème important. L'adaptation variétale est relativement peu citée, les maraîchers ayant souvent conduit des essais personnels pour établir leurs choix. En cas de conversion à partir de systèmes peu diversifiés, il peut être souhaitable d'introduire progressivement de nouvelles espèces afin d'acquérir la maîtrise nécessaire à chacune.

4. La gestion de la fertilité des sols

La fertilité du sol est un élément majeur lors d'un projet de conversion d'une exploitation légumière. La connaissance de la fertilité du sol est déterminante pour améliorer les conditions de développement des plantes. Le travail du sol devra être adapté aux caractéristiques de ce dernier, afin d'assurer des conditions idéales d'enracinement et de préserver l'activité microbienne du sol. Il conviendra de limiter au maximum les situations favorisant l'asphyxie racinaire (semelle de labour notamment), qui pourraient rendre les plantes plus vulnérables aux attaques de pathogènes. L'entretien de la fertilité repose principalement sur l'utilisation de fumier composté et sur la culture d'engrais verts. En complément, on utilise également des amendements et des engrais organiques « du commerce » auxquels s'ajoutent des engrais minéraux d'origine naturelle, en cas de besoin justifié : engrais simples, binaires ou complets.

4.1. Le travail du sol

Les façons culturales préconisées sont celles qui confèrent au sol une structure physique adaptée tout en préservant l'activité microbienne du sol. Il s'agit en particulier de :
– ameublir et aérer le sol en évitant d'enfouir en profondeur la couche superficielle du sol ainsi que les amendements organiques ;
– éviter la formation d'une semelle de labour (choisir des outils à dents, à griffes, à disques…) ;
– limiter le nombre de passages avec des outils qui déstructurent les sols, tels que des outils lourds (tassement) ou des outils rotatifs (destruction des mottes et risque de prise en masse). Des outils permettant la conduite des cultures maraîchères en planches permanentes afin de limiter le travail du sol sont encore en cours de perfectionnement ;
– travailler au moment propice (terre pas trop humide, ni trop sèche).

4.2. Les engrais verts

Les engrais verts jouent un rôle important dans le maintien ou l'augmentation de la fertilité des sols. Ils ont de nombreux effets bénéfiques : mobilisation et remise à disposition des éléments nutritifs, notamment azote et phosphore, stimulation de la vie microbienne, amélioration de la structure du sol… Ils contribuent également à réduire les pertes d'azote par lessivage et donc le taux de nitrates des eaux souterraines. Ils imposent cependant une disponibilité suffisamment longue des parcelles (2 à 6 mois selon les espèces et les saisons) et induisent parfois certaines contraintes, notamment pour l'enfouissement. Ils peuvent également entrainer le développement de certains ravageurs ou maladies. Les espèces les plus courantes sont les poacées (sorgho fourrager, seigle, ray-grass…), fabacées (vesce, trèfle…), brassicacées (moutarde, colza, radis fourrager…). Ils sont souvent intégrés dans les rotations lorsque l'exploitation est d'une taille suffisante ; en revanche en petite exploitation maraîchère biologique (vente directe surtout), la disponibilité des parcelles est rarement suffisante pour permettre leur mise en œuvre.

4.3. Les amendements organiques

D'une façon générale, les apports de matière organique doivent se raisonner en fonction du type de sol, et en particulier du pourcentage d'argile. En sol sableux, léger, qui minéralise beaucoup, il faudra privilégier les apports de compost mûr tandis qu'en sol argileux, lourd, qui se réchauffe lentement au printemps, on cherchera davantage à stimuler l'activité biologique par l'emploi de matières peu évoluées, engrais verts et engrais organiques.

En agriculture conventionnelle, les apports de matière organique sont parfois négligés, appauvrissant le statut organique des sols. Lors de la conversion, il peut être utile de faire des apports plus importants, en combinant l'ensemble des types de matière organique pour relancer les dynamiques biologiques.

Les quantités varient entre 10 à 40 t/ha selon les caractéristiques du sol et des produits. Même si ce n'est pas l'objectif principal des apports d'amendements organiques, ceux-ci apportent des éléments « majeurs » (N, P_2O_5, K_2O) et des oligoéléments en quantités importantes, qui doivent être intégrées dans le raisonnement de la fertilisation.

4.4. Stratégie de fertilisation des légumes biologiques

La fertilisation repose sur la combinaison des moyens évoqués précédemment. L'apport d'éléments nutritifs complémentaires est souvent nécessaire. En effet, les rendements élevés des cultures maraîchères appellent des besoins nutritifs très importants. Les apports, réalisés avec les engrais organiques ou minéraux autorisés en AB, doivent être raisonnés en fonction des résultats d'analyses de sol et de cultures. Des déficits entraîneront les pertes de rendement et de qualité. À l'inverse, une fumure azotée trop importante ou un taux de matière organique trop élevé risquent de provoquer le développement de problèmes phytosanitaires.

À la différence du maraîchage conventionnel, en AB la fertilisation est généralement apportée totalement avant plantation : la fertilisation en culture n'est pas toujours efficace, et elle est difficile à mettre en œuvre (exigeante en main-d'œuvre avec des engrais solides de type guano ou farine de plume, risque de bouchage du réseau d'irrigation et coût élevé avec engrais liquides de type vinasse de betterave). Avec des sols riches en matière organique, cette pratique ne pose pas de problème. En revanche, dans des sols pauvres en matière organique (lors de la conversion par exemple) ou dans des sols légers, ceci peut être un facteur limitant, notamment pour l'alimentation azotée des cultures longues.

La connaissance de la dynamique de minéralisation des produits organiques permet de choisir des produits adaptés (culture longue, culture courte).

Pour les éléments minéraux « majeurs », les formes utilisables sont les suivantes :
– Azote : les engrais organiques autorisés en AB contiennent peu d'azote sous forme minérale, et la disponibilité en azote assimilable pour les cultures se fera par minéralisation de l'engrais dans le sol. Elle sera donc fonction de la nature du produit, de sa formulation (poudre ou bouchons), du type de sol (texture, niveau d'activité microbienne) et des conditions de milieu (température, humidité, aération).
– Phosphore : le phosphore des engrais minéraux autorisés en AB est très peu soluble, surtout en sols calcaires. Le phosphore issu des engrais organiques et des résidus végétaux (engrais verts, résidus de récolte) est beaucoup plus assimilable.
– Potassium : les besoins en potassium sont élevés pour les légumes fruits (tomate, aubergine, courgette, melon…) ; les apports de potassium minéral (patentkali, dosant 28 % de K_2O) ou organique (résidus culturaux, engrais verts, vinasses de betteraves…) sont totalement disponibles pour les cultures et leur gestion ne diffère pas de celle de l'agriculture conventionnelle.

Les stratégies de fertilisation doivent intégrer les éléments suivants, conformément aux principes d'élaboration de bilans par culture (ou à l'échelle d'une rotation culturale) :
– apports des engrais organiques et minéraux, et vitesse de minéralisation de l'azote des engrais organiques ;
– fertilisants apportés par les amendements ;
– fournitures par la minéralisation de la matière organique du sol ;
– stock minéral du sol (analyses de laboratoire, nitratests).

Les produits organiques (engrais comme amendement) sont de mieux en mieux caractérisés, certaines informations ayant même été intégrées à l'étiquetage, ce qui rend cette gestion beaucoup plus simple et sûre que par le passé.

Suivi de sols en conversion en maraîchage sous abri (INRA, Alénya)

Durant 8 années, un système de culture intensif salade-tomate sous abri a été suivi à l'INRA d'Alénya, afin d'évaluer les processus de minéralisation en jeu lors d'une conversion en AB. L'évolution de certains paramètres physiques, chimiques et biologiques du sol a aussi été mesuré, ainsi que les résultats agronomiques obtenus sur les cultures successives (12 salades, 4 tomates). Différents apports annuels de composts mûrs de déchets verts ou à base de tourteaux végétaux, couramment utilisés, ont été testés.

Trois éléments sont à retenir pour la conduite des cultures en AB :

De l'azote a pu s'accumuler dans le sol lorsque l'abri était conduit en conventionnel

Cette expérimentation montre une influence des conduites antérieures, des stocks d'azote hérités d'excédents de fertilisation précédents pouvant rester très longtemps mobilisables pour les cultures à fort enracinement comme la tomate. Difficiles à évaluer, ces stocks semblent proportionnels au nombre de cultures d'été conduites en fertirrigation qui se sont succédées sous l'abri concerné.

Contribution du sol

Dans ces systèmes de culture sous abri, on observe une forte dynamique de minéralisation. Elle est liée aux conditions microclimatiques chaudes et humides et au travail du sol, très favorables à la dégradation de la matière organique. L'importance de cette minéralisation peut, de ce fait, permettre de couvrir une part conséquente des besoins azotés des cultures, comme le montre la figure ci-contre. Cette contribution potentielle du sol est totalement occultée en maraîchage conventionnel, particulièrement pour les cultures d'été en fertirrigation où les seuls apports azotés égalent les besoins dans les préconisations de fertilisation. En revanche, les conseils de fertilisation diffusés en maraîchage biologique semblent cohérents, le solde laissant apparaître une estimation de la contribution du sol d'environ 150 kg N/ha. Ceci explique que dans un sol bien pourvu en matière organique, le passage en AB ne provoque pas de carence nutritionnelle pour les cultures, même longues.

Dans notre essai, la fourniture du sol est en moyenne de 300 kg N/ha/an. Cependant, sa dynamique est très liée aux conditions microclimatiques et rend la totalité de sa prise en compte difficile dans la gestion de la fertilisation.

Ce suivi sur 8 années montre un essoufflement progressif et lent en l'absence d'apport de matière organique pour compenser les pertes par minéralisation. L'entretien en matière organique doit donc se faire dès le début de la conversion.

Effets de l'apport de compost

Les composts testés dans cet essai étaient des composts évolués, s'agissant de déchets verts ou de produit commercial à base de tourteaux de café et fumier de bergerie.

Fig. 4 Contribution du sol et du compost à la nutrition azotée des cultures

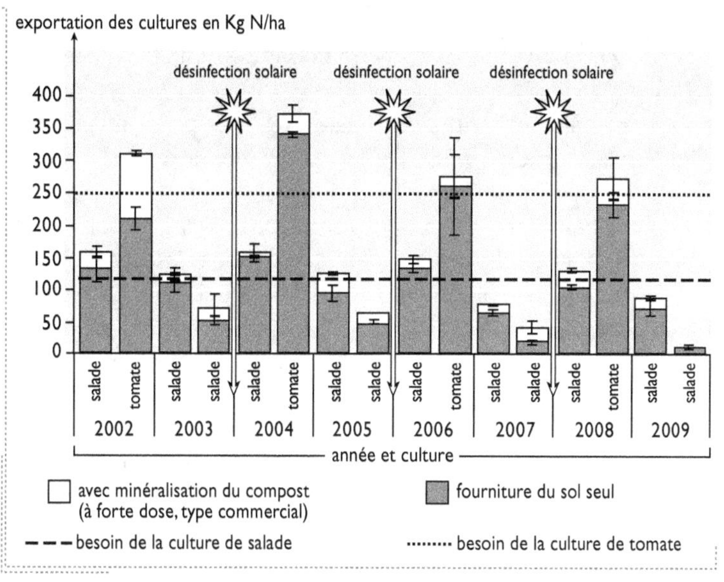

Seules de fortes doses d'apport permettent de mettre en évidence un léger enrichissement de matière organique, mais sans entraîner d'incidence très nette sur le sol ni sur les cultures. Ceci peut s'expliquer par la lenteur des changements au niveau des équilibres du sol. Ces apports importants permettent cependant d'éviter la diminution des stocks de matière organique. Les pratiques usuelles des maraîchers, correspondant aux apports de 4 t/ha/an de compost commerciaux de cette expérimentation, n'ont pas d'effets très visibles. Les apports à plus fortes doses (13 t/ha/an de compost commercial ou 24 t/ha/an de compost de déchets verts), indiquent une légère tendance à l'augmentation de l'activité biologique, et peuvent aussi permettre l'amélioration de la nutrition de certaines cultures. La figure ci-dessus montre la contribution du compost commercial à forte dose pour l'azote.

Des types de composts plus réactifs, comme ceux issus d'élevage, auraient sans doute donné des résultats différents.

5. LA PROTECTION DES CULTURES LÉGUMIÈRES ET MARAÎCHÈRES

Les problèmes sanitaires sont la principale cause des pertes financières en légumes biologiques (voir encadré p. 96). De très nombreux ravageurs et maladies peuvent pénaliser le rendement : nématodes et taupins, gastéropodes, acariens, pucerons, mouches, maladies du sol (*Sclerotinia, Rhizoctonia, Pythium*, corky root…) et maladies aériennes (mildiou, *Botrytis, Oïdium*…). En outre, la dépréciation de la qualité visuelle des produits sera plus ou moins bien tolérée selon les circuits commerciaux, les circuits longs en AB ayant peu à peu adopté les critères du conventionnel. La révision de certaines normes de commercialisation permettra peut-être à l'avenir de limiter cette tendance préjudiciable à l'AB.

Les principes de l'AB sont de maintenir un agroécosystème équilibré et de fournir à la culture des conditions de croissance optimales, afin de réduire les risques d'attaques de ravageurs et maladies. Les méthodes préventives, qui s'insèrent dans un raisonnement global de la gestion de la parcelle voire de l'ensemble de la ferme, sont très importantes car les produits autorisés en AB sont rares et ont une efficacité partielle. Ils présentent parfois des effets secondaires sur l'environnement. La protection biologique, avec apport d'auxiliaires ou en favorisant leur activité naturelle, est primordiale et d'une bonne efficacité sur de nombreux ravageurs en maraîchage. Enfin, certaines méthodes de désinfection sont utilisables sur des maladies et ravageurs de sols.

5.1. Prévenir plutôt que guérir

La prévention est essentielle en production de légumes biologiques. Elle vise à créer les conditions de croissance et de développement, optimum pour la culture et défavorables aux bioagresseurs. Elle intègre des méthodes appliquées à toutes les étapes de la culture :
– prophylaxie : elle est préventive (nettoyage du matériel et des équipements, organisation du travail pour éviter de propager des maladies ou ravageurs…) mais aussi curative (éliminer les plantes malades) ;
– techniques culturales : le raisonnement des rotations et des assolements, avec intégration ou non de plantes de coupure et la bonne gestion de la fertilité des sols sont les premiers éléments d'équilibre limitant l'apparition de problèmes.
Le choix d'un calendrier de production judicieux, la réduction des densités de plantation, la maîtrise du climat dans les abris, le choix et gestion de l'irrigation (goutte-à-goutte en remplacement possible de l'aspersion en maraîchage, afin de limiter les maladies foliaires, ou au contraire utilisation de brumisation contre certains ravageurs), le travail du sol de rupture en cas de cycles souterrains, ou encore le choix du matériel végétal sont des moyens utilisables par les agriculteurs pour éviter le développement de ravageurs et maladies. En maraîchage, ces pratiques sont couramment utilisées et cela même en agriculture conventionnelle.

Les traitements de semences doivent être compatibles avec le cahier des charges de l'AB : thermothérapie (contre *Alternaria, Phoma*...), produits d'origine naturelle (cuivre, acides lactique ou acétique, extraits de plantes, huiles essentielles...)
Par ailleurs, des méthodes technologiques ou physiques peuvent être utilisées : pose de voile ou de filet pour empêcher l'arrivée de certains ravageurs, utilisation de pièges pour détecter ou limiter certains ravageurs (panneaux jaunes englués, pièges attractifs avec des phéromones...).

5.2. Le contrôle des pathogènes du sol

Plusieurs techniques sont conseillées car considérées comme des désinfections douces de sol (solarisation, biodésinfection), voire tolérées en AB (stérilisation du sol par vapeur).
Ces techniques sont de plus en plus utilisées, y compris en conventionnel. Bien combinées, elles permettent la limitation d'un certain nombre de problèmes de maladies.
– La solarisation est une « pasteurisation » du sol durant une période minimale de 45 jours, réalisable en période estivale dans la moitié sud de la France. Elle est obtenue en recouvrant le sol d'un film plastique transparent après arrosage à la capacité au champ. Elle a trois effets majeurs : la transmission du rayonnement solaire au sol, l'élévation de la température au delà de 40 °C dans les 20 premiers cm du sol, et la réduction des attaques par certains pathogènes du sol.
– La biodésinfection : certaines plantes (brassicacées, alliacées, poacées) produisent, après broyage et incorporation au sol, des substances biocides ou biostatiques. De plus, leur décomposition modifie les équilibres chimiques du sol et peut favoriser les compétitions, voire les antagonismes entre organismes pathogènes et non pathogènes. Ces mécanismes, qui peuvent aussi être obtenus avec d'autres apports de matière organique, peuvent aboutir à des biodésinfections d'organismes pathogènes.
– La désinfection à la vapeur : pratique tolérée en AB, c'est une stérilisation plus marquée du sol, par injection de vapeur. Cette formule est efficace contre de nombreux ravageurs et maladies du sol (nématodes, corky root...), mais elle détruit une partie de la flore du sol, qu'elle soit utile ou pathogène. Elle montre une certaine efficacité à court terme, mais peut aggraver les problèmes à long terme en empêchant la mise en place des régulations naturelles. De plus, elle est écologiquement discutable car elle consomme beaucoup d'énergie fossile et elle s'avère coûteuse en matériel et en main-d'œuvre.

5.3. Développer l'action de la faune et de la flore auxiliaires

De nombreux problèmes peuvent être évités au moyen de la lutte biologique, y compris en maraîchage conventionnel ou en production intégrée. Ceci exige tout d'abord une limitation des traitements peu sélectifs au strict nécessaire, si possible localisés.

Ensuite, il est possible de recourir à des introductions d'insectes prédateurs (coccinelles, mirides…) ou parasitoïdes (microhyménoptères : *Aphidius colemani*…), acariens prédateurs (*Phytoseiulus persimilis*…), ou de micro-organismes antagonistes (champignon *Conyothyrium minitans*, hyperparasite du *Sclerotinia*). Ceci est intéressant si la faune autochtone est absente, insuffisante ou d'installation trop tardive.

Les résultats de certaines exploitations en AB, et ceux de différents essais menés en France et à l'étranger indiquent que la biodiversité naturelle offre un réel potentiel de protection :

– La préservation et le maintien de la faune auxiliaire seront favorisés par la mise en place de haies et de bandes florales. Ces deux types d'aménagements complémentaires constituent des refuges naturels pour les oiseaux et les insectes auxiliaires, en offrant un milieu favorable à leur maintien et leur multiplication (abri, compléments alimentaires, remplacement en l'absence de parasites des cultures…). Ainsi, des recensements effectués en Bretagne sur des cultures maraîchères ont montré que des environnements diversifiés (talus, bosquets, fossés, pierriers) permettaient une régulation naturelle des ravageurs (notamment pucerons sur artichaut).

– De nombreux auxiliaires[4] consomment (à l'état larve ou adulte) du nectar et du pollen. Une flore diversifiée et fleurie tôt en saison permet leur présence avant même que les populations de ravageurs n'atteignent le seuil de nuisibilité. De plus, un régime alimentaire « riche », grâce à l'énergie fournie par le nectar et le pollen, améliore la fécondité et la vitesse de développement des auxiliaires. Les plantes peuvent aussi fournir aux insectes utiles des proies de substitution. Les *Aphidius* (microhyménoptères parasitoïdes) peuvent se développer sur le puceron des céréales *Rhopalosiphum padi* : un semis de céréales à proximité des cultures de légumes permet de constituer des « plantes relais » pour les *Aphidius* qui pourront ensuite s'attaquer aux pucerons spécifiques des cultures légumières comme *Myzus persicae* ou *Aphis gossypii*.

Si les haies offrent d'avantage de refuge, les bandes enherbées et surtout fleuries permettent de leur côté de répondre aux exigences spécifiques (variétés de pollen, de nectar) de nombreux auxiliaires, de leur offrir plus facilement l'accès à ces ressources, et de les attirer à proximité immédiate des cultures. Leur mise en place est relativement simple, peu coûteuse et leur impact rapide.

Les combinaisons d'espèces les plus appropriées pour ces haies et bandes enherbées selon les systèmes de culture sont encore en cours d'étude, d'autant plus que des risques sanitaires sont à prendre en compte : présence possible de limaces, de rongeurs, d'insectes ravageurs des cultures. Cependant, des pistes existent pour adapter les choix selon les zones climatiques et les problèmes rencontrés.

LA PROTECTION CONTRE LES ACARIENS EN MARAÎCHAGE BIOLOGIQUE : UNE COMBINAISON DE MÉTHODES

Dans le sud de la France, l'acarien *Tetranychus urticae* constitue une forte préoccupation en maraîchage biologique en période estivale, surtout en culture sous abris (solanacées et cucurbitacées) : les pertes financières sont alors très importantes. Les méthodes de protection

---

4. Les acariens prédateurs, les coccinelles, les punaises prédatrices (comme les *Orius*), les chrysopes, les syrphes.

en AB sont restreintes. Des travaux de recherche ont été conduits sur solanacées et cucurbitacées au GRAB depuis 2000 : ils ont permis de tester différentes méthodes de protection. Le soufre utilisé en poudrage a une action insuffisante et présente de nombreux effets secondaires indésirables sur auxiliaires, pollinisateurs et applicateurs. La lutte biologique avec des prédateurs spécifiques de tétranyques est souvent très insuffisante en climat chaud et sec (Provence), face à l'explosion des populations de ces ravageurs. La pratique des brumisations permet de corriger le climat trop sec et trop chaud des abris et retarde le développement des tétranyques : elle limite ainsi très fortement la gravité des attaques et améliore également la protection contre d'autres ravageurs grâce à une meilleure installation de divers auxiliaires (*Orius laevigatus* contre les thrips…) ; elle présente également d'autres avantages : croissance souvent plus rapide et plus équilibrée des plantes, qualité commerciale supérieure, confort de travail amélioré pour le personnel. Mais c'est une technique coûteuse en investissement. Enfin, la mise en oeuvre de bandes florales avec des espèces attirant des punaises mirides prédatrices des acariens est une voie prometteuse. Plusieurs espèces semblent intéressantes pour leur attractivité vis-à-vis des punaises mirides *Macrolophus caliginosus* (souci et inule visqueuse) et *Dicyphus spp. (Geranium)*…

5.4. Protéger les cultures maraîchères en place

Il existe peu de produits de traitement autorisés en AB et homologués sur les cultures maraîchères. Leur action est surtout préventive (soufre et cuivre) ou à spectre trop large (pyrèthre et Spinosad sont également toxiques contre les auxiliaires). L'utilisation du cuivre est désormais limitée : la quantité maximale est de 6 kg/ha/an de cuivre métal, et certains producteurs sont déjà en dessous de ce seuil d'utilisation.

Tab. 3 Protection directe en culture de légumes biologiques : principaux produits utilisées

Cibles	Produits	Formes/dosage	Observations et situation (août 2009)
Contre les maladies			
Mildiou, *Botrytis,* bactériose	Cuivre	Sulfate, oxyde, hydroxyde, oxychlorure, ou de cuivre	Toxique par accumulation dans le sol : dose maximale actuelle = 6 Kg de cuivre métal /ha/an
Oïdium	Soufre	Poudrage : 20 Kg/ha	Usage à limiter : répulsif pour pollinisateurs, toxique pour certains auxiliaires
		Mouillable : 750 g/hl	Peu toxique sur pollinisateurs et auxiliaires. Risques de phytotoxicité (températures élevées). Tâches sur feuillage et fruits
Diverses maladies	Produits et extraits végétaux		Aucun produit commercial homologué. Réglementation en évolution

Contre les ravageurs			
Doryphore, pucerons	Roténone	Différents produits (Roténobiol…)	La roténone encore autorisée en AB, mais plus d'homologation de la roténone en légumes depuis octobre 2008. Seulement homologué sur pomme de terre
	Roténone + pyrèthre	Biophytoz	
Insectes	Pyrèthre	–	Quelques produits en gamme jardin, aucun produit commercial homologué en légumes en gamme professionnelle
Mouche Thrips	Spinosad	0,2 l/ha	Autorisé en AB depuis mai 2008, homologué sur mouche du chou (plants) et thrips sur fraise (autorisation provisoire)
Insectes	Savon noir	Liquide, utilisé à 2%	Non homologué en tant que produit phytosanitaire : mouillant assurant une action de nettoyage du feuillage
Chenilles	Bactéries	*Bacillus thuringiensis* (souches *kurstaki*, *azawaï*…)	Nombreux produits commerciaux homologués sur nombreux légumes
Chenilles, doryphores	Bactéries	*Bacillus thuringiensis* souche *tenebrionis*	Produit Novodor homologué sur pomme de terre et aubergine
Limaces	Ortho-phosphate de fer	Produit Ferramol	Granulés sur le sol
Divers ravageurs	Produits et extraits végétaux		Aucun produit commercial homologué. Réglementation en évolution

5.6. *La maîtrise des adventices*

La conversion en AB impose le renoncement à tout herbicide de synthèse. La maîtrise des plantes adventices devient alors une préoccupation importante : en effet, les problèmes d'enherbement peuvent d'une part exiger des moyens importants en terme de main-d'œuvre et de matériel, et d'autre part induire des pertes de rendement notables.

Pour les cultures plantées, comme en conventionnel, il est possible de résoudre ce problème par paillage du sol, qui permet également une meilleure qualité sanitaire des produits par protection vis-à-vis du sol, et une réduction des besoins en eau et du lessivage des minéraux. Cependant, en cas d'enherbement important, le paillage peut ne pas suffire.

Sur les cultures à semis obligatoire, comme la carotte, la limitation de l'enherbement s'impose. Les rotations de cultures, les engrais verts, les désinfections de sol déjà citées limitent le salissement des parcelles. Le travail du sol (en évitant les outils favorisant la dissémination des plantes à multiplication végétative comme fraises et disques sur liseron, ambroisie, chiendent…) est couramment utilisé, si possible combiné à un faux semis.

La maîtrise des adventices nécessite une technicité et une disponibilité importantes de la part du maraîcher (intervention au bon moment, selon le climat et l'état du sol). Elle exige également des équipements diversifiés et parfois coûteux, adaptés aux différentes cultures (herses étrille, bineuses, désherbeurs thermiques). Ceci sera plus facile à consentir sur des exploitations de plus grande taille, plutôt spécialisées, ou bien par des achats groupés.

Elle impose enfin, à certaines périodes, des interventions manuelles, fastidieuses, coûteuses ; mais indispensables pour assurer le développement de la culture, quand les autres méthodes ne peuvent plus être mises en œuvre.

Témoignage : une conversion nécessaire... et réussie

Claude et Denis Menoury s'installent en maraîchage conventionnel en 1987 à Mauguio (Hérault), sur une exploitation de 1 ha d'abris et de 1,5 ha de plein champ, essentiellement cultivée en melon et salade. Les surfaces progressent et atteignent, en 1994, 7 ha de melon (abris et chenilles) et 3 ha de salades de plein champ, pour une commercialisation en circuit long (marque «Goût du Sud»). Mais dès 1995, des difficultés imposent une remise en question : problèmes financiers, gestion difficile de la main-d'œuvre saisonnière, manque de terres pour pratiquer des rotations... En 1997, l'exploitation crée sa marque «les fruits de la Mourre» et en 1998, elle se convertit en AB. Cette conversion est accompagnée d'un soutien technique (assuré par le CIVAM bio LR et le GRAB), que Claude et Denis jugent indispensable à toute démarche de conversion. Jusqu'en 2001, la commercialisation des produits biologiques reste en circuit long, avec des surfaces cultivées encore importantes ; de réels problèmes sanitaires telluriques perdurent, favorisés par des rotations insuffisantes : fusariose sur melon, *Sclerotinia* sur salade, nématodes à galles. En 2001, une nouvelle réflexion conduit les Menoury à développer la vente directe (ferme et marchés), réduire les surfaces cultivées et diversifier les productions. Aujourd'hui, le circuit court représente environ 40 % des ventes. La complémentarité des 2 circuits de commercialisation (court et long) constitue un atout réel pour cette exploitation. Cette diversification progressive des cultures impose encore davantage de technicité ; mais elle est plus motivante et permet de limiter les risques sanitaires et financiers. La protection contre les nématodes à galles demeure néanmoins une réelle préoccupation.

CONCLUSION

Malgré des réussites certaines, la conversion à l'AB en production légumière et maraîchère présente encore de nombreux écueils : rendements souvent inférieurs au conventionnel (problèmes sanitaires, enherbement), coûts de production parfois supérieurs (main-d'œuvre et matériel de désherbage, fertilisants…), temps de travail supérieur pas toujours compensé par un gain de chiffre d'affaires. La conversion impose au maraîcher, notamment en système très diversifié, un savoir-faire très large sur les techniques de production, le choix des variétés, les problèmes sanitaires… Celui-ci rencontre souvent de réelles difficultés dans la collecte de références et de conseils techniques : les opportunités de formation et de conseil techniques ne sont pas toujours à sa portée, faute de disponibilité personnelle et de propositions locales. Par ailleurs, la planification des cultures est une réelle difficulté dès la phase de conversion, en particulier en petite exploitation maraîchère ; pour pallier ces difficultés, de nombreux outils informatiques sont créés par les agriculteurs, les organismes professionnels ou encore d'insertion (comme les Jardins de Cocagne[5]). Ces voies d'accompagnement seront abordées dans les chapitres 11 (outils de planification) et 12 (organisations collectives).

Cependant, la contribution au respect de l'environnement et la production de légumes sains sont des avantages indéniables, tout comme la satisfaction de travailler dans des conditions valorisantes et moins polluantes. Le marché des légumes biologiques demeure intéressant et garantit le plus souvent une rentabilité financière de l'exploitation, notamment en vente directe.

Les travaux de recherche et d'expérimentation réalisés dans les dernières années ont permis d'améliorer les conditions de production, grâce à la mise en œuvre de techniques innovantes, mais du fait de la multiplicité des cultures légumières et des nombreuses problématiques, beaucoup d'efforts restent à faire, en particulier sur le thème de la protection des cultures.

BIBLIOGRAPHIE

ANON, 2007. *Marché alimentaire Bio en France : Une croissance de près de 10 % par an.* Enquête de l'agence Bio, consultable en ligne : www.agencebio.org

BRESSOUD F., 2006. « Vente directe : Questions autour de la vente directe de légumes dans les Pyrénées-Orientales », *Serres et plein champ,* 66.

BRESSOUD F., 2009. « Produire des tomates pour des circuits courts : Vers de nouveaux critères d'évaluation variétale », *Facsade,* 29.

BRESSOUD F., 2009. « Systèmes de culture intensifs salade-tomate et maladies telluriques », *Réussir fruits et légumes,* 287.

BRESSOUD F., ARRUFAT A., 2009. « Amendements organiques et maraîchage biologique sous abri – Observations après 6 années d'apport », *Innovations Agronomiques,* 4.

---

5. http://www.reseaucocagne.asso.fr/gestion_prod/

FICHE D., 1999. «Les circuits courts, un débouché essentiel pour le quart des légumiers», Agreste, *Les cahiers* n° 41.

GODARD G., 2006. *Étude du fonctionnement des exploitations maraîchères en vente directe des Pyrénées-Orientales*, mémoire de fin d'études, Enita, Clermont-Ferrand.

GUET G., 1999. *Mémento d'agriculture biologique*, éditions Agridécisions.

LAMBION J., 2009. *Fiche RMT DévAB: systèmes innovants: favoriser les auxiliaires naturels.*

MAZOLLIER C. WARLOP F., LAMBION J., 2009. *Fiche RMT DévAB: systèmes innovants: contrôle des bioagresseurs: prophylaxie, méthodes culturales et lutte indirecte.*

MAZOLLIER C., 1999. *Le maraîchage en agriculture biologique, quelques principes de base,* site ITAB.

MAZOLLIER C., 2009. *Fiche RMT DévAB. Systèmes innovants: le maraîchage et la production de légumes biologiques.*

NAVARRETE M., 2009, «How do farming systems cope with marketing channel requirements in organic horticulture? The case of market-gardening in south-eastern France», *Journal of Sustainable Agriculture*, 33 (5).

NAVARRETE M., PERROT N., 2006. *Trajectoires de conversion à l'AB et évolution des modes de production et de commercialisation,* Journée «légumes» ITAB/CTIFL, 1er février 2006.

POUSSET J., 2003. *Agriculture sans herbicide,* éditions Agridécisions.

RAFFIN R. *et al.,* 2000. *Le désherbage en maraîchage biologique: principes de bases.* CRARA.

VÉDIE H., 2003. *Fiche technique «Évaluer la fertilité des sols»,* site ITAB.

VÉDIE H., 2003. *Fiche technique «La fertilisation en maraîchage biologique»,* site ITAB.

VÉDIE H., 2004. «Raisonner la fertilisation en maraîchage biologique», *Alter agri,* octobre 2004.

VÉDIE H., 2005. *Fiche technique «Les engrais verts en maraîchage biologique»,* site ITAB.

Chapitre 4

De l'agrobiologie à la viticulture biodynamique

Pierre Masson, consultant en biodynamie

Le vignoble bio progresse, avec une accélération des rythmes de conversion dans les principales régions viticoles françaises. La viticulture biodynamique suscite également un intérêt grandissant de la part de producteurs, biologiques ou non. Elle repose sur des formes de connaissance et des pratiques spécifiques, exposées dans ce chapitre, qui explicite aussi quelles sont les voies de transition vers la viticulture biodynamique.

Entre 2000 et 2008, les surfaces de vigne en production biologique ont fortement progressé en France, passant de 11 000 ha à plus de 28 000 ha (dont 44 % sont en conversion, dont la durée est fixée à 3 ans). La biodynamie se développe également de manière importante dans de nombreuses régions viticoles françaises et européennes (Allemagne, Autriche, Italie, Espagne, Portugal et Suisse) mais aussi dans des contrées plus lointaines (Afrique du Sud, Amérique du Sud et du Nord, et Australie). Ainsi, en 2009, 4 263 producteurs (3 270 en 2003, soit 30 % d'augmentation en six ans) de 43 pays du monde sont certifiés en agriculture biodynamique, pour une surface de 129 208 ha (plus 24 % en six ans) (d'après Demeter-international, 2003[1]). Il est à noter que de très nombreux domaines viticoles, en France comme à l'étranger, ont des pratiques biodynamiques soignées mais ne rentrent pas pour autant dans un processus de contrôle et de certification de celles-ci.

Les domaines viticoles qui font le choix de la biodynamie ont des caractéristiques très variables. Il peut s'agir de petits domaines à la limite de l'autarcie ou de domaines viticoles de plusieurs centaines d'hectares. Certains domaines prestigieux dans les AOC réputées de Bourgogne, Champagne, Alsace, Côtes du Rhône ou du Bordelais côtoient dans cette méthode des vignerons peu connus élaborant de simples vins de pays ou de table. On rencontre des vignerons-agriculteurs qui pratiquent la polyculture et l'élevage, mais aussi des producteurs en situation de monoencépagement issus de sélection clonale sur un unique porte-greffe, dans des paysages de mers de vignes avec une faible diversité botanique et faunistique.

Qu'est-ce qui détermine ces vignerons à s'intéresser à cette méthode si particulière ? On peut citer quatre motivations principales qui ne sont pas exclusives les unes des autres :

1. De nombreux vignerons ont trouvé une grande satisfaction dans la pratique d'une méthode qui tente de donner à la nature et à l'humain une grande place. L'élargissement du regard depuis la vie du sol et de la plante jusqu'aux rythmes du cosmos apporte une dimension quasi-poétique à leur travail. Certains sont même séduits par les arrière-plans spirituels de la méthode et s'emploient d'ailleurs à décrire largement cet aspect « cosmique » dans leur communication.

2. D'autres vignerons en recherche de qualité pour leurs vins, ont été conquis par des dégustations de vins issus de la viticulture biodynamique. En voulant éviter les intrants chimiques considérés comme contraires à l'expression du terroir, ils se tournent vers la biodynamie pour trouver un renforcement de cette identité et affirmer la pureté et l'élégance de leurs vins.

3. D'autres encore ont pu constater des bénéfices agronomiques, avec l'emploi des préparations spécifiques de la méthode. Par exemple :
– une meilleure tenue des sols dans les situations érosives, y compris avec des sols travaillés partiellement ou totalement ;
– ou encore un comportement plus équilibré de la végétation facilitant les travaux en vert de palissage et améliorant l'aération du feuillage et des grappes ;
– pour certains la possibilité de limiter les doses d'intrants cupriques en améliorant la résistance aux maladies cryptogamiques par l'emploi des préparations et des tisanes est un atout non négligeable pour l'avenir des sols.

1. www.demeter.net/

4. Enfin on peut constater chez certains vignerons un intérêt dicté par un effet de mode ou encore, en période de crise par l'espoir de nouveaux marchés.

En contrepoint de cette diversité de motivations, on trouve aussi ceux qui refusent absolument cette démarche en stigmatisant les comportements mystiques ou ésotériques de certains biodynamistes ou encore qui décrient la qualité des vins obtenus (il en existe effectivement de bien médiocres…), ou enfin ceux qui jugent la démarche impossible car trop contraignante et trop gourmande en temps.

L'objet de ce chapitre est d'apporter un éclairage aux questions que peuvent se poser des praticiens intéressés par la viticulture biologique et biodynamique. Dans une première section, nous présentons le fond commun et les termes de passage entre viticulture classique, biologique et biodynamique. Ensuite, nous décrivons les principes et pratiques spécifiques de la viticulture biodynamique, ceux relatifs à l'agriculture biologique (AB) étant bien documentés. La dernière section replace ces éléments dans le cadre de domaines viticoles, en précisant les investissements nécessaires en travail et en matériel.

1. De l'agronomie à la biodynamie : un continuum

Il est difficile de passer directement de la viticulture classique à la viticulture biodynamique car cela suppose une grande maîtrise des techniques, des pratiques et une parfaite connaissance du terroir (sols, cépages, conditions pédoclimatiques, etc.). Ainsi, passer d'un désherbage chimique avec des intrants de synthèse à la biodynamie peut correspondre à une véritable révolution : le travail du sol ou la maîtrise de l'enherbement par la tonte ou le roulage demandent des investissements en matériel et en temps considérables et un savoir-faire approprié.

Avant une conversion formelle, il est préférable de faire des essais sur de petites surfaces faciles à gérer avec des moyens de pulvérisation manuelle pour le passage des préparations spécifiques, mais suffisamment grandes pour pouvoir faire des essais de vinification. L'idéal serait de prendre le temps de faire des comparaisons et de programmer la conversion totale en évaluant soigneusement les investissements à réaliser en matériel, en temps et en énergie humaine.

Les réseaux d'agriculture biodynamique existants[2] sont très actifs et ils pourront guider l'agriculteur dans sa conversion. Les organisations de la biodynamie mettent à disposition une liste de conseillers spécialisés qui ont une expérience suffisante et sont engagés dans un processus de formation continue. Des journées de formation ainsi que des visites chez des vignerons engagés offrent une bonne introduction à la méthode et à son matériel spécifique (dynamiseurs et leurs réglages, pulvérisation appropriée à chaque préparation, etc.). Il existe aussi dans différentes régions des groupes de suivi

---

2. Mouvement de culture biodynamique (MCBD), syndicat d'agriculture biodynamique (SABD) et association pour la gérance de la marque Demeter. Ils sont réunis dans la maison de l'agriculture biodynamique, basée à Colmar.

mis en place par la profession agricole ou par les organismes dédiés à l'AB[3].

Pour la mise en œuvre de la méthode biodynamique, la transition recouvre trois phases successives, qui se superposent pour partie :
– respect des pratiques de base de l'agronomie ;
– mise en œuvre des pratiques biologiques ;
– intégration de la dimension biodynamique.

1.1. Les pratiques de base de l'agronomie et de la conduite du vignoble

La vigne est une culture particulière à plusieurs titres. C'est une culture pérenne qui connaît une pression de bioagresseurs élevée (phylloxera, mildiou, flavescence dorée, etc.) à l'origine de nombreux traitements aujourd'hui utilisés dans la plupart des vignobles. Or, la biodynamie propose une manière originale et alternative : redonner au sol sa vitalité féconde est indispensable à la santé des plantes, des animaux et des hommes.

La mise en pratique repose sur le respect de grands principes agronomiques qui permettent de maintenir la fertilité du sol et l'adaptation des portes-greffes et de cépages au terroir. Un premier ensemble de conditions relève d'aménagements du milieu : évacuation des excès d'eau dans les parcelles avant plantation, préparation du sol en profondeur avec des outils à dents sans retournement, équilibrage du sol sur le plan minéral (calcium et magnésium en particulier).

Les éléments suivants décrivent les pratiques agronomiques de base devant précéder ou être mises en œuvre simultanément avec la conversion bio ou biodynamique (SQPV, 2005) :

« Pour limiter l'installation et le développement des parasites, il faut :
– favoriser l'aération des grappes : un entassement des grappes et de la végétation favorise de nombreuses maladies ;
– limiter la vigueur : un excès de vigueur est favorable au développement de nombreuses maladies, telles que la pourriture grise.

Les principales mesures permettant la maîtrise de la vigueur consistent à :
– adopter une taille équilibrée en adaptant la charge à la vigueur de la vigne ;
– raisonner la fertilisation ;
– choisir un matériel végétal adapté (porte-greffe, clone de cépage…) ;
– pratiquer un enherbement de la parcelle si nécessaire ;
– gérer l'environnement parcellaire : les risques de maladies sont généralement accrus dans toutes les situations favorisant une forte humidité de l'air.

L'adoption d'une taille équilibrée par rapport à la puissance de la souche est fondamentale : la charge par pied doit être déterminée à la taille en fonction de la vigueur du cep.

---

3. Chambres d'agriculture, Centre de formation professionnelle et de promotion agricoles (CFPPA), Centre d'initiative pour valoriser l'agriculture et le milieu rural en agriculture biologique (CIVAMBio), Groupement des agriculteurs biologiques (GAB), etc.

La taille doit également favoriser l'étalement des grappes et une aération correcte de la zone fructifère.

Toutes les opérations en vert qui conduisent à diminuer la sensibilité de la plante aux maladies sont également intéressantes :
– l'ébourgeonnage diminue l'entassement et permet une meilleure pénétration des produits phytosanitaires ;
– l'éclaircissage, en diminuant l'entassement, améliore également l'aération des grappes ;
– l'effeuillage, s'il est soigné (pas de blessures sur les raisins avec les débris végétaux), modéré et pratiqué suffisamment tôt (entre la nouaison et la fermeture de la grappe), a un effet important sur la pourriture grise ;
– le palissage doit être soigné pour éviter les contacts des rameaux avec le sol et limiter les contaminations des feuilles par le black-rot et le mildiou. »

1.2. Les pratiques biologiques

Le règlement européen relatif à l'AB (RCE n° 889/2008) cadre les pratiques de la viticulture biologique. Au-delà d'interdictions (d'engrais ou pesticides de synthèse ; d'OGM), il propose de développer un intérêt pour la vie du sol à travers l'emploi des matières organiques, des engrais verts, la création de diversité (rotations longues par exemple), etc.

Pratiquement, on peut envisager dans l'ordre :
– l'arrêt des désherbants et le passage au travail mécanique du sol ou à l'enherbement (total ou partiel) ;
– le passage de la fumure minérale chimique à un entretien de la fertilité par des apports organiques, si ceux-ci sont nécessaires ;
– le remplacement des produits phytosanitaires de synthèse par les produits minéraux (cuivre et soufre) et par les substances d'origine naturelle utilisables en viticulture biologique (*Bacillus thuringiensis*, pyrèthre, etc.). Les traitements phytosanitaires autorisés en viticulture biologique sont aussi sûrs que ceux qui sont employés en conventionnel mais ils doivent en général être appliqués plus fréquemment, et une surveillance attentive des parcelles est indispensable. Un matériel performant et bien réglé est nécessaire pour assurer une bonne protection phytosanitaire. L'emploi du cuivre en viticulture biologique est actuellement limité à des doses n'excédant pas 30 kg de cuivre métal sur 5 ans, soit 6 kg en moyenne par hectare et par an. Cet emploi du cuivre pose des problèmes importants qui seront abordés dans la section 2.3 ;
– mise en œuvre progressive de mesures d'accompagnement à long terme. Par exemple, on fera plutôt le choix des sélections massales pour les replantations. Ceci permet une plus grande diversité et une meilleure adaptation au terroir et aux objectifs du vigneron. La préparation des nouvelles plantations se fera avec un temps de repos suffisant et la culture de légumineuses, de céréales et d'engrais verts diversifiés pourra être pratiquée durant la période d'interculture. Enfin, on entretiendra la biodiversité en laissant s'implanter ou en introduisant une flore complexe dans la vigne et dans les contours enherbés ou encore en créant des bandes fleuries.

Pour les pratiques en viticulture biologique, on pourra s'inspirer des mesures décrites dans les fiches de l'ITAB[4], ou encore du livret de la chambre d'agriculture du Rhône (Cichosz, 2006) ainsi qu'aux résultats du programme européen sur la viticulture biologique « Orwine[5] » pour le travail en cave.

1.3. L'intégration de la dimension biodynamique

La méthode biodynamique trouve son origine dans un cycle de huit conférences, connu sous le nom de « Cours aux Agriculteurs » tenu en 1924 par Rudolf Steiner. Ce philosophe spiritualiste d'origine autrichienne est connu comme le fondateur d'un mouvement pédagogique et de diverses initiatives dans les domaines culturel, social et thérapeutique, ainsi que d'un courant de pensée appelé « anthroposophie ». Cette initiative souhaite élargir la compréhension du monde et de ses lois physiques, chimiques et biologiques en tenant aussi compte des aspects psychiques et spirituels. L'agriculture biodynamique est née en réaction au développement de la mécanisation et des nouvelles techniques en agriculture, en particulier l'emploi des engrais de synthèse (ammonitrates) qui semblaient peu compatibles avec l'organisation de la nature vivante et avec l'alimentation humaine et animale.

R. Steiner souhaitait indiquer, à partir de sa recherche spirituelle, d'autres voies en agriculture pour remédier au durcissement des sols, à la baisse de vitalité de la nature et à la dégradation de la qualité des aliments.

Le texte de ses conférences reste, aujourd'hui encore, une base solide pour l'exercice de cette agriculture. De nombreux chercheurs et praticiens ont œuvré pour développer la méthode et adapter ces données de base à la pratique et aux conditions locales. On citera en particulier E. Pfeiffer (1979), M. Thun (2008), H. Koepf (2001), A. Podolinsky (2001), etc. Pour la viticulture, les premières applications françaises datent des années 1980, en particulier sous l'impulsion d'un vigneron et conseiller, François Bouchet (2003).

La marque Demeter caractérise les produits issus de l'agriculture biodynamique. Il existe un cahier des charges élaboré au niveau international qui est transcrit dans chaque pays pour l'adapter aux conditions locales par des associations locales gérant la marque (adaptation du cahier des charges, contrôle et certification). Le cahier des charges transformation de la marque Demeter comporte un volet vinification pour la biodynamie. Il est exigeant : pas d'acidification ; pas de levurage ni d'enzymage ; chaptalisation et sulfitage limités.

La durée de conversion est la même que pour l'AB. Si un domaine est déjà certifié en AB, dès la première année où les préparations sont appliquées totalement, et si les pratiques de cave sont conformes au cahier des charges de transformation et de vinification, le domaine peut revendiquer la marque Demeter et indiquer sur ses documents et ses étiquettes qu'il pratique l'agriculture biodynamique et y apposer le sigle « Demeter Agriculture BioDynamique ».

---

4. Institut technique de l'agriculture biologique : Fiches techniques en ligne : www.itab.asso.fr/

5. www.orwine.org/

Le cahier des charges de l'association Demeter-France précise dans son préambule quelques indications pour saisir le sens du travail en agriculture biodynamique : « Les efforts doivent porter sur la réalisation « d'organismes agricoles » individualisés insérés dans leur environnement terrestre (terroir) et cosmique, garants de santé, d'équilibre et de pérennité pour la terre, l'agriculture et l'homme ». Dans ce but, les pratiques suivantes sont à respecter au mieux :

– création ou maintien d'un circuit le plus autonome possible de substances et de forces entre le sol, la végétation et les animaux ;

– élevages dans lesquels les animaux peuvent vivre et évoluer conformément à leur propre nature ;

– application des préparations bouse de corne (500) et silice de corne (501), sur toutes les surfaces accessibles. Introduction des six préparations destinées au compost dans chaque tas de matière à composter (voir encart p. 111) ;

– attention portée aux rythmes de la nature et du cosmos ;

– renoncement à toute productivité disproportionnée qui romprait l'équilibre du domaine et nuirait à la santé et à la diversité de l'ensemble ;

– diversité la plus grande possible dans le monde végétal comme animal ;

– formation d'un sol vivant par l'attention portée à l'humus, et par un travail du sol adapté.

2. PRINCIPES ET PRATIQUES DE LA VITICULTURE BIODYNAMIQUE

Plus qu'une méthode ou une technique, l'agriculture biodynamique est aussi une philosophie des rapports entre l'homme et la nature, entre l'homme et la terre. La biodynamie tente d'approfondir les lois spécifiques du vivant et de les appliquer à l'agriculture. La pédosphère, l'écosphère et le paysage, ainsi que l'atmosphère et l'environnement cosmique constituent l'environnement naturel. Les cultures, les animaux, l'agriculteur ainsi que l'environnement économique dans son entier exercent une influence à tous les niveaux de cet environnement naturel et réciproquement, créant ainsi des interrelations complexes. De là découle en biodynamie la notion d'« organisme » mettant en évidence les interactions coordonnées et l'interdépendance entre ces éléments dont une ferme est constituée et l'environnement naturel qui l'entoure. L'agriculture biodynamique se base sur une compréhension et une prise en compte de ces interactions afin de stimuler le vivant et ses propriétés intrinsèques dans le but de préserver un organisme sain, garant d'une agriculture durable.

Les principes suivants tentent de répondre à ces objectifs (Masson, 2005) :

– la conception de la ferme comme un organisme agricole, vivant, diversifié et le plus autonome possible pour tous les intrants ;

– l'élaboration, l'utilisation et la dynamisation de « préparations biodynamiques » pour renforcer les activités formatrices et structurantes issues de la périphérie cosmique, dans le sol et pour les plantes ;

– l'utilisation de préparations protectrices (dont la pratique des badigeons) pour un meilleur équilibre des plantes et la régulation des bioagresseurs ;
– la prise en compte des influences de la périphérie cosmique et des rythmes cosmiques dans la mise en œuvre des opérations culturales (plantation, semis, récolte, et parfois même pour la fertilisation).

2.1. La construction d'un organisme agricole diversifié et autonome

Organiser le domaine comme un organisme vivant, diversifié et le plus autonome possible par rapport à tous les intrants, surtout sur le plan de la fumure, des préparations biodynamiques, des semences, des plants et des fourrages est une base fondamentale de l'agriculture biodynamique. Le cycle des substances et des forces se développe ainsi de manière autonome, garant d'une agriculture durable. Cette sorte « d'individualité écologique », associant l'élevage d'espèces animales dont le nombre et la diversité doivent être adaptés au lieu (bovins, porcs, volailles, abeilles, moutons, chevaux, par exemple), à différentes productions végétales (prairies, céréales, cultures légumières et arboriculture fruitière ainsi que forestière) est une réalisation difficile à notre époque de forte spécialisation. Dans cette organisation où l'élevage des bovins occupe souvent une place importante, tout apport extérieur issu de la sphère du vivant (fumure, fourrages, semences, etc.) devrait être considéré comme un remède destiné à rétablir l'équilibre d'un domaine agricole déjà malade. « Une agriculture saine devrait pouvoir produire en elle-même tout ce dont elle a besoin » (Steiner, 1924, 2e conférence.)
Cela entraîne la quasi-nécessité d'avoir du bétail. On peut constater que cet idéal est rarement réalisé en viticulture biodynamique. Le travail avec les chevaux et l'introduction de volailles dans les vignes que réalisent certains vignerons sont un pas dans le sens de la diversité mais c'est encore loin de créer l'autonomie souhaitée. De nombreuses questions se posent à ce sujet : comment évoluer vers l'autonomie pour la fumure, les plants et les préparations ? Comment régler à l'avenir, dans la perspective du développement de la viticulture biologique et biodynamique, le problème de l'éloignement des sources de matière organique ? Comment aborder la médiocre qualité des matières premières (pailles, fumiers destinés au compost) issus de certaines formes d'agriculture conventionnelle et éligibles en AB ? Certains domaines viticoles bourguignons et alsaciens réfléchissent à la possibilité de créer des fermes biodynamiques de polyculture-élevage situées à proximité des vignobles et qui leur seraient associées.
L'emploi des engrais verts, associés à un bon usage de la préparation corne de bouse (500P), permet de développer plus d'autonomie en matière de fumure (voir 2.2). De même, rechercher par la conduite de la vigne (taille, travail du sol et gestion de l'enherbement), une productivité adaptée à la fertilité naturelle du terroir permet d'éviter ou du moins de limiter les apports extérieurs de fumure.

L'organisme agricole englobe tout ce qui fait partie de la ferme et y vit : le sol, les animaux domestiques et les hommes qui y travaillent, mais également les plantes sauvages, les bois, les étangs, les ruisseaux, les oiseaux, les insectes, les autres bêtes sauvages, le climat local, les saisons, les rythmes.

L'introduction de la diversité dans le monde végétal – haies, bandes fleuries, arbres fruitiers, etc. – et les soins aux oiseaux et aux auxiliaires – nichoirs, points d'eau pour l'abreuvement, abris pour les insectes, présence de ruches – sont indispensables pour créer des conditions d'équilibre dans le domaine agricole et viticole. La création et l'entretien de murets en pierre sèche, et de zones humides, font partie des propositions complémentaires, décrites en détail dès 1924 (Bockemulh, 1992 ; Steiner, 1924, 7e conférence).

Après la phase de démarrage et d'expérimentation des pratiques biodynamiques de base (emploi des préparations et des tisanes), bon nombre de vignerons expérimentent cette mise en place de la diversité (mise en place de ruches, nichoirs, bandes fleuries, arbres fruitiers, travail avec des chevaux, etc.). Cela demande du temps pour se mettre en place et crée des contraintes supplémentaires. Mais c'est toujours générateur d'une profonde satisfaction chez ceux qui tentent ainsi de recréer des ambiances et des paysages plus harmonieux.

2.2. Les préparations biodynamiques

Il s'agit de huit préparations complémentaires qui doivent être employées chaque année plus ou moins intensivement selon le contexte et les résultats désirés. Elles permettent de renforcer les activités formatrices et structurantes issues de la périphérie cosmique, dans le sol et pour les plantes.

OBTENTION ET EFFETS DES PRÉPARATIONS BIODYNAMIQUES.

On distingue deux groupes de préparations, présentées successivement : (i) les deux premières (500 et 501) sont destinées à être pulvérisées sur le sol ou sur les plantes, (ii) les six autres (502 à 507) sont destinées à être introduites dans les composts :

La préparation bouse de corne (500) : obtenue par une fermentation de bouse de vache de bonne qualité dans des cornes de vache enfouies dans le sol durant la période d'hiver. C'est une substance particulièrement destinée au sol. Elle favorise la structuration du sol, l'activité microbienne et celle des vers de terre, ainsi que la formation d'humus. Elle renforce aussi la croissance des racines et leur développement en profondeur. On constate aussi une meilleure absorption et rétention d'eau. C'est la préparation de base en viticulture bio-dynamique.

La préparation silice de corne (501) : obtenue à partir de quartz broyé finement et placé dans des cornes de vache enfouies dans le sol durant la période estivale. Cette préparation améliore le métabolisme de la lumière (photosynthèse) et apporte une vigueur et une qualité lumineuse aux plantes. Elle équilibre la trop grande luxuriance et atténue les tendances aux maladies. Cette préparation est essentielle pour la structuration interne des plantes et pour leur développement. Enfin, elle est importante pour assurer une bonne qualité alimentaire, le goût et les arômes sont mis en valeur. Elle constitue un complément indispensable à la bouse de corne.

Ces deux préparations doivent être diluées dans l'eau et brassées (dynamisées) durant exactement une heure en plein air et en pleine lumière. La formation d'un tourbillon (« vortex ») profond, suivi d'un chaos énergique en alternant le sens de rotation sont essentiels. L'eau doit être de bonne qualité, très pure, légèrement acide et peu minéralisée, comme de l'eau de pluie, de source ou de ruisseau non calcaire. Elles sont ensuite pulvérisées rapidement pour entrer en contact avec le sol ou les plantes. Les quantités employées sont très faibles, 90 à 120 grammes dans un volume de 30 à 50 litres d'eau par hectare pour la bouse de corne et seulement 4 g/ha pour la silice dans des volumes d'eau comparables.

Les six préparations destinées au compost sont pour la plupart obtenues au travers d'un processus fermentaire dans des organes animaux (vessie, mésentère, intestin et crâne d'animal domestique).

Achillée millefeuille - *Achillea millefolium* (502) : elle joue un rôle particulier dans la mobilité du soufre et de la potasse.

Camomille - *Matricaria recutita* (503) : liée au métabolisme du calcium, elle régularise les processus de l'azote.

Ortie - *Urtica dioïca* (504) : en rapport avec l'azote et le fer, elle renforce l'influence des deux premières préparations. Elle donne au compost et au sol une sensibilité, une sorte de « raison » et favorise une bonne humification.

Écorce de chêne - *Quercus robur* (505) : elle a un rapport avec le calcium et régularise les maladies des plantes dues à des phénomènes de prolifération, d'exubérance.

Pissenlit - *Taraxacum dens leonis* (506) : elle joue, entre autres, un rôle important vis-à-vis de l'acide silicique.

Valériane - *Valeriana officinalis* (507) : elle aide à la mobilité du phosphore dans les sols et, pulvérisée sous forme liquide, elle forme une sorte de manteau protecteur et régulateur autour du compost, peau indispensable à tout organisme. Dans des situations particulières de grêle, dégâts du gel et au moment des rognages et des écimages, on peut également limiter les stress de la vigne en pulvérisation.

Deux grammes de chacune de ces six préparations suffisent pour des volumes allant jusqu'à 10 mètres cube de matière à composter.

L'expérience montre aussi qu'elles sont dotées de propriétés intéressantes pour l'évolution du phénomène de compostage : réduction de la montée en température, perte de substance globalement réduite, amélioration de la conservation des nitrates et des phosphates. L'efficacité de ces préparations est fortement dépendante des soins liées à leur élaboration : la cueillette des plantes, leur conservation, la qualité des enveloppes animales et le savoir-faire de celui qui les prépare et les soigne.

Les Australiens ont mis au point une préparation composée destinée à être pulvérisée sur les parcelles, qui contient la bouse de corne (500) ainsi que les six préparations destinées habituellement au compost (502 à 507). Elle est dénommée « bouse de corne préparée » (500P). Quelques fois controversée dans certains milieux biodynamiques, elle est très efficace (Goldstein, 1990) et employée largement en France, Suisse, Italie, et Australie.

Il existe également des succédanés du compost qui s'emploient sous forme de pulvérisation liquide et permettent d'apporter au sol l'impulsion des six préparations sus-décrites sans apport de compost ni de lisier préparé. Leur dose d'emploi est d'environ 250 g/ ha, mais le liquide doit subir un brassage de 20 minutes. Le plus connu en France est le *Compost de bouse* selon Maria Thun (CBMT) dénommé aussi MT, et dans la plupart des autres pays du monde « *cowpat pit* » (*CPP*).

Le développement de ces différentes préparations composées a donné naissance à des écoles bien différentes dans l'emploi de la méthode biodynamique. Cette individualisation des pratiques, si elle conduit à l'échange, peut être génératrice de progrès.

2.3. La régulation par des méthodes spécifiques

L'idée de base est que le parasite n'est que le révélateur d'un déséquilibre de l'environnement de la plante ou une mauvaise adaptation de celle-ci à son contexte.

Chaque vignoble et même chaque parcelle à ses propres spécificités liées au climat, à l'exposition, au cépage, au porte-greffe, à la conduite, et en particulier à la maîtrise de la vigueur.

Il existe en biodynamie un grand nombre de méthodes et substances spécifiques pour la gestion des bioagresseurs. En général ces méthodes sont des pratiques de régulation et non d'éradication. Elles permettent de diminuer l'emploi des produits minéraux (cuivre et soufre) utilisables en agriculture biologique, elles ne permettent que rarement de s'en abstenir. L'emploi de tisanes et de décoctions de plantes (ortie, prèle, osier…) permet de stimuler la résistance des plantes et de réguler ainsi de manière douce les attaques de cryptogames et de parasites divers.

L'emploi des incinérations de plantes ou d'insectes indésirables, et l'usage de leurs cendres ou des dilutions de cendres jusqu'à la 8ᵉ décimale hahnemannienne (D8) permettent de limiter la vigueur de plantes indésirables dont on incinère les graines à des dates cosmiques particulières, ou encore de réduire la pression du parasitisme avec l'emploi de dilutions homéopathiques de cendres des insectes correspondants (Steiner, 1924, 6ᵉ conférence; Spiess, 1994; Thun, 2008).

Il existe des possibilités éprouvées, ayant une bonne efficacité pour limiter le développement du mildiou avec l'emploi des argiles. Leur emploi en France n'est toutefois pas autorisé en tant que produit à usage phytopharmaceutique. Nous sommes confrontés à la réglementation française et européenne d'homologation, dont les autorisations simplifiées de mise sur le marché des produits naturels dits peu préoccupants (PNPP) ne progressent pas. Nos voisins allemands, autrichiens, italiens et suisses disposent de nombreux produits de stimulation des défenses naturelles qui leur permettent par exemple de rester à des doses de cuivre très faibles.

En outre, ces alternatives doivent n'être que des compléments des mesures d'aménagement de l'environnement classiques : diversification végétale dans les vignes, maintien des talus, création de bandes florales et arbustives, etc. La présence animale autour et dans les vignes (travail au cheval, volailles, présence sur le domaine d'animaux d'élevage) permet un meilleur équilibre de la faune auxiliaire maintenant à un faible niveau de présence les insectes indésirables comme le vers de la grappe, l'eudémis (*Lobesia botrana*) et le cochylis (*Eupoecilia ambiguella*), ou la cicadelle de la flavescence dorée (*Scaphoideus titaneus*).

2.4. La pratique des badigeons

Pour justifier cette pratique, on peut citer F. Chaboussou (1984) : « Il existe une voie de pénétration à laquelle on ne pense généralement pas : c'est le tronc et la charpente des arbres fruitiers et de la vigne, à l'occasion des traitements d'hiver ou de prédébourrement. Ainsi a-t'il été montré que, même en hiver, un arbre fruitier peut absorber des quantités notables de produits à partir d'une pulvérisation faite sur son écorce. »

Le tronc de l'arbre ou le cep de vigne sont considérés en biodynamie comme une terre surélevée et vivifiée qu'il est souhaitable de soigner comme un sol. On leur apporte de l'argile, de la matière organique (bouse de vache fraîche, compost préparé ou compost de bouse dynamisé), des stimulants ou régulateurs (prêle, petit-lait), et encore différents ingrédients variables selon les cas (basalte, lithotamne, soufre, fientes de pigeons, propolis, silicate de soude, etc.). Ce badigeon est une mesure extraordinairement bienfaisante pour le long terme qui permet un meilleur équilibre des plantes durant la période végétative et limite le développement des maladies du bois.

On peut appliquer un badigeon total des ceps et des sarments juste après la chute des feuilles (thé de bouse, argile, silicate de soude, prêle, etc.). Après la taille, on peut appliquer sur les grosses plaies de taille un enduit assez consistant fait avec de l'argile, du silicate de soude et de la bouse de vache fraîche ou encore de l'huile de cade. On peut également, à la fin de chaque journée de taille, pulvériser avec un atomiseur à dos le même type de mélange qu'à l'automne. Dans les situations difficiles, on peut répéter la pulvérisation des ceps au moment du débourrement avec ce même mélange.

2.5. Le travail avec les rythmes cosmiques, saisonniers, journaliers mais aussi planétaires

Le rôle des différentes positions lunaires et planétaires a été étudié par les biodynamistes, en particulier par Kolisko (1939), Spiess (1994) et Thun (2008). Toutes les plantes et tous les sols n'ont pas la même sensibilité aux influences cosmiques.

L'idée de départ est d'éviter de placer au contact du vivant ce qui émane des cadences et des fréquences, champs électromagnétiques générés par les moteurs par exemple. Il existe un vif débat sur l'emploi des machines à moteur pour le processus de brassage des préparations. Pour certains, elles sont absolument contraires à l'esprit de la méthode, pour d'autres elles sont efficaces et indispensables pour mener à bien les nombreux brassages nécessaires dans un domaine viticole. Bien des manières de faire permettent de limiter l'influence de ces champs énergétiques (brassage en plein air et en pleine lumière, emploi d'eau chaude à la température du corps humain pour diluer les préparations, systèmes sensibles pour inverser le mouvement de l'eau dans les dynamiseurs, etc.). Le rythme est une permanente adaptation aux conditions de l'environnement alors que les cadences et les fréquences sont statiques et étrangères à la sphère du vivant.

Il s'agit aussi de mieux s'intégrer dans les rythmes naturels, notamment dans l'organisation des opérations comme le travail du sol, les plantations, la taille, l'application des préparations, etc. La vigne semble être une plante sensible aux diverses influences des planètes en particulier à la lune dans ses cycles synodique, tropique, sidéral, draconitique et anomalistique (périgée et apogées). Le respect du rythme descendant de la lune pour les plantations et les repiquages a fait ses preuves (Thun, 2008). Pour la taille, la période de lune descendante semble favorable pour redonner de la vigueur aux vignes faibles, la taille en période de lune montante permettrait une meilleure régulation des vignes trop vigoureuses (Masson, 2007). Le passage de la silice de corne (501) quand la lune se situe devant les constellations zodiacales du Lion, du Sagittaire et du Bélier, correspondant aux jours dits « fruit » des calendriers lunaires et planétaires, peut être intéressant quand cela est possible. Il ne faut jamais oublier que pour la plupart des travaux, l'état du sol et les conditions atmosphériques doivent prévaloir sur les indications du calendrier.

Toutefois, les travaux (semis, brassages de préparations) effectués dans certaines positions particulièrement défavorables (moment des nœuds et des éclipses) ont des répercussions négatives sur la croissance des plantes et affaiblissent l'effet des préparations ; il est souhaitable de les éviter. Les mouvements stellaires et planétaires sont d'une grande complexité et agissent quelques fois dans des directions opposées sur le monde vivant, de nombreuses recherches restent à faire pour aboutir à des indications pratiques sûres et simples à utiliser.

Malgré ces contradictions et les difficultés de mise en œuvre en raison des conditions météorologiques ou agronomiques, le travail tenant compte des rythmes et des positions des planètes, de la lune en particulier, peut donner des résultats intéressants.

Pour la pratique, le calendrier des semis de Maria Thun édité chaque année par le MCBD fournit les indications de base. Pour agir de manière simple et pragmatique, on peut se référer aux indications de Masson (2007). En particulier, l'auteur propose des adaptations possibles ou des solutions de rattrapage lorsque tout n'a pas été fait selon les règles de l'art.

On trouvera une bibliographie assez complète en ce qui concerne les rythmes lunaires et planétaires dans Zürcher (2001) et Zürcher (2008).

3. Itinéraires de production viticole en biodynamie

Cette section aborde plus complètement les aspects liés à la mise en œuvre de la viticulture biodynamique dans les domaines viticoles, précisant en particulier quels sont les facteurs et performances de production afférents à sa mise en œuvre. Elle traite ensuite des modalités d'entretien de la fertilité du sol sur un pas de temps pluriannuel, avec l'enherbement et le travail du sol. Elle fournit des clés de mise en œuvre des préparations au cours du temps. Elle ouvre des perspectives en matière de gestion durable de la protection des cultures, minimisant le recours au cuivre et au soufre, ce qui répond aussi à des enjeux plus généraux pour la viticulture biologique.

3.1. Questions liées à la diminution éventuelle des rendements, au coût des intrants, et au temps de travail

La question des rendements et des performances de la biodynamie

Une des recommandations du cahier des charges Demeter est le « renoncement à toute productivité disproportionnée qui romprait l'équilibre du domaine agricole et nuirait à la santé et à la diversité de l'ensemble ». Une question est alors souvent posée, notamment en viticulture : le passage à la biodynamie fait-il chuter les rendements ?

DIVERSITÉ DES OBJECTIFS DE PERFORMANCES CHEZ DES VIGNERONS FRANÇAIS EN BIODYNAMIE

Plusieurs exemples permettent de dresser un tableau de la situation, à partir de l'expérience de producteurs.

En Alsace dans le même village, un vigneron biodynamiste produit de très grands vins, très concentrés. Ils sont réputés sur le marché mondial et les prix sont à la hauteur de la notoriété. Les rendements se situent selon les parcelles entre 25 et 45 hectolitres. Le travail du sol détruisant le système racinaire superficiel pour baisser la vigueur associé à une taille et un ébourgeonnage sévères permettent de limiter les rendements. Un voisin biodynamiste lui aussi, travaille sur le développement de la fertilité avec des engrais verts intensifs et avec un apport de fumure modéré. Il cherche à obtenir les rendements autorisés par l'appellation, il les obtient mais il ne produit pas les mêmes vins que son voisin. Il ne se situe pas sur les mêmes marchés. Dans les deux cas, le sol est assez bien développé et les deux vignerons sont satisfaits des résultats obtenus avec la pratique biodynamique tant à la vigne qu'à la cave. Ils ont surtout des projets différents et c'est le sens de l'agriculture biodynamique que de faire se rencontrer un homme avec ses projets et son terroir, sous réserve que cela ne compromette pas la durabilité de l'ensemble.

En Bourgogne, dans les crus et dans les appellations régionales, il est tout à fait possible d'obtenir les rendements autorisés. Tout dépend du vin que l'on souhaite produire. En Champagne, des producteurs en biodynamie ont pu sur 20 ans récolter les rendements de l'appellation, sauf pour deux années où la pression du mildiou a causé des pertes de récoltes chez les bio et biodynamistes, mais aussi dans les vignes conventionnelles.

D'autres qui souhaitent des vins plus marqués par le terroir et qui veulent diminuer drastiquement les doses de cuivre préfèrent se situer dix à vingt pour cent en dessous du niveau autorisé. Là encore, il s'agit de pratiques volontaires. Bien sûr, il y a des accidents et des modes de conduite inadéquats, comme dans toutes les méthodes de production agricole.

Dans l'essai viticole réalisé depuis 2005 à l'université de Geisenheim[6], comparant les viticultures intégrée, biologique et biodynamique, les rendements observés en 2007 pour un même niveau de fumure sont indiqués dans le tableau 1 page suivante.

---

6. Essai réalisé en Allemagne par l'équipe de Randolf Kauer et Georg Meissner sous la direction du Pr Dr Hans-R. Schultz.

Tab. 1 Rendements comparatifs de l'essai viticole de Geisenheim en 2005

Rendements	Intégré	Biologique	Biodynamique
Kg/are	120,51	108,64	105,94
Hl/ha	91,11	82,14	80,10
Degrés Oechslé*	88,25	89,88	90,00

* La densité du moût est mesurée en degré Oechslé. Cette unité de mesure exprime le différentiel (exprimé en grammes) entre un litre de moût et un litre d'eau.

Ce sont de très hauts rendements sur Riesling et dans un tel cas, la limitation de la vigueur et aussi du rendement obtenu en biodynamie étaient souhaitables pour améliorer la résistance aux cryptogames et la qualité du vin.

Dans cet essai le comportement du sol, des plantes et les qualités des vins sont nettement différenciés entre les trois modalités (avec 4 répétitions). Les parcelles en biodynamie révèlent: une meilleure activité biologique du sol même en présence de cuivre, une meilleure régulation de la végétation avec une moindre présence d'entre-cœurs et des grappes moins compactées. Sur les vins, des différences importantes sont observées tant sur le plan analytique qu'avec les tests sensoriels et les méthodes holistiques, telles que cristallisation sensible et chromatographies (FiBL, 2006).

Les conclusions partielles des essais réalisés dans les domaines viticoles depuis plusieurs années par le FiBL confirment l'effet des préparations 500 et 501 sur la résistance aux maladies cryptogamiques: en combinaison avec une bonne protection phytosanitaire elles contribuent à la résistance de la plante aux attaques fongiques. Ces résultats confirment aussi partiellement les théories biodynamiques sur l'activité des préparations. La préparation 500 améliore la fertilité du sol, spécialement la structure des agrégats et la résorption (assimilation) des nutriments par les plantes et la préparation 501 améliore la formation de sucres et d'assimilats à base d'azote. De nombreux essais dans le monde attestent les résultats positifs de l'application des préparations biodynamiques (Reganold *et al.*, 1993; Koenig, 1999; Mäder *et al.*, 2002).

Les résultats analytiques sur les vins ne montrent pas de différences, mais celles-ci se révèlent à la dégustation et par les tests holistiques comme la Gas DischargeVisualisation (GDV). Les méthodes d'évaluation doivent être appropriées aux particularités de la méthode de production.

Les coûts afférents à la viticulture biodynamique, nature et temps de travaux

Pour les coûts, hors investissement de départ (dynamiseur, pulvérisateur spécialisé), les préparations biodynamiques elles-mêmes représentent, quand elles sont achetées, un coût compris entre 30 et 50 €/ha. Beaucoup de vignerons réalisent eux-mêmes ou en groupe les préparations indispensables à la pratique.

Le coût des intrants pour la protection phytosanitaire par rapport à une protection conventionnelle peut être divisé par 4 ou 5 en comptant le prix d'achat des plantes pour élaborer les tisanes complémentaires. En Bourgogne, on constate des coûts annuels inférieurs à 150 €/ha.

C'est le temps de travail supplémentaire qui représente le coût le plus important, mais il est lié essentiellement à la transition du conventionnel vers la bio (travail du sol et les traitements phyto plus nombreux). Le temps pour les pratiques spécifiques biodynamiques est plus marginal (voir encart 3).

Parmi les difficultés de mise en œuvre, il faut noter l'absence de matériel spécifique pour les pulvérisations, et les badigeons. Il faut du « sur-mesure » coûteux ou importé d'Italie à prix fort ou encore du bricolage maison.

Un facteur important d'accroissement des coûts sont les temps de travaux liés au nombre de passages supplémentaires pour les différentes pulvérisations de préparations (entre 5 et 8 par an) et pour celles de traitements phytosanitaires au sens strict, qui demandent à être plus fréquentes qu'avec les produits systémiques.

D'après les indications recueillies auprès de plusieurs vignerons des vignobles septentrionaux (Côte-d'or, Saône-et-Loire et Champagne), le temps de travail nécessaire à la pratique purement biodynamique, c'est-à-dire la mise en œuvre des préparations à pulvériser, l'élaboration des tisanes accompagnatrices des traitements phytosanitaires, les badigeons et les soins spécifiques au compost, semble varier entre 3 et 5 % du temps de travail total consacré au vignoble.

TEMPS DE TRAVAUX LIÉS AUX PRATIQUES BIODYNAMIQUES SPÉCIFIQUES

Les temps de travaux liés à l'usage de préparations ont été enregistrés chez trois viticulteurs (Lafarge, Meyer et Pignier) en 2009.

Ces temps additionnels sont environ de : 2 x 4 heures/ha pour les badigeons (Meyer) et 2 heures pour la collecte de la bouse, le trempage des ingrédients et la préparation de la décoction par tranche de 8/9 hectares.

Pour les badigeons quotidiens après la taille, il faut respectivement :

– 20 minutes avec 20 litres de badigeon pour 25 ares pulvérisé par une personne ;

– 1 heure 20 à 1 heure 30 pour la mise en œuvre du brassage des préparations pour 4 à 8 ha selon l'équipement (chauffage, surveillance filtration) : 5 à 8 fois dans l'année ;

– 1 heure par traitement phyto pour la préparation et la filtration des tisanes, le chauffage et la filtration.

Pour l'épandage des préparations biodynamiques, selon l'éloignement des parcelles et la mécanisation, il faut compter :

– au pulvérisateur à dos 4 ha en 1 h 20 à 4 personnes pour la 500P (Lafarge) pour de petites parcelles éloignées les unes des autres ;

– 4 ha à 3 personnes en 1 heure (Meyer) ;

– 9 heures annuelles de cueillette et de séchage pour l'ensemble des plantes nécessaires aux tisanes et décoctions sur un domaine de 14 ha (Pignier).

Pour une surface de 10 ha en vignes basses à écartement d'un mètre avec une assez grande dispersion des parcelles, le passage à la biodyna-

mie (travail du sol, nombre de traitements supplémentaires, emploi des préparations biodynamiques) demande un salarié en plus. C'est le passage au travail du sol qui représente l'essentiel du temps de travail supplémentaire (Lafarge).

On peut constater un épisode assez tendu avant la fleur quand les passages de la silice de corne (501) et les préparations de tisanes viennent charger un emploi du temps déjà bien lourd à cette époque. De même, la fin des travaux de taille tardive et d'attachage en mars et avril coïncide avec le passage des badigeons de printemps et la pulvérisation de bouse de corne (500).

Quelques gains de temps sont possibles dans les travaux en vert et dans les travaux du sol :

• Plus de facilité au relevage et au palissage de la vigne. La souplesse, la résistance et la verticalité des sarments limitent aussi la casse dans les zones ventées.

• Moins de temps passé à l'effeuillage, à l'ébourgeonnage et au contrôle des entre-cœurs, car dès la deuxième année de pratique biodynamique, on peut constater un allégement du feuillage à la base et une moindre formation d'entre-cœurs. On notera en outre que la formation d'une zone plus aérée au niveau des grappes est un facteur important dans la prévention des maladies cryptogamiques, aussi bien pour le mildiou et l'*Oïdium* que pour le *Botrytis*.

• Le travail du sol semble facilité par l'amélioration de la structure. « Le sol se donne plus facilement sous la charrue », comme le décrivent de nombreux vignerons. D'autre part, une gestion de l'eau améliorée permet un ressuyage plus rapide après la pluie et un délai de rentrée sur les parcelles raccourci par cette meilleure portance. Ces deux faits ont une incidence positive sur l'usure du matériel et les temps de passage pour les travaux du sol.

On notera aussi que la récolte d'une vendange saine, avec des raisins ayant gardé tout leur potentiel fermentaire, conduit à une grande simplification du travail en cave. Une autre difficulté concerne les horaires de travail, en lien avec l'emploi des préparations biodynamiques à pulvériser. La préparation à base de silice (501) se brasse et se pulvérise à l'aube et la préparation de bouse (500 ou 500P) se brasse et se pulvérise au mieux en fin d'après-midi. Ceci demande des aménagements d'horaires assez contraignants pour le personnel, surtout quand les opérations de pulvérisation ne sont pas mécanisées.

De même, en début de conversion ou en période d'essai, la mise en place de ces pratiques inhabituelles demande un surcroît de temps et d'énergie humaine.

Un autre des aspects à prendre en compte est l'éloignement des parcelles. Il faut mettre en place une logistique précise car les délais de pulvérisation des préparations après brassage sont courts. On ne doit pas dépasser plus de deux à trois heures ; au-delà, leur efficacité est compromise.

Enfin, il faut aller très régulièrement dans les vignes et consacrer du temps à l'observation. Selon la belle phrase d'un vigneron, « il faut écouter la vigne vous parler et rechercher dans l'environnement proche les plantes qui peuvent sous forme de tisane ou de décoction l'aider à s'équilibrer, ou à se renforcer, sans jamais sortir des procédés naturels ».

3.2. Éléments pratiques pour le travail du sol et l'enherbement

Quand on commence le travail du sol, après l'arrêt des désherbants, il faut agir avec prudence et progressivement, et même quelque fois ne travailler qu'un rang sur deux. Une destruction trop importante et trop rapide du système racinaire superficiel peut entraîner des dégâts irréversibles par affaiblissement de la vigne.

L'entretien du sol se gère à la parcelle et dans certains cas, des modalités différentes peuvent trouver place dans une même parcelle. Par exemple, enherbement dans un bas trop vigoureux, et travail du sol durant la période printanière dans la zone plus pauvre ou plus séchante qui ne supporterait pas la concurrence de l'herbe.

On devrait tendre vers un minimum d'enherbement diversifié, de préférence spontané (assisté si besoin), d'été ou préférentiellement automnal et hivernal selon les climats, les sols et les cépages. Dans presque tous les cas, le travail sous le rang, durant la période printanière et le début d'été, est indispensable. Dans certains cas, l'enherbement sous le rang est possible, mais on veillera à une bonne maîtrise de l'herbe par le fauchage en utilisant des protections pour les appareils à fils de manière à respecter l'écorce de la base du cep.

Les buttages de fin d'automne ne permettent pas à la végétation, et par voie de conséquence au sol, de se développer correctement durant la période hivernale. Il est, en général, préférable de travailler superficiellement en fin d'hiver ou au tout début du printemps, quitte à butter légèrement et à débutter peu de temps après si on est trop gêné par l'abondance de l'herbe.

On ne devrait entreprendre aucun travail du sol si celui-ci n'est pas ressuyé et si on n'a pas la certitude d'avoir au moins quelques jours de beau temps sec en prévision, afin que la végétation soulevée par les outils puisse bien faner.

3.3. Itinéraires de travail avec les préparations

Il existe différents itinéraires pour appliquer des préparations. Le plus classique est l'emploi automnal du compost ayant reçu les six préparations spécifiques (502 à 507), puis la pulvérisation au sol de la bouse de corne (500) au début du printemps. En fonction du contexte pédoclimatique et des besoins estimés du végétal, la préparation de silice de corne (501) est pulvérisée sur le feuillage avant la fleur et avant la récolte. Une autre manière de faire, particulièrement quand on n'utilise pas de compost, est d'employer le compost de bouse liquide (CBMT) plusieurs fois de suite à l'automne (idéalement trois fois), de faire un rappel au printemps, et ensuite de continuer comme dans le schéma précédent avec les préparations 500 et 501. Une dernière pratique, venue d'Australie, est très efficace dans la structuration et l'humification du sol. Elle exige aussi moins de passages pour une efficacité supérieure. Elle consiste en la pulvérisation de la 500P une fois à l'automne et une fois au printemps, dans les situations normales, complétée selon les besoins par les pulvérisations de 501.

Des itinéraires simples pour commencer le travail et le développer dans les années suivantes en viticulture sont présentés dans Masson (2007). Les pratiques de départ peuvent progressivement se compléter (emploi des badigeons par exemple) et s'affiner en fonction de l'état des parcelles et des buts recherchés.

Il est essentiel d'utiliser des préparations de bonne qualité originelle (voie humide). La bouse de corne (500P) doit être bien conservée dans des récipients de verre ou de grès enveloppés d'un minimum de 6 cm de tourbe sèche de tous cotés, sans aucun contact avec la tourbe (jamais de pots de fleurs), puis placés dans un lieu adéquat, frais et sain, sans pollutions chimiques ni physiques (bruits, odeurs, champs électromagnétiques). La silice (501), quant à elle doit être placée à mi-ombre mi-lumière, à l'extérieur, dans un bocal exclusivement en verre, loin des pollutions électromagnétiques et sonores. À la vigne comme à la cave, la réussite et l'équilibre sont liés à la mise en œuvre de nombreux petits détails. La qualité et la précision du geste s'apparentent plus à un art qu'à une technique.
Les meilleures conditions techniques et matérielles ne suffisent pas. Il faut développer une sensibilité et une attention conscientes dans tous les gestes, et surtout essayer de garder du bon sens pour aller à l'essentiel et ne pas se noyer dans les détails.

3.4. Maintien de la fertilité du sol, fumure, composts et engrais organiques

La vigne est une plante frugale qui exporte peu d'éléments minéraux. La plupart des sols sont susceptibles de fournir les éléments minéraux nécessaires durant de nombreuses années. L'entretien du niveau humique est réalisable par apports de compost ayant reçus les six préparations biodynamiques spécifiques (502 à 507), c'est de loin la meilleure méthode. On choisira des composts plus ou moins évolués en fonction de la nature du sol et des dates d'apport. En absence de compost, l'emploi d'engrais organiques granulés du commerce doit être suivi d'une pulvérisation de compost de bouse (CBMT) ou de bouse de corne préparée (500P).
On notera qu'on observe un meilleur comportement (résistance aux maladies et à la sécheresse) des vignes ayant reçu du compost de fumier ou du compost végétal additionnés des préparations biodynamiques que de celles qui reçoivent des engrais organiques du commerce. Pour la fumure, le compost réalisé avec des matériaux de base locaux est souvent le plus approprié et on peut constater que le compost de fumier de bovins est presque toujours celui qui apporte le plus d'équilibre. Les fumiers de mouton et de cheval conviennent bien pour les vignobles septentrionaux.

UN TÉMOIGNAGE SUR LA MAÎTRISE DE LA FERTILITÉ DES SOLS
Témoignage de Marc Guillemot en biodynamie depuis 1991.
Il s'agit d'un vignoble du Mâconnais (Mâcon-Clessé) sur sol de limons décalcifiés sur une roche mère calcaire. Le cépage Chardonnay a été

planté à 135 cm d'écartement, il y a 60 à 70 ans. Il y a moins de pieds morts d'Esca que de pieds arrachés par une mauvaise manipulation avec les outils de travail du sol. Depuis l996, le problème du pourridié est maîtrisé. L'emploi du cuivre est limité à, moins de 3 kg de cuivre métal/ha/an en moyenne.

Pratiques biodynamiques classiques de 1991 à 1996 avec un apport annuel de 1 à 2 t/ha de compost de fumier de bovin ou de mouton ayant reçu les préparations biodynamiques spécifiques. Passage à la 500P australienne en 1996.

Sans fumure ni organique, ni minérale, ni correction calco-magné-sienne depuis 1996. Avec des rendements de 50 à 60 hl/ha. On peut noter qu'après une période de semis de seigle dans l'interligne et un enherbement variable en largeur, selon le contexte climatique de l'an-née, l'enherbement est aujourd'hui naturel et détruit en fin d'hiver. Le dernier travail du sol est effectué en juillet. En 2001, tous les niveaux de matière organique à un mètre de profondeur sont proches de 2.

Taux de matières organiques		1992	2001
Raverottes		1,9	3,2
Le Chêne	Haut de parcelle	2,8	4,6
	Milieu de parcelle	2,9	3,5
En Charron	Haut de parcelle	2,8	3,6
	Bas de parcelle (zone hydro-morphes avec un puits où l'eau affleure en hiver)	2,7	2,8

Niveaux de matières organiques des parcelles en 1992 et 2001, dans la couche supérieure du sol (analyses laboratoire Yves Herody).

Il est à noter que l'on rencontre plus de manifestations de carences sur feuilles liées à des blocages que des carences vraies. Ces manifestations de carences peuvent être résolues par des pulvérisations d'extraits végétaux de plantes utilisés à des doses assez faibles par exemple :
– sur les chloroses en sol calcaire, l'emploi de pulvérisations foliaires des extraits à base d'ortie (tisane ou extrait fermenté) donne de bons résultats, de même que la pulvérisa-tion sur le feuillage de la préparation bouse de corne (500 ou 500P) ;
– pour les carences en bore, l'extrait fermenté de consoude peut améliorer la situation ;
– pour les manifestations de carence potassique, c'est la tisane d'achillée millefeuille à la dose de 50 g/ha qui peut être employée avec succès. On peut aussi utiliser la prépa-ration achillée (502) à la dose de 10 g/ha. Celle-ci gagne à être brassée (dynamisée) une vingtaine de minutes.

3.5. Perspectives pour la maîtrise des bioagresseurs : le cas du mildiou

La réduction des doses de cuivre demande de la vigilance et de la technicité. Le cahier des charges Demeter limite l'emploi du cuivre à 15 kg de cuivre métal sur 5 ans (soit 3 kg de moyenne annuelle, la moitié de celle autorisée en AB) avec un maximum de 500 g par passage.

Les doses homologuées de bouillie bordelaise amènent à passer de 7 à 12 kg de bouillie par passage soit 1,4 kg à 2,4 kg de cuivre métal en une pulvérisation. Les doses recommandées des fabricants de produits peuvent, dans le contexte biodynamique, être facilement divisées par cinq et même par dix.

En plus des mesures agronomiques de base (limitation de la vigueur), des pulvérisations des préparations bouse de corne (500) et silice de corne (501), et des badigeons, le programme de réduction des doses de cuivre implique la pulvérisation d'une décoction de prêle au printemps avant débourrement et l'ajout à chaque traitement phytosanitaire, en mélange avec le cuivre et le soufre, d'une tisane simple ou mélangée. On peut employer, successivement ou en mélange, la prêle, l'ortie, l'osier, le sureau, etc.

 L'ART DE LA PROTECTION PASSE PAR UNE CONNAISSANCE INTIME DES PARCELLES ET DE LEUR COMPORTEMENT

On peut citer un vigneron alsacien comme exemple. Il reste chaque année à des doses moyennes inférieures à 1 kg/ha de cuivre métal. Il emploie sur les neuf hectares de son domaine, comportant sept cépages, quatre modalités de traitement différentes. Certaines parcelles peu sensibles à l'*Oïdium* ne reçoivent qu'exceptionnellement du soufre, d'autres peu sensibles au mildiou peuvent ne recevoir aucun apport de cuivre sur une année entière. 

Les points forts de la stratégie de réduction de dose sont les suivants :

– Une adjonction à chaque traitement d'extraits végétaux, de préférence sous forme de tisanes de plantes. Les plus communément employées sont l'ortie, la prêle et l'osier. Les extraits végétaux sous forme de macérations à froid (purins) donnent de moins bon résultats dans les différents essais comparatifs (Opaba 2005).

– On veillera à renforcer la protection de la vigne au moment des périgées de la lune, surtout si ceux-ci sont proches de la pleine lune. La décoction de prêle en association avec les argiles de type Mycosin® ou avec le cuivre est la plus indiquée dans cette circonstance.

– Il vaut mieux commencer assez tôt avec de très petites doses de cuivre plutôt que d'attendre d'être pris par la maladie et de courir après le mildiou tout au long de la saison. Il est préférable de répéter fréquemment de petites doses de cuivre en les augmentant progressivement tous les 8 à 15 jours selon le contexte local, les conditions climatiques (renouveler après 20 mm de pluie), la pousse (ne pas laisser trop de jeunes feuilles non protégées) et la sensibilité du cépage. Il est important d'encadrer la floraison, et de pratiquer un dernier traitement entre le stade fermeture de la grappe (33) et le début de la véraison (35). Cela est valable aussi pour l'*Oïdium*.

Dans presque tous les cas, si on a une bonne maîtrise de la vigueur et une pression pas trop forte, on peut commencer avec des doses de l'ordre de 100 à 200 g de cuivre métal et les maintenir ou les accroître selon la pression. Seuls les vignobles septentrionaux très productifs (Champagne), ainsi que les vignobles soumis aux influences humides maritimes, risquent d'être en difficulté avec la règle des 15 kg de cuivre métal sur cinq ans, si plusieurs années de fortes pressions se succèdent et que l'usage des produits complémentaires n'est pas éligible (argiles, propolis, huiles essentielles,…).

– Le rognage mécanique et éventuellement la cisaille à main sont des outils primordiaux en fin de saison. Un léger rognage, pour éliminer les jeunes feuilles prises par le mildiou mosaïque et les entre-cœurs contaminés, permet de sauver la situation sans apport de cuivre supplémentaire.

Dans certains cas, il est possible de s'abstenir quasiment ou même totalement de cuivre. Quand les pratiques biodynamiques sont correctes, que le domaine est situé dans un contexte très diversifié avec la présence d'animaux sur le domaine et une autonomie de la fumure, quand les vignes sont en bon état d'équilibre avec des rendements assez faibles et que l'année le permet, il est possible de se contenter d'une assistance à la vigne sous forme d'application d'extraits végétaux divers. On peut employer par exemple le Mycosin® ou encore les tisanes, les décoctions et les huiles essentielles. Ces pratiques demandent une grande expérience et ne sont nullement à recommander pour commencer dans la méthode biodynamique.

CONCLUSION

La biodynamie pose de nombreux défis aux praticiens et aux chercheurs. On peut constater la fécondité des pratiques relevant de la formation d'organismes agricoles individualisés qui visent à l'autonomie de la ferme. Les indications de Steiner à ce sujet peuvent s'accorder avec les concepts scientifiques admis comme ceux qui concernent les agroécosytèmes. Il est plus difficile de comprendre ce qui relève des influences du cosmos par d'autres voies que les phénomènes physiques, et surtout les notions d'êtres spirituels qui y sont afférentes. De même, l'emploi des quantités infinitésimales de substances et le principe même de leur dynamisation ne trouvent actuellement pas de modèle explicatif cohérent avec les connaissances de la physique ou de la biologie actuelle.

Si l'efficacité de la méthode semble bien démontrée, la source d'où est tirée l'ensemble des indications de départ n'est pas facilement compréhensible. Le fait que des éléments pratiques soient entrelacés avec des éléments philosophiques ou avec des explications faisant appel à des données de nature spirituelle ne correspond pas à la manière de penser l'agronomie moderne.

Les concepts sur lesquels repose la biodynamie n'appartiennent pas au même mode de pensée que les conceptions du monde communément admises dans le monde occidental actuel. Nous avons affaire à une autre manière d'appréhender la réalité. Par exemple, l'interdépendance de l'humain (conscience, attention aimante, volonté) et de la sphère psychique, avec ce qui relève du vivant végétal et leurs actions possibles sur la matière minérale, reste une hypothèse de travail qui ne passe pas la barrière du mode de pensée analytique de la science contemporaine (Kirchmann, 1994, cité par Leiber *et al.*, 2006). En France particulièrement, on trouve la critique courante décrivant la viticulture biodynamique comme « reposant sur des supposés irrationnels » et on balaye cette pratique d'un revers de main (Carbonneau *et al.*, 2007). On prend aussi en exemple un essai peu concluant (le seul réalisé en France) (Berry, 2005) pour affirmer l'inefficacité de la méthode. Or, la cohérence de cette méthode et les résultats obtenus suggèrent qu'il s'agit en partie d'une autre rationalité, fondée sur d'autres modes de pensée.

BIBLIOGRAPHIE

BERRY D., 2005. *Préparations biodynamiques bilan de six années d'application* Roneo Serail.

BOCKELMULH J., 1992. *Erwachen an der Landschaft. Goetheanum, Dornach*, traduction française dans *Éveil au paysage*, édition MCBD.

BOUCHET F., 2003. *L'agriculture biodynamique, comment l'appliquer dans la vigne*, Deux Versants éd.

CARBONNEAU A., DELOIRE A., JAILLARD B., 2007. *La vigne Physiologie, terroir, culture*, Dunod, coll. Pratiques Vitivinicoles.

CHABOUSSOU F., 1984. « Santé des cultures : une révolution agronomique », *in La maison rustique*, Flammarion.

CICHOSZ B., 2006. *Produire du vin en agriculture biologique techniques de base*, chambre régionale d'agriculture Rhône-Alpes.

DEMETER international, 2003. *Cahier des charges*, consultable sur le site www.demeter.net/

DEMETER-France, 2009. *Cahier des charges*, Maison de la Biodynamie.

FIBL, 2006. Dossier FiBL n° 4, *Qualité et sécurité des produits bio : une comparaison avec les produits conventionnels.*

GOLDSTEIN W., 1990. Experimental proof for the effects of biodynamic preparations. Michael Field Agric. Institut, East troy, Wisconsin.

KIRCHMANN H., 1994. « Biological dynamic farming- an occult form of alternative agriculture ? », *Journal of Agriculture and Environmental Ethics*, 7.

KOENIG U. J., 1999. « Die biologisch-dynamischen Präparate in Forschung und Praxis », *Okologie & Landbau*, 111.

KOEPF H.-H., SCHAUMAN W., HACCIUS M., 2001. *Agriculture biodynamique. Introduction aux acquis scientifiques de sa méthode*, éditions Anthroposophiques Romandes.

KOLISKO E., KOLISKO L., 1939. *Die Landwirtschaft der Zukunft*, traduit en anglais : *Agriculture of Tomorrow* (1978), Kolisko Archive Publications, Angleterre.

Leiber F., Fuchs N., Spiess H., 2006. «Biodynamic agriculture today» *in* P. Kristiansen, A. Taji, Reganold J. (éds), *Organic agriculture. A Global Perspective*, CSIRO Publishing, Australie.

Mäder P. *et al.*, 2002. «Soil Fertility and Biodiversity in Organic Farming», *Science*, vol. 296.

Masson P., 2005. «L'agriculture biodynamique», *Alter Agri* n° 73 sept.-oct. 2005.

Masson P., 2007. *Guide pratique de la biodynamie à l'usage des agriculteurs. Dossiers techniques du mouvement de culture biodynamique*, édition MCBD.

Opaba, 2006. *Efficacité des macérations de plantes dans la lutte contre le mildiou de la vigne résultats 2005*, OPABA, Colmar.

Pfeiffer E., 1979. *Fécondité de la terre (Edie Fruchbarkeit der Erdee). Méthode pour conserver ou rétablir la fertilité du sol, le principe biodynamique dans la nature*, Triades éds [6ᵉ éd].

Podolinski A., 2001. *L'agriculture biodynamique, agriculture de l'avenir. Mouvement de Culture Bio Dynamique*, MCBD, Colmar.

RCE n° 889/2008. *Règlement (CE) n° 889/2008 de la Commission du 5 septembre 2008 portant modalités d'application du règlement (CE) n° 834/2007 du Conseil relatif à la production biologique et à l'étiquetage des produits biologiques en ce qui concerne la production biologique, l'étiquetage et les contrôles.*

Reganold J.P. *et al.*, 1993. «Soil quality and financial performance of biodynamic and conventional farms in New Zealand», *Science*, 260.

Sous-direction de la qualité et de la protection des végétaux (SQPV), 2005. *Guide pour une protection durable de la vigne*, édition MAAPAR-DGAL.

Spiess H., 1994. *Chronobiologische Untersuchungen mit besonderer Berücksichtigung lunarer Rhythmen im biologisch-dynamischen Pflanzenbau*, Schriftenreihe des Instituts für Biologisch-Dynamische Forschung, Allemagne.

Steiner R., 1924. *Agriculture, Fondements spirituels de la méthode biodynamique*, éditions Anthroposophiques romandes.

Thun M., 2008. *Biodynamie et rythmes cosmiques, indications issues de la recherche sur les constellations*, édition MCBD.

Zürcher E., 2001. « Lunar rythms in forestry traditions – lunar correlated phenomena in tree biology and wood properties », *Earth Moon and Planets*, 85.

Zürcher E., 2008. «Les Plantes et la Lune - traditions et phénomènes», *in* Hallé F. (éd) *Aux Origines des Plantes - Des plantes anciennes à la botanique du xxíᵉ siècle*, Fayard éds, coll. Documents.

RÉFÉRENCES COMPLÉMENTAIRES SUR LES VITICULTURES BIOLOGIQUE ET BIODYNAMIQUE

Constant N., 2006. *Réduction des doses de cuivre en AB Résultats 2006*, AIVB.

Häseli A., 1999. *Contrôle des ravageurs en viticulture biologique*, IRAB/FIBL/SRVA.

Joly N., 2007. *Le vin du ciel à la terre*, Sang de la Terre, 2007.

König U.J., 2006. *La recherche sur les préparations biodynamiques*, classeur pédagogique, édition MCBD.

Thamm L., Levite D., 2005. *Mise au point sur les produits argileux en viticulture biologique*, Communication 2005, doc Roneo FiBL.

Chapitre 5

Grandes cultures biologiques, des systèmes en équilibre instable

Christophe David, ISARA Lyon

Ce chapitre présente l'état actuel des grandes cultures biologiques en France, le processus de spécialisation et d'intensification des systèmes de production résultant de l'augmentation de la demande et des exigences de qualité et de traçabilité de l'aval. Il présente aussi leurs conséquences sur la diversité des modèles de production. Ainsi, les exploitations de grandes cultures biologiques se situent en équilibre instable entre des principes fondateurs et une réglementation AB qui prônent l'autonomie et la mixité des systèmes, et un marché porteur qui conduit au contraire à une homogénéisation et à une concentration des productions.

Les principaux freins à la conversion des exploitations de grandes cultures sont techniques (crainte de ne pas maîtriser les adventices et les maladies) ; économiques (crainte de la dépendance aux aides et d'une insuffisante compensation des baisses de rendement) et sociaux, suite à la peur de l'isolement. De plus, la faible structuration des marchés des grandes cultures, destinées à l'alimentation humaine mais aussi à l'alimentation animale, et l'instabilité des prix peuvent aussi constituer des obstacles à la conversion. Enfin, la crainte de la baisse des niveaux de production est également un frein à la conversion.

L'objectif de ce chapitre est de présenter les principaux enjeux auxquels sont confrontés non seulement les agriculteurs (en conversion ou en AB), mais aussi les autres acteurs des filières (collecteurs, transformateurs et distributeurs).

Un panorama général des grandes cultures biologiques permettra de faire un état des productions françaises et de leur évolution au cours des dix dernières années. Ensuite, nous décrirons les principaux systèmes de production tout en les reliant aux enjeux et questions techniques clés. Nous terminerons ce chapitre en nous intéressant aux voies d'évolution des systèmes et des filières, mais aussi à l'environnement économique et social, support du développement des grandes cultures biologiques.

1. Panorama général des grandes cultures biologiques

1.1. Une production nationale qui stagne après une phase de forte augmentation

Alors que l'offre nationale en céréales biologiques ne représentait que 40 % des besoins de la filière en 1998, le taux de couverture était de 56 % en 2000 pour atteindre 100 % en 2003, avant de redescendre depuis 2006 à moins de 80 % sur les céréales destinées à l'alimentation humaine. Cette hausse des volumes avait fait suite à la forte revalorisation des aides à la conversion[1] des productions céréalières associée à la mise en place des CTE. Parallèlement, le développement de l'élevage biologique avait généré une demande en céréales secondaires et en protéagineux induisant une diversification des rotations. Ainsi, la collecte et le nombre de producteurs avaient continué à progresser, au même rythme que la demande jusqu'en 2004 (cf. figure 1). Toutefois, la production nationale est en stagnation, voire en légère diminution depuis 2005 alors que la demande continue de progresser, ce qui a conduit à de nouvelles importations, d'une part, en céréales destinées à l'alimentation humaine, un des principaux secteurs de développement des produits biologiques (soit 12 % du marché des aliments bio, Données Agence Bio 2007), et d'autre part, en protéagineux pour l'alimentation animale.

---

1. Ces aides sont passées de 369 €/ha en 1998 à 1 219 €/ha en 2003.

Fig. 1 Évolutions des surfaces allouées et du nombre d'exploitations agricoles (EA) en grandes cultures (céréales, oléagineux et protéagineux) biologiques (données Agence Bio)

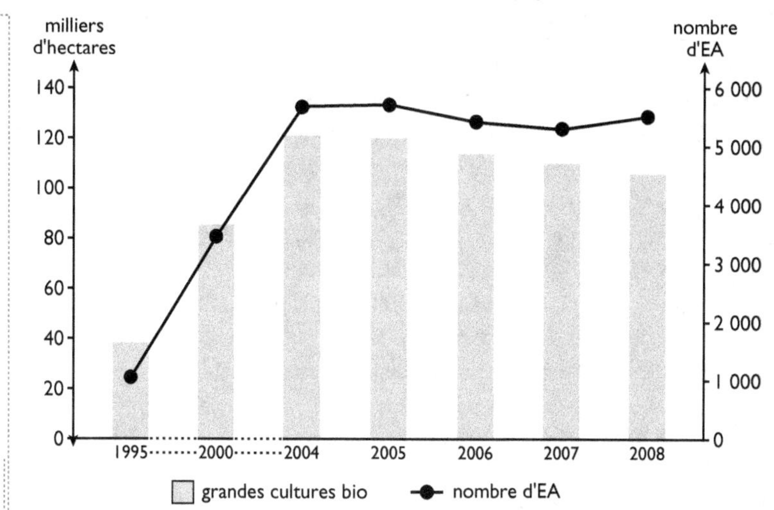

1.2. Extension des bassins de production hors des zones traditionnellement céréalières

Au début des années 2000, la production mais aussi la collecte des grandes cultures biologiques étaient principalement concentrées dans l'ouest de la France (Bretagne, Pays de Loire et Poitou-Charentes), et dans les régions Midi-Pyrénées et Rhône-Alpes. Les principaux facteurs explicatifs du développement des grandes cultures biologiques dans ces régions sont : (i) le faible différentiel en potentiel de production entre les pratiques biologiques et conventionnelles (soit 30 % d'écart de rendement au maximum par opposition à des zones traditionnellement céréalières où les écarts apparaissent plus importants), (ii) la présence d'élevage à proximité des exploitations spécialisées en grandes cultures, ce qui facilite la valorisation des matières organiques et des surfaces fourragères, (iii) et la présence de structures de développement et d'associations actives. Depuis, l'augmentation du nombre de collecteurs et leur meilleure couverture du territoire (David et Joud, 2008) ont facilité la production de grandes cultures biologiques dans des régions où la production était limitée, telles que le Massif Central, le Centre, la Bourgogne et l'Aquitaine. Ainsi, la zone de production des grandes cultures biologiques s'est peu à peu élargie sans pour autant s'étendre vers les zones traditionnellement céréalières du nord de la France et du Bassin Parisien.

2. Une diversité de modèles de production

Au début des années 1990, la production de grandes cultures biologiques était principalement le fait de systèmes de polyculture-élevage dont la majeure partie des céréales et oléoprotéagineux était consommée sur l'exploitation. Face à l'émergence de la demande en céréales biologiques dès la fin des années 1990, des exploitations sans élevage, dont la production de céréales destinées à la vente était majoritaire, se sont converties (Allard *et al.*, 2000). Depuis, les exploitations de grandes cultures se sont diversifiées en fonction des conditions économiques et pédoclimatiques des régions de production. Cette diversité peut être représentée par quatre modèles de production, en France mais aussi plus largement en Europe (tableau 1 p. 134).

2.1. Le modèle polyculture-élevage

Présentes dans les bassins d'élevage (ouest de la France, Massif Central), il s'agit d'exploitations de polyculture-élevage où la part des cultures fourragères (dont le maïs) est majoritaire dans l'assolement. Les rotations sont longues, de 8 à 12 ans, intégrant de façon équilibrée des cultures fourragères pluriannuelles et des céréales. Les céréales secondaires et les protéagineux (féverole, pois) sont principalement destinés à l'élevage, en dehors du blé qui représente 15 % au maximum de la sole. L'équilibre économique est assuré grâce à de faibles dépenses (coût de fertilisation nul, peu d'interventions sur les cultures), à la valorisation de la quasi-totalité des productions par l'élevage[2], mais aussi à la présence de blé panifiable dont les performances agronomiques, quasi équivalentes aux conditions de l'agriculture conventionnelle dans ces systèmes, sont favorisées par les précédents en légumineuses (trèfle ou luzerne).

2.2. Le modèle grandes cultures spécialisées

Ces systèmes sont les plus présents en France, répartis dans l'ensemble des régions productrices de grandes cultures biologiques. Ils ont suivi, dans une moindre mesure, le processus d'intensification observé en agriculture conventionnelle et caractérisé par de nombreuses interventions culturales (5 à 10 interventions, intégrant la préparation du sol, le faux semis, le désherbage et les apports d'azote) mais aussi par l'épandage d'effluents, de déchets verts et/ou d'engrais issus du commerce sur les cultures à fort besoin (blé, maïs). Le blé est la culture de référence, et il représente 30 % au moins de l'assolement. Le maintien d'un différentiel de prix élevé en faveur de l'agriculture biologique (de 100 à 300 % du prix conventionnel) compense régulièrement la baisse de rendement observée en agriculture biologique (soit 30 à 50 % selon les conditions), malgré une forte variabilité des résultats et des charges en main-d'œuvre et en mécanisation parfois plus élevées. La sole céréalière (blé mais aussi triticale et orge en seconde paille) est associée à des légumineuses fourragères

---

2. Cette autonomie alimentaire améliore fortement les résultats économiques des élevages cf. chapitres 6 et 7.

ou à des légumineuses à graines représentant 30 % au maximum de l'assolement. Les légumineuses fourragères sont couramment maintenues deux à trois ans en tête de rotation. Elles sont présentes dans des rotations moyennes à longues (soit 6-8 ans) lorsque leur commercialisation est assurée sous forme déshydratée ou de fourrages vendus à des élevages de proximité. Toutefois, ces exploitations sont souvent situées dans des régions spécialisées en grandes cultures, éloignées des zones d'élevage, où les coopératives n'apportent pas ou peu d'aide à la valorisation de ces cultures fourragères qui s'effectue souvent de manière individuelle. En l'absence de valorisation, les agriculteurs produisent des protéagineux (féverole, pois ou lentille) combinés dans une rotation plus courte (soit 4-6 ans) à des céréales (blé, triticale, avoine, épeautre, orge). Enfin, ces systèmes de culture se caractérisent aussi par la présence de cultures de printemps (tournesol, maïs qui représente 15 % maximum de l'assolement), dont le principal objectif est de diversifier des rotations fortement céréalières.

2.3. Le modèle grandes cultures irriguées

Il s'agit d'exploitations céréalières situées en majorité dans le sud de la France (Midi-Pyrénées, Languedoc-Roussillon et Rhône-Alpes) dont la part de cultures de printemps est majoritaire. Suite à une conversion récente soutenue par les mesures d'aide à la conversion, ces exploitations se sont centrées vers les cultures où la valorisation économique était forte. Par exemple, les cultures les plus représentées en Midi-Pyrénées étaient le blé (soit 50 % en moyenne de la sole totale), le soja irrigué (soit 30 %) et le tournesol (soit 10-15 % en culture sèche) dont les niveaux de prix sont restés élevés au cours du temps. À cela peuvent s'ajouter au sein d'une rotation courte (soit 3-5 ans) d'autres protéagineux (lentille ou pois pour l'alimentation humaine) destinés à des marchés de niche. Dans les exploitations où la part des terres irrigables est majoritaire, le tournesol peut être remplacé par le maïs irrigué. On note, au sein de ces systèmes, une tendance à la simplification des rotations centrées sur les cultures jugées rentables, associée à une relative intensification des cultures (apport d'eau et d'azote, désherbages répétés).

2.4. Le modèle grandes cultures centrées sur les cultures de rente

Il s'agit d'exploitations céréalières à la recherche de marchés de niche centrés sur des productions à forte valeur ajoutée, en général dites « cultures de rente » (betterave, pomme de terre, légumes de plein champ), dont la commercialisation peut être assurée à l'étranger du fait de l'absence de filières bio en France. Ces exploitations, où les investissements humains et matériels sont importants (cas de certaines exploitations du Nord - Pas-de-Calais récemment converties), centrent leur raisonnement sur les opportunités commerciales. Les cultures de rente destinées à l'alimentation humaine sont majoritaires tout en maintenant un équilibre entre le blé destiné à la panification (soit 30 % en moyenne de l'assolement), les légumineuses à graines (soit 30 % environ) et les autres cultures spécialisées. Les rotations, d'une durée moyenne de 4 à 6 ans, sont en perpétuelle évolution en fonction des opportunités commerciales et des niveaux de prix des cultures. Les cultures fourragères moins rentables ne sont présentes qu'en interculture ou sous forme de jachère[3], ce qui conduit à un fort besoin en matières organiques extérieures à l'exploitation.

Tab. 1 Caractéristiques principales de la succession culturale des 4 modèles de production

Modèles de production	Présence d'élevage	Durée moyenne de la rotation (en année)	Part des légumineuses dans la rotation (en %)	Part des céréales dans la rotation (en %)
Polyculture-élevage	Oui	8 - 12	50 - 70	30 - 40
GC spécialisées	Non	6 - 8	10 - 30	40 - 60
GC irriguées	Non	3 - 5	30 - 40	40 - 60
GC rente	Non	4 – 6	10 - 30	30 - 40

3. Principales difficultés techniques dans les systèmes de grandes cultures biologiques

Les systèmes de grandes cultures biologiques sont communément confrontés à des problèmes techniques qui induisent une limitation et une forte variabilité des rendements et de la qualité des productions. Par exemple, les rendements des céréales biologiques sont très variables et en général inférieurs de 30 à 50 % à ceux observés dans des systèmes conventionnels (Badgley *et al.*, 2007). Cependant, la différence est d'autant plus élevée que le système conventionnel comparé est intensif. De même, la qualité des productions est généralement très variable en agriculture biologique, comme le montre le cas de la teneur en protéines des blés biologiques (Casagrande *et al.*, 2009). En renonçant aux intrants et pesticides de synthèse, l'agriculteur biologique se trouve confronté à de nombreux facteurs limitants qui ne peuvent être contrôlés que par des méthodes agronomiques et/ou biologiques. Par nature, ce mode de production appelle des connaissances et des pratiques agronomiques pointues ce qui nécessite un accompagnement technique de qualité (cf. 4.2.). À ce titre, l'apprentissage technique des agriculteurs ne peut se faire que grâce à un support de connaissances scientifiques solide, actuellement insuffisamment développé en France mais aussi plus largement en Europe.

---

3. Le droit à paiement unique a conduit à la mise en place de jachères tournantes à base de légumineuses.

3.1. Maîtrise de la nutrition azotée et gestion de la fertilité du sol

En grandes cultures, l'azote constitue un des facteurs limitant du rendement et de la qualité des productions. L'absence d'élevage sur les exploitations céréalières pose la délicate question de l'approvisionnement en effluents d'élevage et autres matières organiques d'origine végétale, autorisées par la réglementation (compostées et/ou issues d'exploitations AB). L'achat de produits compostés d'origine animale ou végétale, souvent très onéreux suite à des coûts de transport élevés, peut reposer sur des collaborations entre exploitations spécialisées, élevage et grandes cultures, garantissant l'échange d'effluents, de fourrages et de céréales dans une même région (voir aussi le chapitre 7 sur ce point). Toutefois, ces initiatives, envisageables seulement dans les régions où plusieurs systèmes de production coexistent, restent très rares en AB et plus largement en agriculture. Par ailleurs, le coût élevé des engrais organiques du commerce induit de faibles niveaux d'apport, d'où la présence régulière de carences dans le cas des cultures à forts besoins. La gestion de la nutrition azotée au sein de la rotation doit alors reposer sur une préservation de la fertilité du sol (entretien humique, préservation de la structure et de la biologie du sol) et sur l'introduction régulière de légumineuses (en culture, en engrais vert ou en interculture).

En productions végétales, le passage répété des outils de travail du sol, de désherbage et d'épandage peut conduire, en conditions pédoclimatiques défavorables, à la dégradation de l'état physique et biologique des sols. De plus, l'absence d'élevage sur l'exploitation et la limitation des apports de matières organiques peuvent conduire à une dégradation du statut organique de certaines exploitations. Ainsi, la simplification du travail du sol (soit une réduction de la fréquence de passages et/ou une limitation de la profondeur de la couche travaillée), l'introduction de couverts végétaux (en interculture afin d'éviter la présence de sols nus) ou le maintien de mulchs sont des solutions qui peuvent assurer un bon entretien de la fertilité biologique du sol. Actuellement, un programme de recherche coordonné par l'ISARA Lyon, vise à étudier la faisabilité du non labour en AB afin de préserver la fertilité du sol tout en garantissant le contrôle des adventices (Peigné *et al.*, 2008).

3.2. Le contrôle des adventices

La compétition des adventices est jugée comme un problème majeur en productions végétales biologiques. Son contrôle est la résultante d'une combinaison judicieuse de méthodes préventives (diversification de la rotation, sélection variétale à fort taux de couverture, utilisation de couverts végétaux, faux semis) et curatives (désherbage mécanique et thermique) alternatives au désherbage chimique (Bàrberi, 2002). La simplification des rotations centrées sur les cultures dont le prix reste élevé, notamment le blé et les cultures de rente, conduit à une augmentation des risques d'apparition d'espèces vivaces et/ou invasives observées en agriculture conventionnelle. Inversement, l'introduction de cultures fourragères (en interculture, au sein de la rotation) constitue un moyen efficace de contrôle des populations à moyen terme.

3.3. Le contrôle des maladies et des ravageurs

Certaines productions (exemple du pois, du colza) sont des cultures fortement sensibles aux attaques de ravageurs et à la présence de maladies foliaires ou racinaires. La réglementation européenne permet de n'utiliser que quelques produits d'origine naturelle (roténone, pyrèthre, cuivre, soufre) qui agissent, de façon plus ou moins efficace, sur certains insectes nuisibles ou sur certaines maladies. Toutefois, leur manque de sélectivité rend leur utilisation dangereuse pour les populations auxiliaires alors que leur efficacité sur certains ravageurs (comme les pucerons) est largement mise en doute. De plus, l'utilisation répétée de cuivre ou de soufre peut conduire à des risques de phytotoxicité ou de pollution des sols. Il faudrait donc élaborer et proposer de nouvelles mesures préventives (sélection de variétés résistantes adaptées aux conditions de productions biologiques, mélanges variétaux) ou curatives (utilisation d'extraits de plantes) à tester et valider en productions végétales. Des travaux menés actuellement par l'INRA se donnent pour objectif de développer du matériel génétique adapté aux conditions de nutrition limitées et de compétition par les adventices et les maladies (Rolland *et al.*, 2006).

4. Les voies d'évolution pour les exploitations

4.1. Des conditions de marché qui fragilisent le raisonnement agronomique

Bien qu'il existe des différences en fonction des modèles de production, certaines tendances sont communément observées ces dernières années :

Un avenir incertain pour les productions fourragères

Les écarts de différentiel de prix bio/conventionnel entre les cultures destinées à l'alimentation humaine (de 30 à 300 % selon les cultures et les marchés) et celles destinées à l'alimentation animale (de 0 à 30 %) ont conduit à une limitation des cultures fourragères au sein des rotations. Malgré l'intérêt agronomique des légumineuses fourragères pluriannuelles (apport d'azote par fixation symbiotique, contrôle des adventices et restructuration du sol), de nombreux agriculteurs ont substitué ces cultures par des légumineuses annuelles à graines, valorisées à un meilleur prix dans la fabrication d'aliments destinés aux animaux, dont les restitutions azotées sont plus faibles. L'intégration de ces légumineuses à graines a engendré d'autres problèmes techniques. En effet, certaines d'entre elles sont très sensibles aux maladies foliaires et aux ravageurs difficilement maîtrisables en production biologique. Divers programmes de recherche s'intéressent à l'insertion des légumineuses au sein de la rotation, sous couvert ou en interculture, afin d'insérer des plantes fixatrices d'azote sans immobiliser les surfaces dans le temps.

Une spécialisation risquée vers les cultures jugées rentables

La culture de blé biologique reste la culture la plus représentée au sein des systèmes de production. Le maintien de différentiels de prix bio/conventionnel élevés compense pour partie la baisse des rendements. Toutefois, la trop forte spécialisation céréalière renforce certains problèmes techniques, tels que la dominance de vivaces et de graminées dans les rotations céréalières, ou l'augmentation de la pression des maladies. Ces problèmes limitent les rendements et la qualité sanitaire et technologique du blé, par exemple avec l'augmentation de la présence de mycotoxines ou une limitation de la teneur en protéines du blé. De même, certaines cultures sarclées à forte valeur ajoutée conduisent à une augmentation des interventions mécaniques qui peuvent provoquer une dégradation de la fertilité du sol.

Un raisonnement agronomique fragilisé par des opportunités commerciales

Alors que les performances des systèmes céréaliers AB doivent s'appréhender à moyen terme, en combinant les bénéfices directs et indirects des cultures présentes dans les rotations, le raisonnement agronomique de l'agriculteur est souvent modifié par des opportunités commerciales qui se développent dans un marché encore instable et peu mature. Ainsi, le développement de micromarchés peut conduire à d'importants investissements qui ne sont pas toujours rentabilisés à court terme suite à des performances agronomiques trop variables et à des filières encore trop fragiles (fluctuation des prix et fragilité des accords). Par exemple en Rhône-Alpes, le maïs doux, la courge butternut, l'épeautre et le blé dur ont été des cultures développées depuis 2003 sans accompagnement et références techniques, ce qui peut expliquer la quasi disparition de ces cultures dans cette région.

Des protéagineux jugés encore non rentables

Le développement des protéagineux a été limité par des raisons agronomiques mais aussi économiques. Ces cultures (pois, féverole, soja) posent aux agriculteurs d'importantes difficultés techniques, en termes de contrôle des maladies et des ravageurs, et de compétition avec les adventices, qui limitent leurs performances. Le manque de travaux de recherche sur ces cultures (sélection variétale, adaptation des itinéraires techniques aux conditions de l'AB) et la faible valorisation de ces productions dans les filières animales sont aussi des éléments expliquant le faible développement des protéagineux mais aussi des oléagineux. Par exemple, le colza est une culture très peu présente en bio du fait de sa forte sensibilité aux ravageurs non contrôlés en bio.

En conclusion, le manque de connaissances scientifiques, notamment sur certaines cultures, et la forte fluctuation des marchés ont fragilisé la diversification des productions, qui constitue pourtant un des principes de base de l'agriculture biologique (IFOAM, 2008).

4.2. Un environnement économique et social en voie de consolidation

L'accompagnement technique : un besoin de structuration ?

Dès 1997, le plan pluriannuel de développement de l'agriculture biologique s'est accompagné d'un développement important des structures d'accompagnement. À présent, les associations de producteurs départementales et régionales, les chambres d'agriculture, l'interprofession mais aussi certaines structures économiques participent à l'accompagnement des acteurs de la filière. Parallèlement, les modes de soutien publics à l'agriculture biologique ont fortement évolué au cours du temps (aides à la conversion au travers des MAE puis des CTE) (voir le chapitre 8). La multiplicité des acteurs et des modes de soutien a pu favoriser, dans certaines situations, une relative inefficacité des dispositifs d'accompagnement malgré l'augmentation des moyens alloués à l'agriculture biologique. À l'inverse, les producteurs, qui étaient relativement isolés au début des années 1990, peuvent mobiliser à présent de nombreux interlocuteurs issus des chambres d'agriculture, des associations ou des structures économiques qui appuient le développement des filières de production.

Des filières qui se consolident

Dès le début des années 2000, le développement de la production, mais aussi de la demande, a conduit à l'arrivée de nombreux collecteurs et transformateurs issus du secteur conventionnel qui, par souci de diversification ou en réponse à leurs adhérents, ont développé le stockage, la transformation et/ou la vente de céréales biologiques suite à une demande d'agrément sur une partie de l'entreprise. 190 collecteurs (spécialisés ou mixtes) étaient identifiés en 2003 dont 80 nouveaux depuis 1999 (données ONIGC). Toutefois, les exigences de qualité et de traçabilité des distributeurs, la forte variabilité des prix et le niveau de qualité hétérogène des céréales collectées ont conduit à une importante restructuration du secteur de la collecte et de la transformation. Ainsi en 2006, seules 79 structures collectaient des céréales biologiques destinées à l'alimentation humaine et animale. Depuis, certaines filières se sont consolidées (comme des filières des produits de panification), notamment lorsqu'une demande importante s'est maintenue au cours du temps. À l'inverse, les filières d'alimentation animale ont fait face à des déficits chroniques, en protéagineux et oléagineux, induisant une forte fluctuation des prix préjudiciables à la production. Ainsi, on a pu noter, au cours des quatre dernières années, une forte diminution des surfaces en oléoprotéagineux compensée par de nombreuses importations pour répondre à la demande.

4.3. Des solutions qui se déclinent à l'échelle de l'exploitation

Face à une situation d'équilibre instable, les exploitations de grandes cultures biologiques mobilisent diverses solutions techniques, économiques et organisationnelles. L'accroissement de la diversité des productions permet de répartir les risques économiques tout en limitant certains problèmes techniques (par exemple, l'alternance de cultures printemps/automne, sarclées ou non, conduit à limiter la compétition des adventices [Bàrberi, 2002]). De même, la présence d'un élevage sur l'exploitation ou la mise en place d'échanges entre exploitations spécialisées (avec et sans élevage) permet d'améliorer l'autonomie (fourragère ou en nutriments) et la flexibilité du système. La mise en place de collaborations de proximité avec des agriculteurs ou des conseillers facilite l'échange des savoirs et la production d'innovations. De plus, le contrôle de marchés de niche, seul ou en groupe, et le développement de modes de commercialisation directs conduisent à une amélioration des performances économiques. Enfin, la présence d'une structure familiale solide (disponibilité de main-d'œuvre occasionnelle, source de revenu extérieur) est aussi un élément de stabilité des exploitations AB.

4.4. Des travaux de recherche à développer

Le développement de l'AB en France repose actuellement sur des moyens de recherche limités, par rapport à d'autres pays européens (exemple du Danemark, de l'Autriche, de l'Allemagne, de la Suisse et plus récemment du Royaume Uni) qui bénéficient de l'existence de programmes de recherche fédérateurs. Malgré les engagements pris en faveur du développement de l'agriculture biologique (engagements du Grenelle de l'environnement, plan Barnier de développement de l'AB en 2007), les travaux de recherche dédiés restent encore minoritaires. Plusieurs arguments sont donnés pour expliquer un tel retard : manque de volontarisme des politiques publiques, mobilisation insuffisante de la recherche et notamment de l'INRA, parcellisation du dispositif de R & D, absence de formations spécifiques proposées aux agriculteurs et aux conseillers. Ainsi, les enjeux sont à présent de mobiliser les chercheurs et autres spécialistes sur des questions techniques centrales en grandes cultures biologiques, telles que l'adaptation des ressources génétiques, l'insertion des légumineuses dans les rotations, la fertilité des sols et la protection des cultures (Meynard, 2009).

De plus, il convient de s'intéresser à l'impact des grandes cultures biologiques sur la dynamique des territoires (place et rôle des filières, emplois créés) et sur l'environnement (préservation ou non de la biodiversité, contrôle des pollutions). Enfin, il est à présent essentiel de s'intéresser à la double question de la qualité des produits bio et de son impact sur la santé publique. Par exemple, un programme de recherche européen est actuellement en cours sur la filière blé-farine bio (www.agtec.coreportal.org) afin d'identifier les voies agronomiques et technologiques permettant d'améliorer la qualité sanitaire et technologique du blé et de la farine.

CONCLUSION

Vers une redéfinition des systèmes de production ?

Le développement des grandes cultures en AB constitue une bonne illustration des enjeux auxquels l'agriculture biologique doit faire face. Comment assurer une amélioration des performances afin de compenser la baisse des prix des productions payés aux agriculteurs ? Comment augmenter la production et favoriser la traçabilité sans conduire à une spécialisation, une concentration et/ou une homogénéisation des productions ? Comment garantir l'équilibre économique et social des exploitations ? Voici trois grandes questions auxquels les organismes de développement et de recherche doivent faire face. La garantie d'un développement durable des grandes cultures en AB ne pourra être assurée qu'au travers une redéfinition des systèmes de production dont le but visé est d'améliorer les performances des systèmes et de préserver les ressources naturelles. Certaines innovations telles que l'insertion des légumineuses vont s'appréhender à l'échelle de l'exploitation. D'autres vont s'appliquer à l'échelle des territoires au travers de la mise en place d'échanges (échange paille-fumier, gestion commune des assolements) entre exploitations d'élevage et de grandes cultures mais aussi par le développement de nouvelles filières assurant la valorisation de toutes les cultures, et notamment des espèces fourragères. Il est donc nécessaire de produire de nouvelles références non plus seulement à l'échelle de la culture, mais aussi plus globalement des modèles de production. Il s'agit enfin de revoir les politiques publiques afin de favoriser la diversification et d'assurer une rentabilité équilibrée des productions pour éviter la concentration de certaines productions (cas de la culture de blé) et la disparition de certaines dont la demande est forte (cas des protéagineux) et/ou dont les bénéfices environnementaux sont prouvés (cas des cultures fourragères).

BIBLIOGRAPHIE

ALLARD G., DAVID C., HENNING J., (éd), 2000. « L'agriculture biologique face à son développement. Les enjeux futurs », *Les colloques* INRA éditions n° 95.

BADGLEY, *et al.*, 2007. « Organic agriculture and the global food supply », *Renewable Agriculture and Food Systems,* 22.

BÀRBERI P., 2002. « Weed management in organic agriculture : are we addressing the right issues? », *Weed Research,* 42.

CASAGRANDE M. *et al.*, 2009. « Factors limiting the grain protein content in South-eastern France : a mixing model approach of organic winter wheat », *Agronomy for Sustainable Development,* consultable sur le site : www.agronomy-journal.org.

DAVID C. et JOUD S., 2008. « État des lieux de la collecte du blé biologique panifiable en France », *Industrie des Céréales,* 159.

IFOAM, 2008. *Principles of organic agriculture,* IFOAM, consultable en ligne : www.ifoam. org/

MEYNARD J.-M., 2009. « Quelles priorités pour la R & D en agriculture biologique? », *Innovations Agronomiques,* 4.

PEIGNÉ J., *et al.*, 2008. « Soil tillage in organic farming : impacts of conservation tillage on soil fertility, weeds and crops » *in Proceedings of the Second Scientific conference of the International Society of Organic Agriculture Research* (ISOFAR), Modène, Italie, 18-20 juin 2008.

ROLLAND B., OURY F.-X., BOUCHARD C., LOYCE C., 2006. « Vers une évolution de la création variétale pour répondre aux besoins de l'agriculture durable? L'exemple du blé tendre », *Les Dossiers de l'Environnement de l'INRA,* « Quelles variétés et semences pour des agricultures paysannes durables? », 30.

Chapitre 6

Élevages ovin et bovin allaitants biologiques : concilier productivité et autonomie

Marc Benoit, Patrick Veysset, INRA

Ce chapitre aborde conjointement les productions ovine et bovine allaitantes et montre que la réussite économique de la conversion à l'AB y repose avant tout sur la capacité à concilier productivité animale et degré d'autonomie alimentaire élevés, en adaptant le système d'élevage au contexte local.

La France est l'un des pays d'Europe où les élevages allaitants, bovins en particulier, sont les plus spécialisés, avec des races et des systèmes de production spécifiques. Ces élevages se situent en majorité dans des zones à vocation herbagère et/ou pastorale, ce qui peut amener à penser que la conduite en AB ne pose pas de problème particulier en termes de respect du cahier des charges. De réelles contraintes proviennent cependant du fait que, comme en élevage conventionnel, la viabilité économique repose en partie sur le niveau de productivité animale. Celui-ci doit être correct voire élevé et pour cela, il est indispensable de disposer de ressources alimentaires en quantité et de qualité, qui peuvent engendrer des coûts de production élevés si le contexte ne permet pas de les produire sur la ferme, en particulier en zones de montagne.

L'un des principes fondamentaux de l'AB est le lien sol-plante-animal. Les ruminants peuvent ainsi trouver facilement leur place dans les exploitations de grandes cultures en valorisant les cultures de plantes fourragères qui sont intégrées dans les rotations. On observe ainsi en zone de plaine, des exploitations agricoles associant grandes cultures et élevage de ruminants de façon optimale, ces deux types d'atelier fonctionnant en parfaite synergie. À l'opposé, les systèmes d'élevage de zones défavorisées et de montagne ont moins d'atouts, les ressources pastorales ne suffisant pas. Il est alors plus difficile de satisfaire de manière autonome les besoins alimentaires élevés de certains types d'animaux, en particulier les femelles en lactation et les animaux à l'engraissement.

L'objet de ce chapitre est de montrer que la réussite économique de la conversion à l'AB en productions ovine et bovine allaitantes repose avant tout sur la capacité à concilier productivité animale et autonomie alimentaire élevées, en adaptant le système d'élevage au contexte local. Ce chapitre présente d'abord la diversité des situations observées en élevage ovin et bovin allaitant. Les facteurs déterminants des performances économiques et environnementales seront ensuite discutés. Puis, nous aborderons le thème central de l'autonomie alimentaire, de son adaptation au contexte local et de sa construction dans le temps, avant de pointer l'importance des articulations entre niveau de productivité animale et degré d'autonomie alimentaire. Pour finir, nous reviendrons sur les questions liées au respect du cahier des charges AB en particulier en termes de santé des animaux.

1. Diversité des situations en élevage allaitant

Le lien au sol est un principe fort de l'AB : l'alimentation du troupeau doit être produite au maximum sur l'exploitation dont les surfaces doivent par ailleurs être suffisantes pour recevoir les déjections des animaux. La réglementation, qui impose un taux de 50 % de lien avec le sol (une partie de contractualisation est possible avec des exploitations locales) est assez facile à respecter en élevage de ruminants. En revanche, le coût de l'alimentation achetée génère une contrainte économique décisive pour les éleveurs.

Une faible autonomie alimentaire (forte proportion des besoins du troupeau achetée) apparaît rapidement rédhibitoire, sauf éventuellement à avoir une transformation du produit et/ou commercialiser en vente directe, ce qui assure une certaine plus-value. Dans ce contexte, la localisation géographique des fermes est déterminante, avec la possibilité ou non de produire une large gamme d'aliments, depuis divers types de fourrages à faire pâturer ou à récolter, jusqu'aux cultures de céréales et oléoprotéagineux. Une telle gamme de ressources permettra le choix de systèmes de production variés, en termes de saisonnalité de la reproduction (lactation d'hiver facilitée si l'on dispose de céréales par exemple) et de types d'animaux engraissés. Au contraire, l'absence de céréales (en montagne en général) nécessitera de faire coïncider les périodes de mise bas avec les disponibilités en ressources fourragères de qualité, soit, le plus souvent, au printemps, voire en début d'automne avec des regains éventuels, grâce à des races se désaisonnalisant naturellement (ovins).

Les élevages de zones défavorisées, voire de montagne, sont apparemment mieux positionnés pour une conversion à l'AB, avec une gestion relativement extensive des surfaces herbagères et un faible recours à l'apport de fertilisants chimiques. Cependant, la finition des animaux requiert une complémentation qui doit souvent être intégralement achetée et n'est pas suffisamment compensée par la plus-value réalisée sur les produits commercialisés en AB. Une forte dépendance vis-à-vis du marché pour ces intrants fragilise fortement les exploitations en cas de fortes fluctuations du prix des matières premières agricoles sur les marchés (comme en 2008). Par ailleurs, dans les zones difficilement labourables, la faible possibilité d'implantation de prairies artificielles peut poser des problèmes de gestion des légumineuses, clé du fonctionnement des systèmes fourragers et de la qualité des fourrages. Aussi, en montagne, la forte dépendance en concentrés et le poids économique qu'ils représentent nécessitent une performance technique élevée (produit élevé par femelle ou UGB [unité gros bétail] et/ou une forte valorisation des produits en AB; les cohérences de systèmes y sont plus difficiles à définir qu'en zone de plaine et les itinéraires techniques adaptés relativement « pointus ». Les élevages des zones de plaine peuvent disposer non seulement de fourrages de qualité obtenus sur les prairies temporaires (pour l'engraissement des agneaux à l'herbe par exemple) mais également de concentrés fermiers pouvant satisfaire l'essentiel des besoins du troupeau, dont l'engraissement des agneaux de contre-saison. En outre, les conditions naturelles peuvent assurer une durée de pâturage annuelle beaucoup plus longue qu'en montagne (moins de stocks à réaliser, qualité de l'herbe pâturée) avec une possibilité élargie d'engraissement des animaux à l'herbe.

Ce chapitre traite essentiellement des systèmes d'élevage spécialisés, en bovin allaitant (BA) d'une part, ovin allaitant (OA) d'autre part. Pourtant, les systèmes de production en AB sont fondés sur les équilibres écologiques complexes pouvant trouver leur base dans la cohabitation de plusieurs types d'élevage dans l'exploitation. Il est ainsi acquis que la diversité des espèces animales au sein d'un élevage permet d'optimiser et de sécuriser le fonctionnement du système de production (utilisation de ressources de types différents, diversité des produits, maîtrise du parasitisme) (Loiseau *et al.*, 1988;

Giudici *et al.*, 1999 ; Hoste *et al.*, 2009). Cependant, les systèmes d'élevage diversifiés qui peuvent en résulter ne sont pas étudiés ici.

L'encart ci-dessous présente les effectifs français d'élevages en bovin et ovin allaitant et leurs principales localisations. On notera que les élevages sont peu présents dans les grandes zones de cultures françaises.

ÉTAT DES LIEUX DES PRODUCTIONS BOVINES ET OVINES ALLAITANTES FRANÇAISES

Le troupeau bovin allaitant français compte 4 253 000 vaches en 2008, dont 1,5 % en AB ; le troupeau ovin allaitant, en décroissance constante depuis 30 ans, compte 4 134 000 brebis en 2008, dont 2,4 % en AB. Le nombre de vaches allaitantes AB a doublé de 2000 à 2005, puis chuté de 10 % en 2 ans (2005-2007). Une légère reprise est observée en 2008 : + 2,1 %. Le troupeau ovin allaitant a présenté les mêmes tendances durant cette période.

En 2008, la région Pays de la Loire est la première détentrice de vaches allaitantes (VA) certifiées AB (11 737 têtes) et voit son effectif gagner 5,8 % entre 2007 et 2008. L'Auvergne est la seconde région (6 509 VA) ; en revanche, l'effectif bovin diminue de 4,6 % entre 2007 et 2008, tout comme la région Limousin qui perd 3,7 %. Globalement le grand bassin allaitant Massif Central détient 25 % des vaches allaitantes certifiées AB au niveau national. Cela représente seulement 1,2 % des VA de la zone, contre un taux de vache certifiées AB de 2,4, 2,7 et 2,8 % respectivement pour les régions Pays de la Loire, Bretagne et Basse-Normandie. En production ovine allaitante, sur les 100 000 brebis en AB, 18 % sont élevées en région Midi-Pyrénées, première région française. Viennent ensuite les régions Rhône-Alpes et PACA, avec chacune plus de 12 000 brebis. La région Auvergne, avec 10 226 brebis affiche la plus forte progression de cheptel, avec une augmentation de 9,3 % entre 2007 et 2008. Poitou-Charentes, région traditionnelle d'ovin allaitant, ne représente que 6 % de l'effectif de brebis allaitantes en AB.

2. Performances économiques et environnementales des élevages

2.1. Facteurs déterminants du résultat économique

En élevage ovin allaitant, les études basées sur des suivis d'élevage réalisés sur le long terme, tant en conventionnel qu'en AB, montrent que le revenu des exploitations dépend avant tout du niveau du résultat économique (marge brute) obtenu par brebis. Secondairement, il dépend du nombre de brebis et de l'importance des charges de structure (matériel, bâtiments, foncier, cotisations sociales…). De fait, la marge brute par brebis présente une très large plage de variation (de 20 à 90 € par brebis calculé sur la base de 40 exploitations en AB et conventionnelles étudiées en 2008). Ces écarts importants sont expliqués essentiellement par deux facteurs : la productivité numérique (nombre d'agneaux produits par brebis et par an) et, particulièrement en AB, les charges d'alimentation.

La grande variabilité de la productivité numérique selon les élevages (en AB ou non : de 70 % à 210 %) explique que ce facteur soit plus important que le niveau de valorisation des agneaux. La productivité numérique est la combinaison de trois facteurs : la prolificité (variant de 120 à 220 % tous élevages confondus), le taux de mortalité des agneaux (de 5 à 30 %) et le taux de mise bas (nombre de mise bas par brebis et par an). Ce dernier facteur est également très fluctuant, les extrêmes observés allant du simple au double : de 70 % (illustrant en général la présence de brebis « improductives ») jusqu'à 140 % pour les systèmes de reproduction accélérés du type « 3 agnelages en 2 ans » qui sont difficilement compatibles avec un mode d'élevage AB, du fait de coûts de l'alimentation trop élevés en AB (Benoit *et al.*, 2009). La productivité numérique est ainsi en moyenne inférieure en AB en zone de montagne (130 % *vs* 143 % ; sur 21 exploitations conventionnelles et 8 en AB [Benoit et Laignel, 2009]), du fait de l'absence de systèmes de reproduction accélérée et d'une mortalité des jeunes supérieure à celle des élevages conventionnels (17,6 % *vs* 14,1 %). En plaine en revanche, les productivités numériques sont comparables sur l'échantillon étudié (8 élevages conventionnels et 5 en AB).

Le coût de l'alimentation directe (concentré, qu'il soit produit sur l'exploitation ou acheté) est le second élément déterminant de la marge brute par brebis. En effet, le poste alimentation représente en moyenne 50 % des charges de l'atelier ovin, les quantités de concentrés (pour les adultes et les jeunes) atteignant en moyenne 150 kg par brebis et par an (avec des extrêmes entre 40 et 280 kg), soit près d'une tonne par UGB, sans différence notable entre AB et conventionnel. En moyenne, en montagne, plus de la moitié de ces concentrés est utilisée par les agneaux, engraissés systématiquement en bergerie avec une distribution à volonté. Si elle n'est pas réfléchie et compensée (fourrages de qualité), une réduction importante du niveau alimentaire (limitation des apports énergétiques et protéiques) peut avoir un impact fort et immédiat sur la fertilité des femelles, le niveau de prolificité, le poids des agneaux à la naissance et leur viabilité.

En AB ou en conventionnel, la vente des agneaux représente plus de 90 % (en valeur) de l'ensemble des ventes d'animaux. En effet, le prix des brebis de réforme n'atteint que 10 à 50 % du prix d'un agneau et leur nombre est peu important, avec un taux de réforme de 18 % à 22 % (mortalité comprise, de 6 % en moyenne). Les agneaux « lourds », de 15 à 19 kg de carcasse représentent en AB l'essentiel des ventes d'agneaux (hors vente ponctuelle de reproducteurs), en l'absence de filière « agneaux légers ».

En résumé, les performances techniques observées en élevages ovins en AB ne sont pas fondamentalement différentes de celles des élevages conventionnels, avec cependant l'absence de systèmes de reproduction accélérés, du fait de coûts de l'alimentation trop élevés en AB. La variabilité interélevages est très importante et, compte tenu de sa plage de variation, la productivité numérique demeure un élément déterminant du résultat économique de l'atelier. Compte tenu du prix des aliments, l'objectif sera alors de maximiser la productivité numérique sous la contrainte de minimiser l'utilisation des concentrés, sachant que la productivité numérique est le reflet d'un choix de race et de système de reproduction (calendrier de mise bas), de la technicité de l'éleveur et du contexte d'élevage (bâtiment ou plein air).

En élevage bovin allaitant biologique, les facteurs du revenu diffèrent sensiblement de ceux de la production ovine. La marge par UGB bovine n'est pas fortement liée à la productivité numérique, celle-ci variant dans une fourchette relativement étroite, de 62 % à 97 %, avec peu de différence entre AB et conventionnel (-5 % en AB) en lien avec un taux de gestation légèrement moindre, alors que le taux de mortalité des veaux reste de même niveau (Pavie et Rétif, 2006 ; Veysset *et al.*, 2009). En effet, en élevage bovin allaitant, les vaches ont globalement un vêlage par an, les vaches ne vêlant pas étant réformées (le taux de gestation moyen se situe autour de 96 %). De plus, la prolificité (104 %) compense en partie la mortalité des veaux (9 %). Aussi, le premier déterminant de la marge brute bovine, en AB comme en conventionnel, est le niveau de valorisation des animaux, et, secondairement, comme pour les élevages ovins et surtout en AB, les coûts d'alimentation (Bécherel, 2004).
Alors que la diversité des systèmes ovins allaitants est basée sur le système de reproduction (saisonnalité et accélération), celle des systèmes bovins allaitants est fondée sur le type d'animaux vendus.
En AB, il n'y a pas, comme en conventionnel, de débouché à l'exportation pour les animaux maigres (encart ci-dessous), et la finition des animaux est ainsi incontournable, ce qui peut modifier en profondeur la constitution du cheptel, avec la nécessité de baisser significativement l'effectif de vaches si la surface d'exploitation est constante.

UNE GRANDE DIVERSITÉ DES PRODUITS EN ÉLEVAGE BOVIN ALLAITANT

En conventionnel, les systèmes naisseurs stricts, relativement rares et se situant principalement en race rustique (Salers ou Aubrac) dans les zones de montagne herbagères, ne produisent que des animaux maigres plus ou moins lourds (mâles entre 9 et 16 mois) vendus à des ateliers d'engraissement spécialisés majoritairement à l'export (Italie). Or, il n'y a pas de marché AB pour ce type d'animaux. Les naisseurs-engraisseurs finissent pratiquement tous les animaux nés sur leur exploitation. En conventionnel, la majorité des éleveurs vendant des mâles maigres pour le marché italien engraissent tout de même les vaches de réforme (la part des vaches de réforme représente près de 30 % du produit des ventes) et les génisses non destinées à la reproduction (ou non gestantes). Les femelles grasses, principalement écoulées sur le marché français, sont vendues relativement âgées (5 à

7 ans pour les vaches et 30 à 40 mois pour les génisses). Le marché des mâles gras est occupé à près de 90 % par des taurillons de 18 mois (vendus sur les marchés italiens et français), les bœufs gras (animaux âgés de plus de 30 mois) ne représentent qu'à peine 5 % du total des ventes de mâles. Aussi, la proportion du cheptel adulte dans les UGB totales de l'exploitation varie-t-elle de façon importante, de 45 à 75 % (contre 88 à 92 % en OA).

En AB, les types de femelles engraissées sont comparables à ceux des élevages conventionnels. Les bœufs, reconnus comme des produits de qualité, sont commercialisés dans les circuits traditionnels (boucheries, magasins spécialisés ou GMS lorsqu'il existe un rayon boucherie de détail) ou encore en vente directe. Cependant, il existe une demande, non satisfaite au niveau national, de viande bovine AB dite « minerai » (carcasses moins lourdes et moins chères) pour le marché de la restauration hors domicile (RHD) et de la troisième gamme (plats cuisinés). Ce marché est en partie satisfait par les vaches de réforme de races laitières, mais pourrait également écouler des jeunes bovins de 15 à 18 mois. Notons également que certains éleveurs en vente directe commercialisent des animaux relativement jeunes, de 10 à 12 mois.

L'engraissement des femelles ne pose pas forcément de problème puisque le marché AB demande le même type d'animaux que le marché conventionnel (vaches de réforme et génisses de plus de 30 mois). En revanche, concernant les mâles, actuellement peu d'animaux en dehors des bœufs gras sont valorisés en AB. Or, à surface constante, passer d'un système vendant des mâles maigres âgés de 10 à 15 mois à un système produisant des mâles gras de plus de 30 mois demande un bouleversement dans la structure du troupeau (baisse du nombre de vêlages pour substituer des vaches par des mâles), et, lorsque le système est en croisière, un effort de capitalisation sur 3 ans avant la vente des bœufs. Pour ce qui est de la production de jeunes bovins, l'un des problèmes majeurs est l'itinéraire de production qui se trouve à la limite du respect du cahier des charges de l'AB : 40 % maximum de concentré dans la ration journalière des animaux. Cette contrainte peut toutefois ne pas en être une si on la raisonne non pas à l'échelle individuelle, mais à l'échelle du troupeau (voir le guide de lecture du CC-REPAB-F) et durée de la phase finale d'engraissement à l'intérieur n'excédant pas 3 mois ou un cinquième de la vie de l'animal.

Concernant l'alimentation des troupeaux de BA, elle est principalement basée sur l'herbe (pâture, foin, enrubannage, ensilage) avec une totale autonomie en fourrages dans pratiquement tous les élevages ; les achats de fourrages sont exceptionnels (sécheresse de l'année 2003), comme en OA. L'utilisation des concentrés représente en moyenne 700 kg par UGB. Elle est d'autant plus importante que la part des animaux engraissés est élevée. Aussi, comme en OA, la localisation en plaine facilite grandement la conversion à l'AB, avec la possibilité de cultiver des espèces végétales propres à alimenter et à mettre sur le marché des animaux engraissés. Par contre, compte tenu de cycles d'engraissement parfois très longs, la période de conversion au sens étendu – par opposition au sens restreint de la conversion administrative, défini par la réglementation – pourra être longue avant de pouvoir retrouver un équilibre démographique du troupeau (part des adultes et des jeunes à l'engraissement) en cohérence avec les ressources disponibles.

Concernant le poids des animaux vendus, un déficit apparaissait dans les élevages biologiques, tant OA que BA jusqu'à récemment. Les observations actuelles semblent montrer des caractéristiques comparables à celles des élevages conventionnels pour les OA (poids de carcasse et état d'engraissement) ; en BA, à âge identique (génisses et bœufs de plus de 30 mois et vaches de réforme), les poids de carcasses restent environ 10 % plus légers.

2.2. Conversion à l'AB et impacts environnementaux

Deux aspects principaux font l'objet de travaux concernant l'impact environnemental de l'élevage : les questions de consommation d'énergie, et celles liées à la biodiversité. La consommation d'énergie non renouvelable est globalement inférieure par kilo de viande vendue en exploitations en AB, comparativement aux exploitations en conventionnel. L'essentiel de cette différence provient de l'absence de fertilisation chimique et azotée en particulier, dont le coût énergétique de fabrication est très élevé. La recherche d'une forte autonomie fourragère (engraissement des produits à l'herbe) participe également à une moindre utilisation d'énergie.
Des études prospectives par modélisation montrent que la consommation d'énergie non renouvelable peut être 7 à 15 % moindre par tonne de viande bovine vive produite (exprimé en tonne de poids vif produit) en AB qu'en conventionnel (Veysset et Bébin, 2009). En revanche, l'impact de la conversion à l'AB sur les émissions brutes de gaz à effet de serre (GES) par tonne de viande bovine vive produite n'est pas significatif car le poste essentiel concerne le méthane produit par le troupeau, quelque soit le mode de production. Ces émissions brutes devraient toutefois être corrigées par le stockage de carbone sous prairie. L'élevage en AB, moins intensif et utilisant donc plus de surface de prairies que l'élevage conventionnel pour une même production de viande, stocke plus de carbone par tonne de viande produite, ce qui aboutit à de moindres émissions nettes de GES par tonne de viande produite.
En production ovine allaitante, l'efficacité énergétique (rapport entre l'énergie produite sous forme de viande et l'énergie non renouvelable utilisée) est supérieure de 17 % en AB, l'absence de fertilisation azotée jouant un rôle majeur dans ce résultat (Boisdon et Benoit, 2006).
Concernant la biodiversité, la réintroduction et la diversification de cultures (céréales) dans des systèmes herbagers spécialisés conduit à une augmentation de la biodiver-

sité floristique, mais en contrepartie à un déstockage du carbone retenu sous prairies, surtout s'il s'agit de prairies permanentes. Dans une expérimentation menée à l'INRA de Clermont-Ferrand Theix, il a été ainsi noté l'apparition de 54 espèces floristiques (messicoles) après conversion d'un domaine à l'AB, accompagnée d'une transformation de prairies en cultures de mélanges de céréales et protéagineux.

3. Valorisation des ressources de la ferme et autonomie alimentaire

3.1. Éléments de base pour l'élaboration d'une autonomie alimentaire de haut niveau

Les observations montrent que les élevages en AB affichent une autonomie alimentaire (part des besoins du troupeau satisfaite grâce aux ressources de la ferme) supérieure à celle des élevages conventionnels. Ce plus fort lien au sol correspond aux principes du cahier des charges mais est surtout à relier au coût très élevé des aliments AB sur le marché (Veysset et Bébin, 2006). Une forte autonomie fourragère (part des besoins satisfaits par les ressources fourragères de l'exploitation) contribue de façon déterminante à une autonomie alimentaire élevée. La maîtrise du système fourrager est donc un élément central de la réussite des systèmes d'élevage en AB. Elle reposera principalement sur la gestion de prairies temporaires, plus coûteuses à conduire que les prairies permanentes, mais offrant une meilleure sécurité de rendement et plus de souplesse d'exploitation (saisonnalité de la production, type d'utilisation fauche-pâture, composition floristique et notamment part des légumineuses). La place des légumineuses est essentielle dans la mesure où elles déterminent en partie la qualité nutritive des fourrages (valeur azotée, ingestibilité) et les niveaux d'apport en azote aux animaux, mais également aux cultures à l'échelle de la rotation. En complément de la bonne valorisation des prairies, le niveau d'autonomie alimentaire de l'exploitation peut être amélioré par la mise en place de cultures basées sur des associations céréales-protéagineux. Leur présence permet d'envisager des systèmes d'élevage plus variés, en particulier une finition plus systématique des produits (BA) et une saisonnalité différente des mises bas (OA, cf. encart p. 154) et de l'engraissement des animaux. Ainsi, la possibilité de cultiver assure-t-elle des avantages certains au système, avec un panel d'alternatives possibles, une plus faible sensibilité aux variations de conjoncture des prix des céréales, une plus forte possibilité d'introduction de légumineuses via la rotation, et l'autosuffisance possible en paille.

Le choix des périodes de reproduction peut être un élément déterminant d'une autonomie fourragère élevée, en faisant coïncider les périodes de forts besoins alimentaires des animaux (fin de gestation, lactation) avec les disponibilités en herbe de bonne qualité, en réduisant ainsi le recours aux aliments concentrés. Élever et engraisser une partie des produits à l'herbe (agneaux ou bovins à l'engraissement) est aussi une solution à privilégier. Par ailleurs, les études réalisées en OA ont montré que les systèmes d'élevage les plus fortement basés sur l'utilisation des fourrages, pâturés en particulier, affichent les bilans énergétiques les plus favorables (Pottier *et al.*, 2009).

En élevage ovin, la conjoncture économique a un fort impact sur l'organisation des systèmes en AB, avec un rapport défavorable entre le prix des produits (+5 à +15 % de 2005 à 2008 pour le prix de la viande ovine, entre AB et conventionnel) et celui des concentrés (+40 à +50 % entre AB et conventionnel). Cela doit conduire les éleveurs à renforcer la part des fourrages dans l'alimentation du troupeau. Même s'il est possible dans certaines situations, de produire une partie des concentrés nécessaires au troupeau, le premier objectif est de limiter leur utilisation.

En zone de montagne, pour ce qui concerne l'engraissement des agneaux, les modes d'élevage restent très généralement les mêmes que ceux pratiqués en conventionnel, avec du concentré à volonté. Pour les mises bas en automne ou en hiver, un rationnement en concentrés ne conduit pas à une réduction globale des quantités dans la mesure où la durée d'engraissement est significativement allongée (avec une forte augmentation de consommation de fourrages grossiers) (Tournadre *et al.*, 2006). Pour les mises bas de fin d'hiver, les contrastes climatiques de printemps et diverses contraintes matérielles (structuration des exploitations avec souvent de fortes contraintes foncières et peu de parcelles proches des bâtiments) rendent souvent difficile un engraissement à l'herbe. Pour les mises bas de fin de printemps, l'utilisation de l'herbe par des agneaux à l'engraissement vient en concurrence avec d'autres types d'animaux (lactation des mères mettant bas tardivement) alors que la qualité de la ressource est parfois faible (conditions séchantes sur sols superficiels). En zone de plaine, l'engraissement à l'herbe est plus facilement réalisable, compte tenu d'un allongement de la période possible de pâturage (mise à l'herbe plus précoce) et d'une structure foncière généralement plus favorable ; en revanche se pose la question de la maîtrise du parasitisme (voir ci-après). Pour ce qui concerne l'utilisation des concentrés par les brebis, les marges de manœuvre sont plus importantes, et de nombreuses voies sont possibles pour réduire voire supprimer l'utilisation de concentrés pour le troupeau de mères. L'arrêt de l'accélération du rythme de reproduction (telle que pratiquée dans les systèmes de « 3 agnelages en 2 ans » par exemple) va dans ce sens, et s'accompagne d'une réduction des besoins alimentaires des brebis. Par ailleurs, il a été montré que les résultats de reproduction (fertilité des brebis en particulier) étaient moins réguliers en AB en systèmes de reproduction accélérée. S'y posent des problèmes sanitaires plus fréquents (notamment un niveau supérieur de parasitisme des adultes et des jeunes) et globalement des résultats économiques plus irréguliers et en moyenne moins élevés sur le moyen terme (conjoncture 2002 à 2005) (Benoit *et al.*, 2009). La non-accélération du rythme de mise bas permet en outre i) de retarder l'âge au sevrage des agneaux (jusqu'à 100 jours et plus) et ainsi d'augmenter la part des besoins de l'agneau satisfaits par la mère, ii) de plus jouer sur la capacité des brebis à mobiliser leurs réserves corporelles pour la lactation et de les reconstituer ultérieurement à l'herbe.

En élevage bovin allaitant, tout comme pour les OA, la plus-value AB sur le prix de vente des animaux (prix du kg de carcasse : + 5 à + 15 %) n'est pas à la hauteur du différentiel de prix au kg de l'aliment concentré acheté (+ 30 à + 40 %). Afin d'améliorer la marge brute, l'objectif est alors de réaliser de bonnes croissances et de produire des kilos de viande avec un minimum d'aliment acheté (notion d'autonomie alimentaire). Il faut donc apporter la plus grande attention à la qualité des fourrages. Celle-ci passe évidemment par une bonne qualité des prairies : en l'absence d'intrants chimiques (azote minéral, désherbants), les prairies à flore complexe incluant une bonne proportion de légumineuses sont à privilégier. En système naisseur-engraisseur, une certaine quantité de concentrés sera toujours nécessaire pour la finition des animaux. Pour des raisons économiques, comme en production OA, il faudra privilégier une production d'aliments à la ferme (céréales, protéagineux, mélanges céréales/protéagineux), ce qui n'est possible qu'en zone de plaine. Ces cultures seront assolées avec des prairies temporaires à flore complexe au sein de rotations culturales faisant succéder 3 à 5 ans de prairies temporaires à 2 à 3 ans de cultures de céréales.

En revanche, les systèmes herbagers de montagne ont peu de marge de manœuvre pour améliorer l'autonomie alimentaire. En l'absence de production de concentrés sur la ferme, l'engraissement de tous les mâles n'est peut-être pas un objectif à rechercher, surtout si un certain nombre d'entre eux doit être vendu sur le marché conventionnel. En revanche, comme pour les autres zones de production, l'alimentation et l'engraissement des femelles au pâturage est un axe prioritaire.

3.2. L'importance de la notion de chargement

Les observations montrent qu'à situation pédoclimatique comparable, le chargement est inférieur de 10 à 20 % en AB du fait notamment d'une moindre productivité des prairies sans fertilisation azotée minérale. Dans un objectif d'autonomie alimentaire élevée et basée principalement sur la contribution des fourrages, le choix du niveau de chargement adapté s'avère donc prépondérant. Par ailleurs, la gestion des légumineuses apparaît plus difficile sur prairies permanentes, surtout après de fortes périodes de sécheresse auxquelles elles sont très sensibles. Aussi, la possibilité de réaliser des prairies temporaires incluant des légumineuses peut être très favorable à cet égard. Enfin, la non-utilisation d'azote chimique pour favoriser une reconstitution rapide de stocks après une période de sécheresse marquée, et le prix des fourrages en AB sur le marché incitent à envisager des volants de sécurité de stocks fourragers supérieurs à ceux pratiqués en élevage conventionnel.

3.3. Adapter le système d'élevage au contexte local

Compte tenu de la nécessité d'avoir recours le plus possible aux ressources alimentaires potentielles de la ferme, les conditions pédoclimatiques propres à chaque situation orientent le choix d'un système d'élevage. L'une des conséquences est le type de race retenu, qui doit être adapté à la valorisation de ces particularités et aux potentiels locaux. L'encart ci-dessous illustre 4 types de fonctionnement dans le cas de fermes de lycées du Massif central.

DES SYSTÈMES D'ÉLEVAGE DÉFINIS EN FONCTION DES POTENTIALITÉS AGRONOMIQUES LOCALES

Quatre fermes expérimentales ont été comparées durant 5 années (2002-2006).

– Exploitation du Cambon, lycée agricole de Saint- Affrique (Aveyron) (AB depuis 2000).

Elle compte 50 ha utilisés par des ovins de race Lacaune (souche Ovitest ; 130 brebis) et des bovins (engraissement de lots de 20 génisses Aubrac croisées Charolais). À une altitude de 350 mètres, avec une pluviométrie irrégulière (moyenne 850 mm/an) et en fort déficit depuis 5 ans, cette ferme est composée de terres d'alluvions à bon potentiel et de terres difficiles, sur grès rouge. Le chargement est de 0,89 UGB/ha. Compte tenu du déficit fourrager estival, des caractéristiques de la race et du marché (bonne valorisation des agneaux en hiver), les mises bas ont lieu en novembre avec un second lot en janvier-février (« repasse » des brebis vides et agnelles). Les céréales et le foin de luzerne produits permettent la complémentation des brebis et l'engraissement des agneaux à moindre coût. Par ailleurs, l'objectif est d'optimiser l'association des ovins et des bovins, en termes d'utilisation de fourrages et de maîtrise sanitaire (parasitisme).

– Exploitation du Charriol, lycée de Brioude Bonnefond (Haute-Loire) (AB depuis 1998).

Cette ferme, située à 500 m d'altitude, dans une zone séchante (pluviométrie 500 mm ; sous-sol granitique), compte 57 ha et 430 brebis de race Bizet, avec un chargement élevé, de 1,44 UGB/ha de SFP (surfaces fourragères principales) en liaison avec la part importante de terres labourables (implantation de prairies temporaires et de céréales). Les mises bas sont majoritairement situées à l'automne (elles débutent fin août), avec de meilleurs résultats qu'au printemps (moindre mortalité des agneaux) et des débouchés plus rémunérateurs pour les agneaux. Une partie des concentrés utilisés (lactation des mères) est produite sur la ferme.

– Exploitation de Prades, lycée de Rochefort Montagne (Puy-de-Dôme) (AB depuis 2001).

En zone volcanique (altitude 800 m, pluviométrie 1 000 mm), cette ferme est composée de 40 ha de prairies permanentes et de 270 brebis de race Rava, sur la base d'un chargement de 0,96 UGB/ha. Afin d'optimiser la productivité numérique et la valorisation de l'herbe, les mises bas sont réparties sur 2 périodes (mars/avril et septembre/novembre) pour faire coïncider les forts besoins des brebis avec le pâturage d'herbe de qualité. La rusticité et les qualités maternelles de la race permettent d'assurer dans ce contexte d'assez bonnes performances zootechniques avec peu de concentrés et avec un investissement en travail limité.

– Ferme de Redon (INRA Clermont-Ferrand-Theix) (AB depuis 2002). 120 brebis limousines sont conduites sur 25 ha du domaine (850 m d'altitude, 750 mm de pluie ; sol superficiel granitique). Au-delà du respect du cahier des charges, le système d'élevage mis en place (« système herbager ») cherche à respecter les principes de l'AB (lien au sol maximum, sollicitation limitée des brebis avec une reproduction non accélérée). Le fort recours aux fourrages et le milieu naturel difficile expliquent le faible niveau de chargement à 0,7 UGB/ha. Afin de maximiser l'autonomie fourragère (peu de surfaces cultivables), les mises bas sont réparties pour 50 % en mars et 50 % en novembre (logique comparable à celle de Prades). L'engraissement des agneaux de printemps est fait à l'herbe et le concentré est limité à 40 ou 50 % de la ration pour les agneaux d'automne.

Une vision globale de ces 4 dispositifs montre que les surfaces utilisées permettent l'implantation d'une sole céréalière significative au Charriol et à Saint-Affrique alors que les prairies permanentes représentent 80 % de la SAU à Redon et 100 % à Prades (figure 1).

Fig. 1 Composition de la SAU pour les 4 fermes (cultures, prairies temporaires, prairies permanentes et parcours en %)

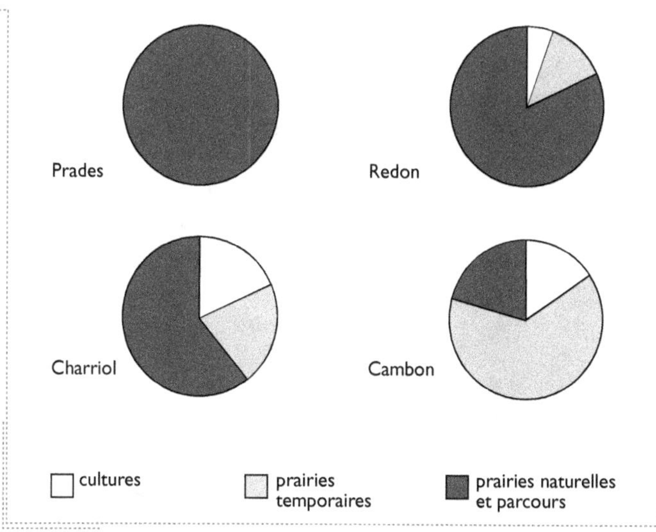

La culture de céréales permet la complémentation des brebis mettant bas en contre-saison, et éventuellement de leurs agneaux (en général mieux valorisés que ceux nés au printemps) à un moindre coût. Ces mises bas de contre-saison sont ainsi dominantes au Charriol et au Cambon (figure 2). À l'opposé, à Prades et à Redon, l'organisation de la reproduction est basée sur une répartition équilibrée des mises bas au printemps et à l'automne, ce qui permet d'optimiser l'utilisation des ressources fourragères.

Fig. 2 Calendrier du nombre de mise bas par quinzaine en moyenne sur 5 années, pour les quatre fermes

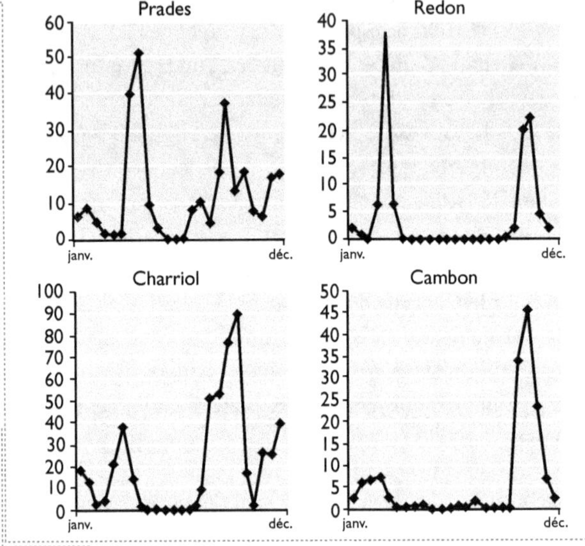

Les autonomies fourragères sont ainsi, en moyenne sur 5 ans après conversion, supérieures à Prades et Redon (avec année particulière 2003 : sécheresse sévère). En 2006, par des stratégies contrastées, les 4 fermes affichent des autonomies alimentaires comprises entre 80 et 90 % (figures 3a et 3b).

Fig. 3a et 3b Évolution des autonomies fourragère (a) et alimentaire (b) des quatre fermes, de 2002 à 2006

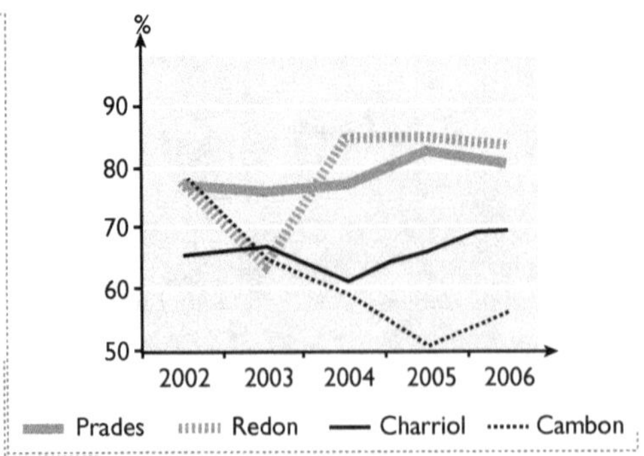

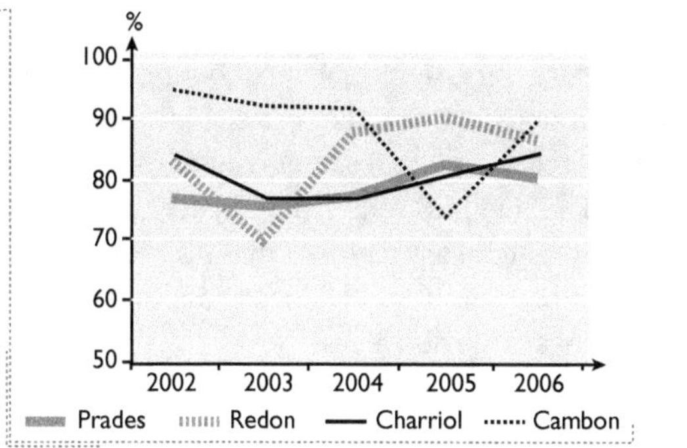

3.4. L'autonomie alimentaire se construit pendant la transition vers l'AB

La durée de la phase de conversion technique à l'AB est plus ou moins longue selon les caractéristiques du système d'origine. Cette phase doit permettre de mettre en adéquation le nouveau fonctionnement du troupeau (saisonnalité de la reproduction, type de produits…) avec les ressources végétales disponibles. La réorganisation du système d'élevage touche surtout les systèmes bovins allaitants. En effet, il faut généralement plusieurs années pour passer d'un système de production d'animaux maigres à un système d'engraissement de l'ensemble des produits. Parallèlement, il est nécessaire de synchroniser la production de nouvelles ressources végétales pour augmenter progressivement le niveau d'autonomie alimentaire.

Cette phase est plus délicate en BA car elle doit être synchronisée avec la recomposition progressive des catégories d'animaux au sein du troupeau, avec des besoins spécifiques (comme l'élevage des mâles destinés à être commercialisés en bœufs). En OA, le rééquilibrage du fonctionnement du troupeau est plus rapide (durée de gestation et intervalles de mise bas courts) mais l'amélioration de l'autonomie alimentaire basée sur l'implantation de nouvelles prairies (légumineuses) et l'organisation de nouvelles rotations, en plaine en particulier, peut également nécessiter plusieurs années.

4. CONCILIER PRODUCTIVITÉ ET AUTONOMIE

Maîtriser la disponibilité des ressources alimentaires produites sur l'exploitation et leur adéquation (en terme de quantité et de qualité) aux objectifs de production revient à rechercher le meilleur compromis entre niveau de productivité animale (et de valorisation de la viande), et niveau de charges engagées.

La recherche de niveaux de performances animales très élevés (ex : reproduction accélérée en petits ruminants, forte croissance sur une courte période des bovins à l'engraissement) ne peut être un objectif prioritaire car elle laisse trop peu de marge de « récupération » aux animaux et/ou coûte très cher en termes de performances de reproduction ou de santé animale. De plus, elle peut générer une plus forte dépendance vis-à-vis de l'extérieur (forte consommation d'intrants). Enfin, ces systèmes à haut niveau de performance animale sont relativement fragiles et instables dans le temps et montrent une sensibilité accrue aux aléas.

Il s'agit donc de trouver un juste équilibre entre un niveau de productivité relativement élevé, mais appuyé sur une faible consommation d'intrants. Cet objectif requiert une certaine technicité et peut difficilement être atteint au travers d'itinéraires techniques standardisés. L'encart suivant donne quelques éléments chiffrés des performances d'un système d'élevage ovin viande construit selon ces principes (Benoit *et al.*, 2009). Cet exemple montre le potentiel possible de l'élevage OA dans un contexte donné.

ASSOCIER PRODUCTIVITÉ NUMÉRIQUE ÉLEVÉE ET RECOURS LIMITÉ AUX INTRANTS : UN SYSTÈME HERBAGER BIOLOGIQUE EN DOMAINE EXPÉRIMENTAL EN ZONE DE DEMI-MONTAGNE

Un troupeau ovin (race Limousine) est conduit en AB depuis 2000 à l'INRA de Clermont-Ferrand (domaine de Redon, 800 mètres d'altitude et 750 mm de pluviométrie). L'un des objectifs est d'associer une productivité numérique élevée à une autonomie alimentaire maximale de la ferme. Pour cela, la valorisation des fourrages est optimisée en faisant coïncider dans le temps les forts besoins alimentaires du troupeau avec les disponibilités en ressources fourragères de qualité, les mises bas étant réparties pour 2/3 au mois de mars et pour 1/3 à l'automne (fin octobre seulement pour éviter les risques de fertilité plus faibles en septembre). Tous les agneaux nés au printemps sont engraissés à l'herbe avec du concentré au pâturage si nécessaire. Deux éléments de conduite apparaissent déterminants pour l'obtention d'une autonomie fourragère élevée : i) la réalisation de fauches précoces (fin mai), enrubannées ou en foin si les conditions le permettent, afin d'assurer des repousses de qualité en juillet pour l'engraissement des agneaux à l'herbe, ii) le renforcement de la présence des légumineuses dans les fourrages, par implantation de prairies temporaires basées sur des mélanges complexes et le sursemis de trèfle sur les prairies permanentes après les années de sécheresse (2002 et 2003), fatales aux légumineuses.

Les résultats montrent en 2006, mais surtout en 2007 et 2008, un niveau de productivité numérique supérieur à Redon en comparaison aux exploitations privées ou en AB de la région et une consommation de concentrés inférieure. Ainsi, l'autonomie fourragère atteint 86 % et l'autonomie alimentaire 95 % contre seulement 81 % pour les élevages AB et 78 % pour les conventionnels. Grâce à l'amélioration des résultats techniques et de la qualité des agneaux, et avec des conditions climatiques relativement favorables, la marge brute par brebis progresse entre 2007 et 2008 ; à 81 €, elle est supérieure de 62 % à celle des élevages conventionnels et représente 2,2 fois celle des élevages en AB.

Tab. 1 Résultats technico-économiques en domaine expérimental

	Redon 2007	Redon 2008	AB 2008	Conv. 2008
Effectif			N=7	N=21
Prolificité %	170	168	156	144
Taux de mise bas %	99	105	93	107
Mortalité des agneaux %	11	10	19	17
Productivité numérique %	150	159	117	128
Concentré /brebis Kg	73	96	146	146
Dont produits à la ferme Kg	34	63	44	20
Prix concentrés achetés €/kg	0,40	0,46	0,41	0,28
Autonomie fourragère (calcul UF) %	89	86	73	73
Autonomie alimentaire (calcul UF) %	94	95	81	78
Poids carcasse Kg/Tête	16,0	15,8	16,2	16,8
Prix carcasse €/kg	5,1	5,86	5,81	5,15
Marge Brute/brebis €	69	81	36,5	48,1

Une manière d'alléger les difficultés de cet arbitrage entre productivité et coût de l'alimentation repose bien sûr sur une meilleure valorisation des produits, par la vente directe (VD) notamment. La production ovine se prête *a priori* relativement bien à la VD, avec la commercialisation possible de demi-carcasses ne nécessitant pas de reconditionnement particulier, contrairement aux carcasses bovines pour lesquelles un réassortiment des pièces découpées doit être réalisé afin de présenter des colis de taille acceptable pour l'acheteur. En revanche, le coût d'abattage est relativement important pour les ovins, ramené au kg vendu, surtout pour des carcasses de faible poids. En contrepartie, la VD permet de commercialiser des carcasses d'agneaux relativement lourdes (20 à 25 kg) qui seraient déclassées pour cette raison dans les filières longues. Ce mode de commercialisation, très confidentiel sur le marché national de la viande bovine (estimé à 0,8 % de ce marché) représente plus de 20 % du marché de la viande bovine certifiée AB. Après déduction des frais spécifiques, la VD de bovins AB permet une plus-value nette au kg de carcasse de 45 à 65 % par rapport aux animaux conventionnels vendus sur le marché classique, ce qui permet de rémunérer, en partie, le travail supplémentaire (Veysset *et al.*, 2008). La VD est également un bon moyen de valoriser des animaux non standards pour lesquels il n'y a pas de marché officiel. Ainsi, les veaux gras rosés (veaux âgés de plus de 6 mois ayant consommé du fourrage) sont vendus à près de 50 % selon ce mode de commercialisation en région Limousin.

Pour les productions OA et BA, la VD peut nécessiter un étalement de l'offre, couvrant l'essentiel de l'année, afin de fidéliser la clientèle, sauf à couvrir un marché en association à plusieurs producteurs ayant des saisonnalités de production complémentaires. Une des limites à ce mode de commercialisation réside dans les conditions d'abattage, le maillage de la distribution des abattoirs sur le territoire français étant très lâche, en particulier pour ceux certifiés en AB. Ceci induit des coûts de transport élevés, ou incite à augmenter la taille des lots d'animaux à abattre, ce qui est peu compatible avec la VD. En BA comme en OA, l'investissement de l'éleveur dans la VD peut aller de pair avec un moindre investissement de sa part dans la conduite du troupeau, voire à une baisse de l'effectif, dans la mesure où une part croissante du revenu (et du travail) correspond à la plus-value apportée par le mode de commercialisation. Un corollaire peut alors être une baisse de chargement voire une réduction des charges d'élevage (alimentation).

5. Difficultés liées au respect du cahier des charges

Globalement, la mise en œuvre des principes de l'AB ne pose pas de problème en élevage allaitant, que ce soit :
(i) le lien au sol (les aliments proviennent de l'exploitation pour plus de 50 %),
(ii) l'accès des animaux adultes aux espaces de plein air, pour le pâturage,
(iii) la limitation du chargement (UGB/ha de surface fourragère) et des épandages de matière organique (170 kg d'azote par an et par hectare de terres agricoles),
(iv) l'alimentation lactée des jeunes et la composition de la ration journalière des herbivores (avec au moins 60 % de fourrages grossiers).
La plupart des élevages concernés fonctionnent déjà selon ces principes.

Par contre, trois points particuliers de la réglementation peuvent poser question aux élevages OA : (i) l'interdiction de l'utilisation des hormones de synthèse pour la reproduction, (ii) la limitation de nombre de traitements allopathiques de synthèse (hors produits antiparasitaires depuis janvier 2009), et (iii) l'obligation de sortie des agneaux au pâturage lorsque les conditions pédoclimatiques le permettent.

Pour ce qui concerne l'interdiction des traitements hormonaux, plusieurs types de solutions peuvent être utilisés par les éleveurs pour envisager une reproduction en contre-saison (lutte des brebis entre janvier et juin). Un certain nombre de races rustiques ont une capacité de reproduction et une fertilité correcte pour les luttes de printemps ; néanmoins, elles présentent généralement une mauvaise conformation, ce qui peut conduire à une moins bonne valorisation des agneaux sur les filières longues. Aussi, leur utilisation en croisement avec des béliers de type « viande » (mais qui peuvent eux-mêmes avoir une activité sexuelle correcte en contre-saison) est-elle envisageable. Cela conduit cependant à une complexification de la conduite du troupeau, avec deux génotypes de béliers si le renouvellement du troupeau est lui-même réalisé dans l'élevage. Des techniques classiques, autorisées par la réglementation, peuvent également être utilisées, en particulier « l'effet mâle » qui permet d'améliorer significativement la fertilité des brebis dans les périodes d'anoestrus partiel, mais d'avancer la mise en reproduction – de 1 à 2 mois seulement – par rapport au début de la saison sexuelle normale de la race considérée (Tournadre *et al.*, 2009). L'utilisation d'hormones de synthèse est largement utilisée en élevage conventionnel pour synchroniser le cycle de reproduction des femelles en vue de leur insémination, en particulier dans les schémas de sélection génétique, et pour assurer la connexion entre élevages. Il n'existe actuellement pas de solution à cette contrainte, ce qui prive les élevages en AB de l'inscription dans ces schémas. Des pistes prometteuses sont cependant à l'étude avec la détection automatisée des femelles en chaleur (Maton *et al.*, 2009).

Malgré l'évolution récente de la réglementation qui libéralise l'utilisation des traitements allopathiques chimiques de synthèse pour limiter le parasitisme, les principes de l'AB conduisent à rechercher des solutions pour limiter au maximum le recours à ces traitements. Quatre types de stratégies peuvent être pour cela mises en œuvre : l'évitement (limiter le risque d'infestation, en particulier par la gestion du pâturage), l'amélioration de la résistance des animaux (génétique et alimentation adaptée, en particulier en apports protéiques), l'identification des animaux les plus parasités pour un traitement ciblé (Cabaret *et al.*, 2002), l'utilisation de moyens alternatifs (phytothérapie, piste intéressante des plantes à tanins (Hoste *et al.*, 2009)).
L'évitement consiste en particulier à protéger les agneaux élevés à l'herbe d'une infestation trop importante en :
– réduisant la diffusion des parasites par la limitation de la part des agnelages de fin de printemps et les agnelages au pâturage qui sont propices à une diffusion large des strongles. Les brebis qui agnèlent en fin d'hiver doivent avoir été déparasitées avant d'être conduites à l'herbe pour limiter la contamination des prairies, car ces animaux excrètent deux fois plus d'œufs de parasites que des brebis taries. Selon les produits utilisés, le traitement peut avoir lieu en automne, après la rentrée en bergerie, ou en sortie d'hiver.
– limitant l'infestation des animaux : les agneaux à l'herbe et les brebis allaitantes doivent si possible disposer de parcelles non pâturées depuis la mise à l'herbe (repousses de fauches, cultures de printemps ou dérobées…). Enfin, un pâturage trop ras (inférieur à 6 cm) doit être évité pour ce type d'animaux dans la mesure où il favorise leur contamination.

L'obligation de faire pâturer les agneaux lorsque les conditions pédoclimatiques le permettent représente une contrainte réelle dans certaines situations de climat très contrastées et de structure foncière défavorable (pas de parcelles proches de bâtiments). Une mesure dérogatoire transitoire (jusqu'au 31/12/2010) permet l'engraissement en bâtiment pendant les 3 derniers mois de la vie des agneaux.

En élevage bovin, le respect du cahier des charges présente *a priori* moins de contraintes que pour les OA. La monte naturelle est la principale voie de reproduction des systèmes AB comme des systèmes conventionnels ; l'insémination artificielle, pratiquée à très faible échelle, se réalise sans synchronisation par lot, et ne nécessite donc pas de traitements hormonaux de synthèse. Les problèmes parasitaires sont moins présents qu'en production OA ; les stratégies présentées ci-avant peuvent néanmoins permettre de limiter ou le plus souvent de supprimer tout traitement chimique.

La maîtrise sanitaire, souvent mise en avant comme un problème technique important au moment de la conversion, ne figure plus comme une question majeure dans les exploitations « en croisière », tant en élevage bovin qu'en élevage ovin allaitant. Ce résultat est en lien avec la maîtrise de l'alimentation (types d'aliments et mode de rationnement) dans une vision globale de prévention (parasitisme en particulier). Même si la phase de conversion peut révéler certains problèmes (subcarences à corriger ; diagnostics par réalisation de profils métaboliques), les taux de mortalité des adultes n'apparaissent pas différents entre AB et conventionnel, et les dépenses vétérinaires sont inférieures en AB, de 50 % en BA et de 40 % en OA en montagne. En plaine cependant, l'utilisation de traitements alternatifs (le plus souvent préventifs, de type phytothérapiques) peut ponctuellement représenter des dépenses importantes.

CONCLUSION

En AB, plus qu'en conventionnel, une très grande variabilité de performances techniques et économiques est observée entre exploitations, pour un système d'élevage donné. À quoi est-elle liée ? Certainement en partie à la nécessité d'une maîtrise technique élevée, qui n'est pas toujours atteinte, alors que les « solutions de rattrapage » sont moins nombreuses qu'en conventionnel, moins d'intrants (tant pour les cultures que pour l'alimentation et les soins) étant autorisés et l'utilisation de certains, en particulier les concentrés, étant limitée pour des raisons de coût. Par ailleurs, conformément aux principes de l'AB, il semble que les élevages en AB diversifient plus souvent leurs productions et leurs activités (exemple de la vente directe), ce qui est en général gage de réussite technique et de sécurisation.

La question du bien-être animal n'a pas été abordée dans ce chapitre. Elle renvoie plus particulièrement, d'une part aux enjeux de maitrise de la santé (Bellon *et al.*, 2009), d'autre part aux conditions de logement (attache des bovins) et d'obligation de sortie des animaux (agneaux en particulier) (Leroux *et al.*, 2009), ces deux derniers points faisant l'objet de débats et de dérogations.

La réussite technique et économique des systèmes d'élevage allaitant AB repose sur un équilibre à construire entre degré d'autonomie alimentaire et productivité animale élevés. Il s'agit donc de maîtriser les charges proportionnelles, en particulier les achats d'aliments concentrés pour l'alimentation du troupeau et le niveau de production de viande par femelle ou par UGB. Atteindre cette cohérence permet d'obtenir des résultats économiques de bon niveau, mais nécessite une technicité certaine dans la mesure où l'organisation et les objectifs doivent être définis en fonction des potentialités spécifiques de l'exploitation, en limitant au maximum le recours aux intrants. En revanche, en BA comme en OA, la maitrise des problèmes de santé du troupeau ne figure pas comme la question centrale.

En zones difficiles, en montagne en particulier, avec des périodes d'hivernage longues, la difficulté de produire des céréales, l'utilisation de races rustiques en OA, pouvant facilement se désaisonner, permettra de faire mieux coïncider les besoins élevés du troupeau avec les disponibilités en herbe. En BA, dans ces zones, une partie seulement des animaux pourront être engraissés pour la vente.

En zone de plaine, les contraintes d'alimentation des troupeaux seront beaucoup plus faciles à lever dans la mesure où le labour permet une grande diversité de cultures et où la période de végétation est plus longue, le pâturage fournissant alors une contribution importante à l'alimentation et à la finition des animaux. Par contre, la phase de transition à l'AB – au sens élargi – pourra courir sur plusieurs années afin de mettre en place des rotations spécifiques assurant, d'une part l'alimentation du troupeau, d'autre part éventuellement la vente de produits végétaux, tout en maintenant le potentiel agronomique du sol sur le long terme avec le minimum de fertilisants extérieurs.

BIBLIOGRAPHIE

Bécherel F., 2004. *Systèmes d'exploitations bovins viande du Massif Central en AB, résultats 2002*, bilan UP AB, institut de l'élevage.

Benoit M. *et al.*, 2009. « Comparaison de deux systèmes d'élevage biologique d'ovins allaitants différant par le rythme de reproduction : une approche expérimentale pluridisciplinaire », *Inra Productions animales*, 22.

Benoit M., Laignel G., 2009. « Performances techniques et économiques en élevage biologique d'ovins viande : observations en réseaux d'élevage et fermes expérimentales », *Inra Productions animales*, 22.

Bellon S., Prache S., Benoit M., Cabaret J., 2009. « Recherches en élevage biologique : enjeux, acquis et développements », *Inra Productions animales*, 22.

Boisdon I., Benoit M., 2006. *Compared energy efficiency of dairy cow and meat sheep farms in organic and in conventional farming*, Organic Farming and European Rural Development, 30-31 mai 2006, Odense, Danemark.

Cabaret J. *et al.*, 2002. « La mesure du parasitisme interne chez les agneaux à vocation viande en agriculture biologique : indicateurs indirects simples utilisables en ferme ou diagnostic de laboratoire ? » *Rencontres autour des recherches sur les ruminants*, n° 9.

Giudici C. *et al.*, 1999. « Modifications de la diversité spécifique des helminthes chez des agneaux élevés en pâturage mixte avec des bovins sur des prairies irriguées sous les tropiques », *Veterinary Research*.

Hoste H., Cabaret J., Grosmond G., Guitard J.P., 2009. « Alternatives aux traitements anthelminthiques en élevage biologique », *Inra Productions animales*, 22.

LEROUX J., FOUCHET M., HAEGELIN A., 2009. « Élevage bio : des cahiers des charges français à la réglementation européenne », *Inra Productions animales*, 22.

LOISEAU P., MARTIN-ROSSET W., MERLE G., 1988. « Évolution à long terme d'une lande de montagne pâturée par des bovins et des chevaux », *Agronomie* (8).

MATON C. *et al.*, 2009. « Les applications de l'identification électronique des petits ruminants au service de l'élevage biologique », *Innovations Agronomiques* 4, consultable sur le site : www.inra.fr/ciag/revue_innovations_agronomiques/volume_4_janvier_2009

PAVIE J., RETIF R., 2006. « Facteurs de variations des performances technico-économiques des exploitations d'élevage bovin en agriculture biologique », *Rencontres autour des recherches sur les ruminants*, 13.

POTTIER E., TOURNADRE H., BENOIT M., PRACHE S., 2009. *Maximisation de la part du pâturage dans l'alimentation des ovins : intérêt pour l'autonomie alimentaire, l'environnement et la qualité des produits*, Journées AFPF, 25-26 mars 2009, Paris.

SABARROS P., 2007. *Quelle valorisation pour les mâles issus de troupeaux bovins allaitants biologiques ?*, Mémoire de fin d'étude ENITA Clermont-Ferrand.

TOURNADRE H., DULPHY J.P., JAILLER R., 2006. « En agriculture biologique, réduire la part des concentrés dans la ration d'agneaux de bergerie sevrés : conséquences sur les quantités ingérées et les croissances », *Rencontres autour des recherches sur les ruminants* 13.

TOURNADRE H., PELLICER M., BOCQUIER F., 2009. « Maîtriser la reproduction en élevage ovin biologique : influence de facteurs d'élevage sur l'efficacité de l'effet bélier », *Innovations Agronomiques* 4, consultable sur le site : www.inra.fr/ciag/revue_innovations_agrono-miques/volume_4_janvier_2009

VEYSSET P., BÉBIN D., 2006. *Food self-sufficiency and farm economics in French organic suckler cattle farms*, Organic Farming and European Rural development, Odense, Danemark, 30-31 mai.

VEYSSET P., INGRAND S., LIMON M., 2008. *Direct marketing of beef in organic suckler cattle farms : economic results and impact on breeding system management*, 11e conférence scientifique de ISOFAR (International Society of Organic Agriculture Research), Modène, Italie, 18-20 juin 2008.

VEYSSET P., BÉBIN D., 2009. « Consommations d'énergie non renouvelable, émissions de gaz à effet de serre et résultats économiques en élevage bovins allaitant. Impact de la conversion à l'AB », *Rencontres autour des recherches sur les ruminants*, 16.

VEYSSET P., BÉCHEREL F., BÉBIN D., 2009. « Élevage biologique de bovins allaitants dans le Massif Central : résultats technico-économiques et identifications des principaux verrous », *INRA Productions animales*, 22.

Chapitre 7

Polyculture-élevage : développer des complémentarités dans les exploitations et dans les territoires

André Blouet, université de Nancy, Xavier Coquil, INRA

Les principes fondateurs du développement durable invitent les parties prenantes de l'agriculture à prêter attention à la transmission des ressources du milieu naturel aux générations futures. C'est dans cette perspective que l'équipe de recherche de l'INRA de Mirecourt situe son travail de conception et d'évaluation de systèmes de production agricole durables sur le plan agro-environnemental. Ce chapitre rend ainsi compte des principes agronomiques qui ont guidé la conception, à partir d'une installation expérimentale, de deux systèmes laitiers biologiques dans une perspective de complémentarité entre système herbager et système de polyculture-élevage, et discute les premiers résultats issus de l'évaluation de cette expérience.

La polyculture-élevage reste un modèle pour l'agriculture biologique, même si le développement actuel de ce mode de production s'appuie le plus souvent sur des exploitations spécialisées. En effet, à travers ses trois composantes que sont l'élevage, les terres cultivées et les prairies naturelles, elle permet d'assurer un équilibre entre le sol, la plante et l'animal.

D'ailleurs, qu'elles soient spécialisées ou non, la plupart des exploitations en AB requièrent l'utilisation de produits achetés (fertilisants, aliments, etc.) dont le coût pose la question de leur rentabilité et dont l'usage met en défaut le lien au sol, un des fondements de l'AB.

Pourtant, si ces pratiques d'approvisionnement peuvent interpeller l'éthique des consommateurs, il n'en reste pas moins vrai que dans certaines situations, elles semblent incontournables. Prenons le cas d'exploitations bovines uniquement herbagères en climat continental. Comment assurer le couchage des animaux durant la période hivernale (150 à 180 jours)? Sauf à prévoir un couchage sur caillebotis et la production de lisier qui, pour l'un interpelle le bien-être animal et pour l'autre la qualité des sols, la paille qui n'est pas disponible sur place est pourtant nécessaire.

Ainsi, sauf à envisager l'échange paille-fumier entre exploitations dont les orientations techniques sont complémentaires et les modes de production différents, on voit bien la difficulté à régler cette question du lien au sol. Pour des raisons économiques (usage et coût de l'énergie) et écologiques (émission de gaz à effet de serre...), cet échange de matières ne peut être que localisé, c'est-à-dire réalisé dans un périmètre de proximité. Si en outre, pour des raisons éthiques, cet échange de proximité doit se faire entre exploitations biologiques, comment organiser cette complémentarité de proximité entre exploitations?

C'est pour explorer ces questions que nous proposons de tester en AB des complémentarités entre des systèmes de production, répondant à des conditions édaphiques et climatiques contrastées et respectant le lien au sol, et d'en vérifier la faisabilité et la reproductibilité. Deux systèmes d'élevage biologiques articulés dans un petit territoire agricole (240 ha) ont donc été conçus dans le cadre d'une expérimentation menée sur l'installation expérimentale (IE) de l'INRA ASTER-Mirecourt.

Cette recherche permet de répondre à 2 questions:
– comment utiliser les ressources biophysiques disponibles au service d'un projet de production en AB qui respecte le lien au sol?
– comment se servir de deux systèmes pour imaginer les liens possibles entre deux fermes différentes et imaginer leurs complémentarités sur des territoires?

Après avoir décrit les principes qui ont guidé la mise en place d'une telle expérimentation, nous décrivons le dispositif qui a été élaboré. Nous présentons ensuite les résultats obtenus avant d'envisager les premiers enseignements issus de cette expérimentation.

1. Les principes retenus pour conduire l'expérimentation

Le milieu physique est considéré comme une ressource structurant les activités ; la diversité des potentialités qu'il présente autorise l'association de cultures et d'élevages. Pour peu que les acteurs mutualisent une partie de leurs moyens, on peut envisager une complémentarité entre des systèmes de production.

1.1. Le milieu comme ressource

Bien que négligé par l'agronomie contemporaine, le milieu est pourtant constitutif des régions naturelles[1] qui ont longtemps façonné le paysage administratif agricole français. Au-delà d'une importance stratégique qu'il pourrait revêtir dans la perspective d'une relocalisation des productions, le milieu présente une diversité de situations climatiques et édaphiques que nous suggérons d'utiliser ; en effet, à cette diversité des situations correspond une variété de ressources et de potentialités pouvant être mises au service de l'activité agricole, voire de l'activité rurale d'une manière plus générale.

Aux sols, dotés de niveaux de fertilité différents, correspondent des potentialités et des modes d'utilisation différenciés (Auricoste *et al.*, 1985 ; Hubert et Mathieu, 1992). Certains sols sont plus favorables aux cultures, d'autres aux prairies, d'autres encore aux forêts permettant ainsi la production de denrées différentes.

À l'échelle de l'exploitation, un mode différencié d'utilisation des sols conduit à faire coexister productions végétales et productions animales. La pérennité d'une telle association est assurée par un processus de coordination interne à l'exploitation agricole dans lequel les cultures, non seulement sont liées aux animaux, mais en dépendent beaucoup au travers du bouclage du cycle des éléments : l'utilisation des déjections animales assure le maintien de la fertilité des sols ainsi que la productivité des cultures ; des produits végétaux sont disponibles à la fois comme aliments du bétail et comme source de carbone pour les sols ; des cultures de légumineuses assurent la fourniture d'azote aux animaux et simultanément la fertilisation azotée des graminées de la rotation.

C'est ainsi que l'utilisation des complémentarités précédentes génère des économies de gamme : les produits d'une activité sont utilisés comme intrants pour une autre activité, ce qui se traduit aussi par une réduction des dépenses. L'archétype de cette coordination interne à l'entreprise agricole est le système de polyculture-élevage (Vermersch, 2007).

Pour autant, cet arrangement interne à l'entreprise n'est pas possible dans toutes les situations puisque les exploitations sont différemment dotées en facteurs de production : main-d'œuvre, surface mais aussi type et qualité des sols. De ce fait, la variété des productions possibles est réduite et donc les complémentarités sont limitées. Comment dès lors, dans la perspective d'une agriculture économe et peu dispendieuse en intrants,

---

1. Paul Claval (2000) indique qu'elles se dégagent à partir des années 1740.

permettre néanmoins une coordination d'activités ? C'est ce à quoi la polyculture-élevage et l'autosuffisance collective à l'échelle de territoires peuvent contribuer, ici dans le cas de l'AB, mais plus largement dans la perspective d'une agiculture durable.

1.2. La polyculture-élevage

Depuis les années 1950, on note une spécialisation des exploitations qui s'accompagne aussi de la spécialisation de certaines régions. Concernant les animaux, la spécialisation a consisté à rompre le lien entre élevage et territoire provoquant des dégâts environnementaux ; pour les systèmes céréaliers, cette spécialisation s'accompagne d'une dépendance croissante aux intrants.

Dans tous les cas, ce choix de spécialisation occasionne des dépenses conséquentes. Or, au moment où les aides publiques sont mises en question et la sauvegarde des ressources naturelles (énergie, biodiversité, etc.) désormais reconnue prioritaire, il devient de plus en plus nécessaire de construire des systèmes économes. Un système de polyculture-élevage peut justement être autosuffisant et donc économe, parce qu'il permet de valoriser les cultures et leurs résidus pour alimenter les animaux domestiques et recycler les déjections afin de fertiliser les surfaces labourées.

Ce sont en particulier les herbivores qui permettent le transfert de fertilité entre les espaces non labourés et les espaces cultivés via leur capacité à digérer la cellulose et à la transformer en nutriments (Mazoyer et Roudart, 1997).

Pourtant, la dotation en facteurs de certaines exploitations est telle que l'essentiel de la surface, composée de prairies naturelles, laisse une place limitée aux terres cultivées ; il en résulte des systèmes herbagers spécialisés qui ne permettent pas facilement la maîtrise globale de la fertilité.

C'est donc en considérant la question à l'échelle d'un territoire mobilisant plusieurs types d'agricultures qu'on peut imaginer rétablir les relations fonctionnelles et les équilibres qui caractérisent la polyculture-élevage. Dans cette perspective, il faut envisager les possibilités qu'offre l'autosuffisance collective.

1.3. L'autosuffisance collective à l'échelle de territoires

Nombreux sont les agriculteurs, notamment biologiques, qui revendiquent une autonomie de décision trop souvent confisquée par les techniciens. Comme l'indique Deléage (2004), « l'autonomie correspond à une pratique qui vise, pour les agriculteurs concernés, à maîtriser leur propre activité au sein de l'exploitation, c'est-à-dire une pratique qui leur permet de fixer eux-mêmes les règles de fonctionnement de [leur exploitation] à l'intérieur des règles collectives élaborées à différentes échelles (locale, régionale, nationale, Union européenne...) ».

Cette revendication d'autonomie individuelle de l'acteur n'est pas réductible à l'autonomie fourragère des exploitations souvent citée dans la perspective d'une agriculture durable. Dans cette dernière acception, il s'agit d'autosuffisance et donc de recours limité aux échanges. Pourtant, telle que définie par Valentinov (2008), l'autosuffisance est la production pour sa propre consommation, alors que l'échange est défini comme la production destinée à la consommation d'individus autres que le producteur. C'est pourquoi, même si le concept d'autosuffisance a souvent été compris comme de l'autarcie individuelle, la définition précédente permet d'envisager une autosuffisance collective : la production pour une consommation personnelle destinée à une communauté d'individus non limitée à celle d'un particulier. C'est celle que nous envisageons pour des exploitations géographiquement proches, mais dotées de ressources différentes dont il peut être pertinent d'échanger les productions. C'est ce que nous avons testé en concevant, dans le cadre de l'installation expérimentale (IE) de l'INRA ASTER-Mirecourt, deux systèmes d'élevage biologique complémentaires et articulés dans un petit territoire agricole (240 ha).

2. La conception d'un double système

L'objet du dispositif n'est pas de comparer des systèmes, mais d'évaluer la faisabilité de deux systèmes d'élevage biologique construits de manière complémentaire sur des milieux différents. La diversité des ressources du territoire mis à disposition pour le projet, mais aussi leur localisation, invite à instruire les synergies possibles entre deux systèmes de production, dont les bases géographiques sont contigües, voire s'interpénètrent, dans la perspective d'assurer l'autosuffisance en fourrages et en paille sur le territoire concerné.

2.1. La posture adoptée

Les situations expérimentales envisagées visent à articuler les conditions agronomiques et techniques dans lesquelles les systèmes peuvent fonctionner durablement sur les plans biologique et écologique, tout en satisfaisant un projet de production, et non pas à échafauder des systèmes viables (Landais, 1998), même si la viabilité peut, comme on le verra, être évaluée à partir des résultats expérimentaux. En effet, si on intègre d'emblée la viabilité économique dans le prototypage des systèmes, ce sont l'environnement et l'agronomie qui servent de variables d'ajustement, ce qui rend illusoire le maintien d'un équilibre écologique et agronomique des systèmes. Par exemple, si on voulait bénéficier du montant maximum des primes, comme le font nombre d'éleveurs, on choisirait la prime allouée aux surfaces cultivées (SCOP) plutôt que la prime à l'herbe. Or, ce choix conduit à utiliser des espèces fourragères plus productives aux dépens de cultures plus diversifiées. Il en résulte une intensification des systèmes fourragers qui génère une dépendance accrue vis-à-vis des fournisseurs en ressources azotées (aliments du bétail et engrais) et une plus grande quantité de déjections animales dont il faut se débarrasser. La pertinence économique de ce choix pourtant contestable sur le plan agronomique n'a d'ailleurs pas été démentie sur le plan économique avec la mise en place des DPU (droits à paiement unique).

C'est pourquoi nous ne choisissons pas de concevoir les systèmes qui optimisent le montant des primes dans le contexte des politiques publiques actuelles. Nous postulons seulement, que si les productions issues de ces systèmes sont respectueuses de l'environnement, alors elles pourront justifier, dans un contexte futur de politiques publiques éventuellement révisées, l'octroi de soutiens publics, voire le nécessiter au cas où elles ne seraient pas viables. C'est toutefois aux décideurs politiques qu'il appartient de choisir d'assurer ou non la pérennité de tels systèmes de production.

2.2. Des milieux différenciés

Les atouts agronomiques du territoire

Au plan agronomique, la Lorraine comprend schématiquement des plateaux calcaires de type Barrois et des plaines argileuses. Ces caractéristiques de sols différenciées sont présentes sur le territoire de l'installation expérimentale de l'unité de recherche SAD ASTER-Mirecourt, localisé au sein du Plateau lorrain sud. C'est la raison pour laquelle, dans la perspective de « faire avec le milieu », nous sommes en mesure de proposer, à l'échelle de ce territoire, un modèle réduit du découpage régional.

Pour cette conception de deux systèmes d'élevage laitier biologique complémentaires, les potentialités des parcelles ont été définies à partir de la connaissance des réalités locales des membres de l'installation expérimentale de l'INRA de Mirecourt, forts de l'expérience acquise au cours des 20 années précédentes. Ainsi, depuis 2003 et le début de cette conversion, les terres argileuses, dont l'occupation la plus raisonnable est la prairie, ont été réservées aux prairies permanentes (130 ha) alors que les sols argilo-calcaires ont été affectés aux cultures (110 ha).

La configuration des systèmes

Malgré les enjeux scientifiques du projet, la configuration des systèmes est restée très dépendante de la référence laitière détenue par l'IE. Ceci asseyait d'ailleurs en partie sa légitimité aux yeux des gestionnaires des systèmes et du milieu professionnel susceptible de bénéficier des résultats de l'IE (qui œuvre depuis bientôt un demi-siècle pour la zootechnie française). Rappelons que le financement des IE de l'INRA, et donc leur fonctionnement, est assis sur le montant des recettes prévisionnelles, ce qui peut intrinsèquement limiter les capacités à innover. C'est pourquoi le troupeau de 100 vaches et le maintien d'une production approchant la réalisation de la référence laitière de 586 000 litres (référence taux butyreux : 38,4 g/l de lait) étaient implicitement indissociables du projet de recherche envisagé.

Dès lors que la configuration drion du système herbager (SH) a été dessinée, soit 80 ha de prairies pour 40 vaches laitières VL (50 % Holstein Hn et 50 % Montbéliarde Mo), et leur renouvellement fixé, il restait donc environ 350 000 à 400 000 litres de lait à faire produire par le second système : un système de polyculture-élevage (SPCE). Ce SPCE est composé d'une sole cultivée de 110 ha et de 50 ha de prairies permanentes, et les surfaces fourragères de ce système sont valorisées par un troupeau d'environ 60 VL (50 % Holstein et 50 % Montbéliarde) et leur renouvellement.

La localisation des systèmes dans le territoire

La conception des systèmes est réalisée sur la base d'un découpage du territoire qui intègre à la fois des données agronomiques et géographiques concernant les parcelles, ainsi que des données logistiques. C'est ainsi que les parcelles du territoire configuré sont affectées aux systèmes selon leur accessibilité par les vaches laitières, mais aussi, pour le territoire cultivable, selon leur capacité à recevoir une culture de luzerne et leur portance en sortie d'hiver, déterminant leur capacité à recevoir des céréales de printemps.

Il en résulte une configuration (i) de 4 blocs de culture se distinguant par leur rotation intégrant l'alternance ou non de céréales d'hiver et de printemps, et (ii) d'îlots de prairie. Précisons que la configuration des deux systèmes a été réalisée sur la base d'un seul corps de ferme et d'une salle de traite unique, limitant le parcellaire accessible aux VL à 80 ha pour les deux systèmes.

De plus, le SPCE répond à des exigences agronomiques liées au dispositif : il s'agit d'assurer son autosuffisance en fourrages et l'autosuffisance en paille des deux systèmes, condition nécessaire au bouclage du cycle des éléments et à la limitation des transferts de fertilité entre les fermes. Concrètement, compte tenu des effectifs de vaches laitières prévus et des durées d'hivernage, ces besoins ont déterminé la succession culturale pratiquée sur les 4 blocs de cultures. Le calcul prévisionnel des ressources en paille nécessitées par les deux troupeaux en stabulation libre paillée a exigé de limiter le « besoin en paille » par la construction de logettes avec tapis pour les VL du SH. Ainsi, le besoin en paille des troupeaux (SH et SPCE) est limité à 130 à 140 tonnes par an (soit la production d'environ 60 ha de céréales à paille).

2.3. Deux systèmes complémentaires

Les deux systèmes s'inscrivent dans la perspective d'une agriculture qui n'utilise que les productions de son territoire agricole. Chacun des deux systèmes satisfait des exigences particulières :
– pour le SH, il s'agit de produire du lait à partir de la seule prairie permanente et donc sans apport de concentrés ;
– pour le SPCE, il s'agit de produire des céréales destinées aussi bien à la vente qu'à l'alimentation des animaux et du lait.
Ces deux systèmes sont articulés sur le plan technique mais aussi sur le plan commercial.

Des vêlages groupés mais décalés, de manière à assurer une livraison régulière de lait

Concernant le SH, le dispositif prévoit de grouper les vêlages des 40 vaches laitières sur 3 mois en fin d'hiver (15 février-15 mai) pour mettre en correspondance les besoins de production laitière des vaches avec la disponibilité d'herbe à pâturer. On peut donc raisonnablement attendre une saisonnalité de la production laitière du SH présentant deux extrêmes : un pic de lactation en mai, accentué par la disponibilité importante d'herbe de bonne valeur nutritive, et une période de non-production en janvier correspondant au tarissement du troupeau. Or, l'industrie laitière souhaite une production la plus régulière possible au cours de l'année. C'est pourquoi dans le cadre de l'articulation entre les deux systèmes, la production laitière du SPCE vise à « lisser » la courbe de livraison permise par le SH et notamment à produire dès la fin de l'été. Ainsi, les vêlages des 60 vaches laitières du SPCE ont également été groupés sur 3 mois, en fin d'été et début d'automne (15 août-15 novembre), permettant, à l'échelle du petit territoire de l'IE, une production de lait mieux répartie sur l'année, malgré un creux estival marqué. La production de lait estivale, alors que les ressources fourragères sont souvent limitées, pose problème dans de nombreux systèmes d'élevage pâturant. Pour produire du lait économe en moyens (azote, investissements, stocks…) dans un système de polyculture, il est possible de recourir à la prairie semée, artificielle ou temporaire. Les perspectives de changement climatique invitent à retenir une espèce fourragère productive même en situation hydrique limitante. Compte tenu des sols disponibles sur l'IE, nous avons retenu la luzerne (associée au dactyle) cultivée durant trois ans, qui fournit aux animaux un fourrage équilibré et contribue simultanément au maintien de la fertilité des sols. De plus, la période de vêlages, positionnée en fin d'été et début d'automne, permet par le biais d'un tarissement estival du troupeau de VL, de limiter le chargement sur les parcelles accessibles et de le faire pâturer sur une surface élargie afin de pallier la baisse de production des prairies.

Des animaux au service de la fertilité des sols

Concevoir des systèmes d'élevage qui contribuent au maintien des potentialités du milieu conduit à considérer l'animal comme un outil au service de la fertilité des sols. Tout d'abord, l'élevage de ruminants dans les systèmes de culture permet d'introduire dans les rotations culturales, des surfaces fourragères dont les productions sont directement utilisées sur place. Parmi celles-ci, les prairies temporaires et artificielles présentent de nombreux atouts agronomiques bénéfiques à l'ensemble de la rotation culturale : limitation de la population d'adventices, contribution au stock organique du sol, fixation et apport d'azote utilisable par les cultures de vente.
L'animal, véritable composteur de cellulose, restitue directement *via* les bouses et les pissats au pâturage, ou indirectement *via* les fumiers, composts et lisiers produits dans les bâtiments, des éléments organiques et minéraux au sol. Cette restitution est la clef de voûte des systèmes de polyculture-élevage. Au sein de chacun des deux

systèmes, SH et SPCE, cette restitution est spatialement ciblée afin de préserver la fertilité du territoire : ainsi les épandages des amendements organiques fabriqués dans les bâtiments sont réalisés exclusivement sur les surfaces non pâturées ou faiblement pâturées.

3. Des performances agronomiques à ajuster, une contrepartie économique satisfaisante

Chacun des systèmes mis en place constitue un essai de longue durée. Le dispositif d'évaluation qui y est associé prévoit de dresser un tableau de bord de leur durabilité agro-environnementale. Dans ce qui suit, nous présentons les résultats techniques et économiques obtenus à l'issue de 4 ans de fonctionnement pour le SH, et de 3 ans pour le SPCE. En effet, malgré une conversion simultanée à l'AB (septembre 2004 à septembre 2006), le SPCE a connu une mise en place plus lente que le SH.

3.1. La production laitière

Le taux de réalisation de la référence laitière varie de 83 à 98 %. La production livrée (2 systèmes confondus) varie de 1 880 l/ha SAU à 2 200 l/ha SAU alors qu'elle dépassait 2 200 l/ha avant la conversion.

Tab. 1 Production laitière en litres/ha

Année	2002	2003	2004	2005	2006	2007	2008
Lait/ha SAU	2 260	2 225	2 540	2 080	2 200	1 880	2 030

Certains s'étonneront que la référence laitière ne soit jamais réalisée depuis la conversion et argueront que cette situation n'est pas « viable », ce que les résultats obtenus contredisent (cf. infra). En outre, nous avons précisé que le dispositif ne visait pas d'abord à assurer la viabilité économique mais l'équilibre écologique et agronomique des systèmes dans leur territoire. Enfin, est-il sérieux d'envisager produire un volume défini sur la base d'un système dispendieux quand les moyens mis à disposition sont désormais limités aux seules capacités permises par le milieu ?

On note que les productions de lait de chaque système sont assez complémentaires au moins jusqu'au début de l'année 2008 ; ainsi la courbe de livraison de lait du territoire est relativement « lissée » et proche des objectifs fixés.

Fig. 1 Productions laitières journalières des systèmes SH et SPCE et du territoire (cumul d'octobre 2006 à juillet 2008)

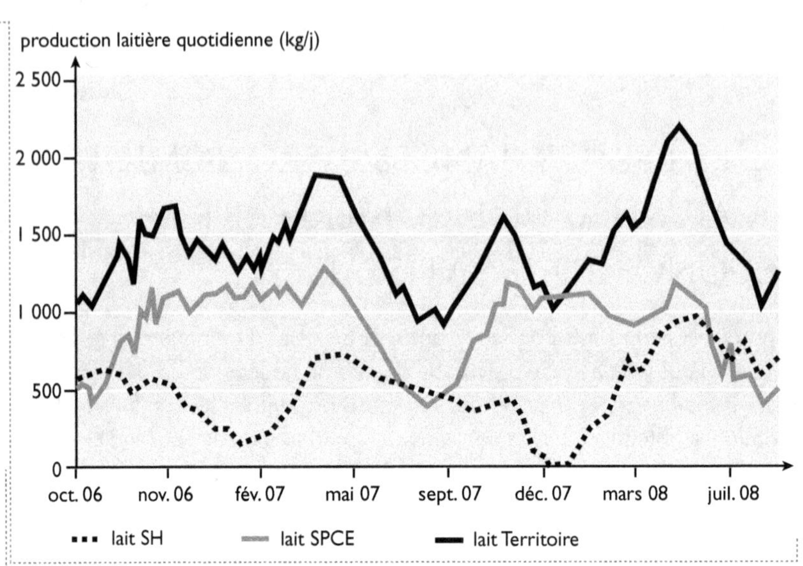

3.2. Les résultats agronomiques

Le bouclage du cycle des matières repose sur une complémentarité entre les ressources produites par le territoire du SPCE et leur utilisation par les troupeaux : troupeaux du SPCE pour ce qui concerne les fourrages et troupeaux du SH et du SPCE concernant la paille et le grain pour la fourniture de concentrés. Ainsi, le bouclage du cycle des éléments sur le SPCE est assuré par (i) un équilibre entre la production de fourrages et de paille, et leur utilisation par les animaux qui permet une restitution *via* leurs effluents, et (ii) une restitution des éléments minéraux et organiques par le SH sous forme de fumier en compensation des aliments concentrés (dédiés aux veaux) et de la paille qui lui ont été fournis par le SPCE.

L'équilibre entre les productions de fourrage et de paille et leur utilisation par les troupeaux varie en fonction des productions fourragères et des productions de paille du territoire, mais aussi en fonction des besoins des troupeaux, ce qui nécessite des ajustements permanents.

Une fluctuation des ressources fournies par le SPCE qui rend difficile le bouclage du cycle des matières

La détermination des soles de cultures annuelles est contrainte par : (i) la nécessité d'une surface minimale de prairie accessible aux vaches laitières, pour compléter les prairies permanentes pâturées durant la période estivale, (ii) la nécessité d'une surface minimale de cultures céréalières afin de couvrir le besoin en paille des troupeaux et (iii) le respect des rotations culturales afin d'assurer le bon fonctionnement agronomique des systèmes. La coexistence de rotations de 6 ans et de 8 ans sur le parcellaire et l'hétérogénéité des surfaces des parcelles entraînent des fluctuations des différentes espèces de cultures d'une année sur l'autre.

Fig. 2 Surfaces consacrées aux cultures sur l'IE ASTER-Mirecourt

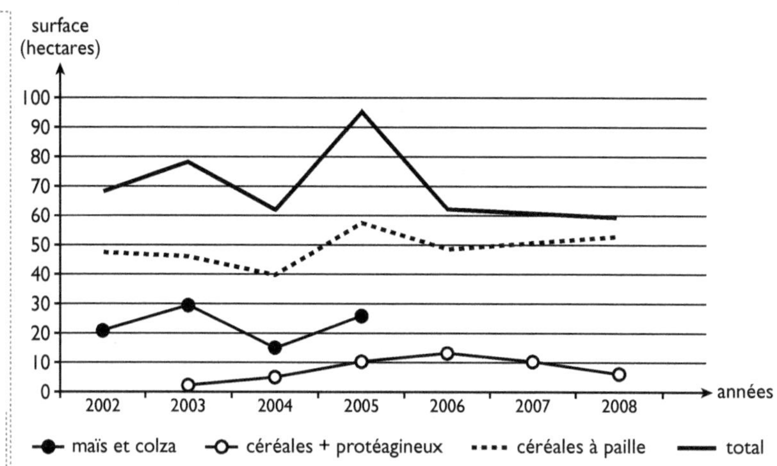

Ces fluctuations des soles de cultures peuvent être anticipées par des reports de stocks pour pallier d'éventuels déficits. Cependant, à ces variations prévues, s'ajoutent des variations de rendement, entraînant des fluctuations importantes des ressources disponibles pour les troupeaux.

De 2006 à 2008, les rendements des céréales secondaires (avoine, tricicale, seigle, orge…) et des associations céréales/protéagineux (triticale/pois, avoine/féverole, orge/lupin) de printemps ont été faibles (rendements moyens annuels de 5 à 26 qx/ha). Les rendements des céréales secondaires et des associations céréales/protéagineux d'hiver ont été globalement plus élevés (rendements moyens annuels de 11 à 44 qx/ha). Les récoltes de blé (rendements moyens annuels de 22 à 55 qx/ha) ont été destinées à la vente pour la meunerie et ont toujours satisfait l'exigence de qualité (une teneur en protéine minimale de 11 %). Si la récolte avait été déclassée, elle aurait alors été affectée au troupeau, ce qui ne s'est pas produit en 2007 et 2008 (teneurs en protéines de blés comprises entre 11 et 18 %), années de commercialisation des produits sous le signe de qualité AB.

Fig. 3 Ressources en paille disponible sur l'IE ASTER-Mirecourt (cumul annuel)

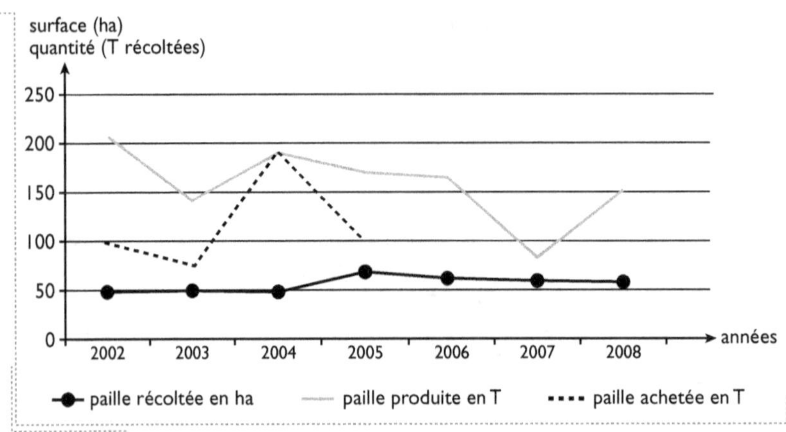

Afin de faire face à une réduction de la production de paille, la diminution du besoin peut également passer par une substitution de la paille par du mauvais foin pour réaliser la litière des génisses dans les deux systèmes (SH et SPCE). C'est ce qui s'est passé durant l'hiver 2007/2008. Le chargement animal sur le territoire conduit à la production de 1 000 tonnes de fumier et de 600 m³ de lisier.

Depuis 2005, nous accordons une place de plus en plus importante à la productivité en paille des céréales. C'est pourquoi des essais de variétés anciennes de blé, connues pour leur productivité en paille, sont conduits sur l'IE et que les surfaces d'orge de printemps diminuent au profit de céréales secondaires (triticale et le seigle) plus productives en paille.

Pour respecter le principe d'économie des systèmes, l'équilibre des ressources et des besoins en fourrages et en paille est obtenu par un ajustement des effectifs d'animaux. Le déficit en fourrages à l'entrée de l'hiver 2006/2007, causé par des récoltes fourragères relativement faibles en 2006 et une absence de report de stock des récoltes 2005, ont conduit à réformer 8 VL (dont 4 VL fraîchement vêlées : 2Hn et 2 Mo) ainsi que 5 génisses Montbéliardes de 24 mois.

Une pérennité du système herbager compromise par les performances de reproduction

Le système herbager repose sur l'élevage d'un troupeau d'environ 40 vaches laitières et les génisses nécessaires à leur renouvellement, ce renouvellement devant être le plus limité possible pour accroître la longévité des vaches.
Depuis la conversion, nous notons une régularité accrue de la croissance de l'herbe, avec un écrêtement significatif du pic de pousse printanier. Malgré l'absence de fertilisation azotée minérale, le niveau de production des prairies permanentes du SH est resté relativement élevé, ce qui n'est certainement pas sans lien avec un climat favorable à la pousse de l'herbe sur la période 2005-2008.

La période de pâturage a été prolongée au printemps et à l'automne de façon à maximiser le pâturage dans la ration et ainsi gagner environ un mois par rapport à l'avant-conversion. Cette conduite nous a permis d'assurer des périodes de pâturage des VL de 242 jours/an en moyenne, et de recourir, en moyenne, à moins de 2 t MS/VL/an de fourrages conservés.

C'est pourquoi compte tenu du niveau de chargement global – moins de 0,9 UGB/ha – les stocks constitués sont si importants : 421 t MS, ce qui représente 3 fois la consommation de foin de la campagne 2007-2008 (145 t MS).
Ce tonnage excessif, outre qu'il mobilise un volume important des capacités de stockage, interroge la dynamique des cycles des éléments minéraux : les stocks de foin représentent en effet une biomasse organique et minérale immobilisée.

Envisager une période de mise à la reproduction des vaches d'environ 3 mois, en fin d'hiver (15 février-15 mai), dans le cadre d'une stratégie d'alimentation sans complément, ne pouvait que présenter des risques de détérioration des performances de reproduction du troupeau, puisque ces performances dépendent du niveau d'alimentation. Ainsi, dès 2005 les résultats de reproduction se sont avérés compromettants pour la pérennité du troupeau, puisque seulement une vache laitière sur trois avait été fécondée durant la période de reproduction visée.
Afin de maintenir un effectif de vaches suffisant pour pérenniser le troupeau en 2006, 14 vaches laitières non gestantes (9 Hn et 5 Mo), dont les performances de production étaient satisfaisantes, ont été conservées pour une mise à la reproduction au cours de la campagne suivante. Les lactations de ces vaches ont été prolongées.

3.3. Les résultats économiques

Si l'on a insisté plus haut sur l'importance de s'affranchir de la question de la viabilité économique au moment de la conception du système expérimental de manière à ne pas privilégier le regard comptable aux dépens du regard agronomique, une fois les systèmes en place et les résultats disponibles, il est bien entendu possible et même essentiel d'évaluer la viabilité de ces systèmes.
Les résultats montrent que la production est viable et que cette viabilité s'accompagne d'une économie de moyens mobilisés du fait d'un usage mieux raisonné des ressources, en particulier énergétiques.
La surface travaillée après la conversion est de 110 ha contre 80 ha avant la conversion ; pourtant l'utilisation des machines est diminuée, du fait surtout du changement de système fourrager : la culture du maïs a cessé et avec elle la récolte en ensilage (maïs et herbe). Avec l'arrêt de la distribution de rations complètes, a aussi été abandonnée l'utilisation de la remorque distributrice de fourrages.
La diminution du cheptel (arrêt de la production de bœufs et de taurillons, chargement passant de 1,4 à 1 UGB) s'accompagne d'une diminution de la manutention de fumier dont les tonnages bruts ont été réduits de moitié.

Tab. 2 Moyens mis en œuvre avant et après la conversion

	Avant	Après
Heures de tracteur	3 800	3 000
Litres de fioul	25 000	18 000
Tonnes de fumier	2 000	1 000
Cubage de lisier	0	600

La conversion a nécessité deux investissements importants :
– l'aménagement d'une stabulation libre paillée en 48 logettes équipée de tapis caout-
chouc (112 k€) ;
– la réalisation d'une installation de stockage de grains (2 300 quintaux) pour 50 k€.

La viabilité est appréciée à l'échelle du territoire, en comparant les résultats obtenus
suite à la conversion à ceux d'avant la conversion.
Les soldes monétaires globaux qui sont donnés dans le tableau qui suit concernent les
dépenses courantes d'une installation expérimentale. En sont notamment exclus la rémunéra-
tion du personnel, restée constante à la conversion à l'AB, et les remboursements d'emprunts.

Tab. 3 Principaux mouvements de trésorerie constatés avant et après la conversion

Montant (k€)	Moyenne 2002-2004 Système conventionnel	Moyenne 2007-2008 Système biologique
Recettes lait	195	170
Recettes viande	63	45
Recettes végétaux	26	12
Subventions	52	83
Total recettes	336	310
Dépenses courantes	60	20
Solde recettes-dépenses	276	290

Tab. 4 Principales dépenses avant et après la conversion

Dépenses (k€)	concentrés	engrais	vétérinaire	semences	paille
Avant	23	10	8	5,6	1,6
Après	0	0	6	8,5	0

On note que les montants du solde de trésorerie disponible avant et après conversion
sont très proches ; l'économie de dépenses compense un montant des ventes plus
faible. Les ressources disponibles sur le territoire ont conduit à la suppression de la
production de bœufs (ponctuellement réintroduite en 2007 afin d'écouler les surplus
de stocks fourragers du SH) et de taurillons, et à la diminution des ventes de lait et de
cultures de vente. L'accroissement de dépenses de semences s'explique par la nécessité
agronomique de renouveler les surfaces consacrées aux prairies temporaires et donc
d'implanter régulièrement les surfaces correspondantes.

4. LE SOUCI DES ÉQUILIBRES ET LA RECHERCHE DES COMPLÉMENTARITÉS

Les premières années de fonctionnement des systèmes testés sur l'IE de Mirecourt, permettent, dès à présent, de discuter la place de l'agronomie dans la conception des systèmes. Parmi les enseignements à tirer de cette expérimentation, on s'attardera sur la recherche des équilibres, l'intégration des systèmes et l'intérêt de la complémentarité.

4.1. L'arbitrage entre objectifs agronomiques et zootechniques

Les systèmes testés ont été conçus en privilégiant une vision agronomique du territoire agricole de 240 ha, constituant l'IE de Mirecourt à partir d'une représentation agronomique de différentes situations pédoclimatiques (terres argileuses humides et sols argilo-calcaires portants et plus séchants). En affectant les terres argileuses aux prairies naturelles, on conçoit un élevage lié au sol et un système herbager spécialisé en lait. L'association des troupeaux et des systèmes de culture conduit à des arbitrages entre effectifs des animaux et production de paille et fourrages. Elle oblige aussi et simultanément à considérer (i) les conditions de portance des parcelles, pour les troupeaux laitiers pâturants ; (ii) l'organisation des chantiers de récolte et des autres interventions culturales ; (iii) l'utilisation des amendements fabriqués (fumier et lisier).
Cet arbitrage conduit parfois à des choix difficiles. Ainsi, quand les ressources en fourrages grossiers sont trop limitées, il est tentant d'utiliser les grains récoltés pour tenter de compenser l'insuffisance des ressources. Pourtant, quand ces grains sont des blés panifiables, faut-il les réserver aux animaux ou les vendre, au risque de ne pas optimiser les rations distribuées aux animaux ?

4.2. Le souci des équilibres à construire

Les enseignements de 4 années de fonctionnement nous invitent à reconsidérer la question de l'optimisation des facteurs au profit de la recherche d'un équilibre entre les ressources. Deux exemples illustrent cette évolution ; le premier concerne le groupage des vêlages, le second intéresse l'importance des troupeaux.

Le groupage des vêlages

Le groupage des vêlages visait à faire coïncider la disponibilité de l'herbe pâturable et les besoins alimentaires des animaux du SH. L'arrêt de la fertilisation azotée au printemps sur les pâtures du SH, et les années climatiques de 2005 à 2008, questionnent fortement ce choix du fait de la relative régularité de croissance de l'herbe. En effet, cette régularité autorise des vêlages étalés tout en maximisant l'usage de l'herbe pâturée dans les rations des VL. Elle permet d'envisager des carrières de vaches laitières plus longues. Cette option conduirait à un moindre renouvellement et donc à des effectifs plus faibles de génisses permettant d'accroître les effectifs de VL du SH à surface constante. Cette option d'étalement des vêlages réinterrogerait également la complémentarité de livraison de lait des deux systèmes à l'échelle du petit territoire, autorisant également des vêlages étalés dans le SPCE.

Les effectifs animaux

Nous constatons que dans le SPCE, la trésorerie en fourrages, mais surtout en paille est tendue, et à l'inverse dans le SH, les stocks fourragers sont excessifs.

Concernant le SH, ce constat inviterait à revoir le chargement animal à la hausse. Pourtant, cette option se heurte à des obstacles structurels : des surfaces accessibles pour le pâturage et un bâtiment qui limitent les effectifs à 42 VL.

Concernant le SPCE, c'est l'équilibre entre la place accordée au troupeau et la place accordée aux cultures non fourragères qui est interrogé. Un allongement des rotations culturales, en accordant une place plus importante aux cultures céréalières, permettrait d'assurer l'autosuffisance des SH et SPCE en paille, mais obligerait à diminuer les effectifs de VL du SPCE, en raison d'une réduction de la surface fourragère. De plus, avec l'allongement des rotations, on accroît les difficultés de gestion des adventices dans les cultures annuelles. Ces adventices peuvent être, en partie, maîtrisées par le travail du sol : pourtant dans la perspective d'une agriculture économe, la multiplication des passages d'outils n'est guère envisageable.

Ainsi, la gestion d'excédents fourragers dans le SH et d'une trésorerie en paille et fourrage tendue dans le SPCE nécessite un réajustement des systèmes. Ces redimensionnements impliquent des réinterrogations fortes de la cohérence de chacun des systèmes. De plus, dans l'optique d'une complémentarité territoriale des systèmes, la modification éventuelle des effectifs animaux et des surfaces en paille interroge plus globalement les termes de la complémentarité entre les deux systèmes.

4.3. Une complémentarité encore trop limitée

La polyculture-élevage que nous avons expérimentée concerne l'association de systèmes de culture et de deux troupeaux laitiers déclinée dans deux systèmes. Nous avons montré que la complémentarité marchande des deux productions laitières était effective et qu'ainsi, plusieurs exploitations mutualisant leurs moyens pouvaient satisfaire les exigences de leurs clients. La complémentarité technique entre systèmes est encore limitée puisqu'elle concerne essentiellement l'échange paille/fumier pour les animaux du SH et la fourniture de concentrés pour les génisses du SH. Certes, la forte spécialisation laitière du SH sans recours aux concentrés limite les échanges possibles. Pour autant, l'occurrence d'événements climatiques anormaux durant les 4 dernières années a été telle qu'elle n'a pas permis de tester la robustesse de la complémentarité à l'échelle du territoire.

Parmi les modalités d'ajustement nécessaires au fonctionnement des systèmes, des complémentarités entre ces systèmes pourraient être envisagées. Avec des rotations culturales plus longues dans le SPCE, permettant de répondre au besoin en paille, les possibilités d'intercultures seraient multipliées et on pourrait ainsi accroître leur présence dans les rotations. L'introduction systématique de cultures dérobées dans les intercultures permettrait alors de constituer une surface fourragère additionnelle. Ces cultures joueraient aussi le rôle d'engrais verts, qui sur le plan agronomique, assurent une certaine fertilité des sols. En effet, l'implantation systématique d'engrais verts durant l'interculture permet d'accentuer la concurrence vis-à-vis des adventices et de substituer le travail mécanique du sol par une activité biologique (faune du sol). Sur le plan zootechnique, les couverts d'interculture mettent à disposition une biomasse pâturable en fin d'automne, au moment même où les stocks d'herbe sur pied s'amenuisent. L'enjeu devient alors d'introduire de nouveaux animaux dans le SH pour consommer les productions fourragères excédentaires de ce système et aussi contribuer à la gestion agronomique des parcelles cultivées du SPCE par le pâturage des intercultures. L'espèce ovine, compte tenu de la souplesse de sa conduite (durée de stabulation, piétinement) et de l'efficacité de son pâturage des espèces adventices[2] pourrait être envisagée. L'animal redevenu multifonctionnel pourrait à nouveau jouer un rôle dans la gestion de systèmes de polyculture-élevage, voire même au sein de territoires agricoles constitués de systèmes relativement spécialisés. Bien qu'elle soit envisageable pour des exploitations de polyculture-élevage, cette option n'a pas été retenue, puisque nous avons choisi de résorber les excès de fourrages par l'introduction d'un troupeau de bœufs sur le SH.

CONCLUSION

Partant de l'idée qu'il était pertinent d'utiliser les ressources biophysiques disponibles au service d'un projet de production en AB qui respecte le lien au sol, nous avons construit, sur une unité expérimentale, un système laitier herbager SH articulé avec un système mixte SPCE associant des cultures annuelles et un troupeau bovin laitier. Avec comme préoccupation majeure le maintien de la fertilité du territoire concerné, nous avons été conduits à envisager l'autosuffisance en paille du territoire. Les deux systèmes répondent au cahier des charges de l'agriculture biologique. Parce qu'ils visent en outre l'autosuffisance alimentaire, ils permettent une économie de moyens et sont gages de sauvegarde des ressources non renouvelables (fertilité, biodiversité, air et eau). Les résultats obtenus après 4 ans de fonctionnement indiquent que le niveau des productions tant végétales qu'animales permises par le territoire est inférieur à celui enregistré avant la conversion. Toutefois le choix d'une conduite économe réduit considérablement les dépenses, si bien que le solde de trésorerie courante reste comparable. L'enjeu fixé au dispositif – le lien des productions animales au sol – est difficile à tenir

---

2. La vaine pâture était pratiquée dans la plaine des Vosges jusqu'au milieu des années 1960 : des troupeaux de moutons pâturaient dans les chaumes de céréales, ce qui permettait un affouragement peu coûteux, tout en limitant la population d'adventices dans les champs cultivés.

dans le format actuel des deux systèmes. Une des difficultés est la capacité à faire face aux variations de rendement parfois importantes, qui ont même conduit à une réduction momentanée des effectifs d'animaux (bœufs). Un des enseignements du dispositif est la possibilité de conduire un troupeau de vaches laitières uniquement avec de l'herbe en supprimant l'apport de concentrés. Il s'agit de concevoir un autre mode d'élevage et en particulier d'oser poursuivre des lactations au-delà des 300 jours standard.

Avant d'envisager l'éventuelle reconfiguration des systèmes, nous avons d'ores et déjà procédé à des ajustements, soit en réintroduisant un lot de bœufs dans le SH, soit en adaptant le fonctionnement des systèmes de culture dans le SPCE, par le choix d'espèces plus productives en paille et la généralisation des intercultures pour accroître la production de fourrages et le contrôle des adventices.

Toutes ces modifications consécutives à la conversion requièrent de porter une plus grande attention aux comportements des cultures, des prairies et des animaux. En effet, parce que les éventuelles solutions curatives sont prohibées, soit par le cahier de charges soit par l'exigence d'économie fixée par le dispositif expérimental, nous avons dû apprendre à anticiper. Le changement de posture vis-à-vis du milieu naturel, parce qu'il place ce milieu comme un élément déterminant des caractéristiques des systèmes agricoles, nécessite un renouvellement progressif des méthodes mobilisées pour la conception des systèmes.

En nous plaçant dans une posture déterministe vis-à-vis du milieu, et en conduisant des systèmes avec la volonté de préserver les ressources naturelles (eau, air et énergie), le savoir scientifique est vite limité dans bon nombre de domaines. C'est pourquoi le savoir expert a occupé et occupe encore une place prépondérante dans la conception et la conduite des systèmes expérimentés sur l'IE de Mirecourt : expertise des gestionnaires de l'IE et d'agrobiologistes de la région, dont les pratiques sont assises sur la prévention et l'anticipation.

Cette conception relativement empirique s'explique par la volonté d'instruire une relation de coproduction avec la nature (Van der Ploeg, 2008). Entretenir une relation intime avec les ressources naturelles disponibles, c'est aussi une certaine façon de concevoir l'action et notamment celle de pouvoir entrer en relation aléatoire avec le milieu. L'entrée agronomique n'y suffit pas, car elle n'instaure pas systématiquement la prise en compte du milieu dans son rapport à l'action.

Cependant pour « faire avec le milieu » en tentant de concilier exigences de la filière lait et ressources du territoire, nous avons envisagé ce territoire essentiellement comme un espace de production de matières premières. Pourtant l'IE est établie aux portes d'une agglomération de 5 000 habitants. Dès lors elle constitue un espace de passage, sinon de promenades pour ses résidents. Elle est aussi un lieu de production, qui pourrait offrir des denrées alimentaires à des consommateurs proches. Tenter d'impliquer ces résidents dans la conception des systèmes et en particulier dans leurs finalités productives et environnementales serait pour l'avenir ou pour d'autres expérimentations un challenge intéressant à relever.

BIBLIOGRAPHIE

AURICOSTE C. *et al.*, 1985. «Points de vue d'agronomes sur l'évaluation des potentialités agricoles des terrains en friches ou en parcours», *Bulletin technique d'information*, 399/401.

CLAVAL P., 2000. *La géographie au temps de la chute des murs*, L'Harmattan.

COQUIL X. *et al.* 1984. *Crise, hétérogénéité du milieu et systèmes de production agricole*, Congrès international de géographie.

DELÉAGE E., 2004. *Paysans de la parcelle à la planète; socio-anthropologie du Réseau agriculture durable*, Syllepse.

HUBERT B., MATHIEU N., 1992. «Potentialités, contraintes, ressources : récurrence ou renouveau bien tempéré», *in* JOLIVET M. (éd.) *Les passeurs de frontières*, CNRS.

LANDAIS, 1998. «Agriculture durable : les fondements d'un nouveau contrat social?», *Courrier de l'environnement de l'INRA*, 33.

MAZOYER M. ET ROUDART L., 1997. *Histoire des agricultures du monde : du néolithique à la crise contemporaine*, Le Seuil.

VALENTINOV V., 2008. «On the origin of rules : between exchange and self-sufficiency», *The social science journal*, 45 (2).

VAN DER PLOEG J.D., 2008. *The New peasantries : struggles for autonomy and sustainability in an era of Empire and Globalization*, Earthscan, Angleterre.

VERMERSCH P., 2007. *L'éthique en friche*, éditions Quae.

VIDAL DE LA BLACHE P., 1921. *Principes de géographie humaine*, A. Colin.

Diversité des trajectoires
de transition vers l'AB

Les chapitres précédents témoignent de la diversité des trajectoires de transition vers la bio, à la fois liée aux systèmes de production et aux caractéristiques de l'entrée en AB. La typologie présentée en introduction de l'ouvrage, qui définissait trois types de trajectoires correspondant respectivement au renforcement d'une orientation d'exploitation déjà engagée dans des pratiques proches de l'AB, à la bifurcation vers une nouvelle orientation, et à l'installation directe en AB, demanderait à être complexifiée dans la mesure où les bifurcations englobent des cas de figure très variés, avec des degrés très différents de changement des pratiques. De fait, on a une diversité des étapes possibles entre des pratiques proches du cadre de référence de l'agriculture conventionnelle (mais où les produits chimiques sont remplacés par des produits autorisés en AB) et des pratiques conduisant à une redéfinition plus globale d'un mode de production. Les trajectoires des exploitations peuvent dans certains cas enchaîner ces étapes, dans d'autres s'arrêter à l'une d'elle ou en omettre certaines.

Cette diversité des trajectoires peut être organisée à l'aide de la grille ESR (pour Efficience Substitution Reconception), décrivant les paradigmes en matière de pratiques de protection des cultures, proposée par Hill (1985) et reprise par des auteurs en agroécologie (Rosset et Altieri, 1997 ; Gliessman, 2007), et parfois aussi appelée RRR (pour Réduction Remplacement Reconception, Le Pichon, 2009).
L'efficience (E) vise à réduire les intrants et leurs impacts négatifs, en s'appuyant sur les développements technologiques et pratiques disponibles (outils, interventions mieux ciblées…).
La substitution d'intrants (S) par des méthodes alternatives et des produits plus respectueux de l'environnement (fixation d'azote symbiotique, lutte biologique, travail du sol minimal) peut aller jusqu'à une suppression de tous intrants chimiques et donc un passage en AB, mais sans forcément modifier le fonctionnement du système.

La reconception (R) vise à faire fonctionner un agroécosystème sur la base d'un nouvel ensemble de processus écologiques (introduction d'infrastructures écologiques, modifications d'usage des sols et de combinaisons d'activités). Elle modifie de façon plus profonde des unités de production en soutenant de façon plus autonome leur propre fertilité, une régulation naturelle des ravageurs et la productivité agricole. Il s'agit d'éliminer les causes des problèmes qui se manifestent en E et S en particulier en articulant des pratiques agronomiques permettant une combinaison d'effets partiels. Cette troisième vision est revendiquée par de nombreux acteurs de l'AB.

A minima, la conversion à l'AB correspond à la substitution d'intrants chimiques par de nouveaux intrants non chimiques (S). Il est alors possible de rester dans cette logique (S), d'aller vers la recherche d'intrants éligibles en AB et plus efficients (S-E), ou encore de s'engager dans une reconception plus globale du système (R). Autrement dit, cette grille permet de décrire des cheminements différents dans les trajectoires des exploitations. Elle permet aussi d'opposer une vision technologique, associée aux notions d'efficience des intrants et/ou de substitution d'intrants biologiques aux intrants chimiques, à une vision plus écologique, correspondant au paradigme de reconception. Dans un cas, on vise les technologies pouvant répondre aux problèmes qui se posent avec la conversion à l'AB. Dans l'autre, on cherche à s'appuyer sur des processus écologiques, en particulier en matière de protection des cultures.

Les chapitres précédents nous ont donné de nombreux exemples illustrant cette lecture. Par exemple en arboriculture, sur la question du carpocapse, une technique nouvelle comme le filet alt-carpo® peut apparaître à certains comme relevant d'une démarche de substitution, tandis que l'installation de haies pouvant favoriser des régulations biologiques relèverait plus d'une démarche de reconception.

En grandes cultures, nous avons vu que coexistaient des systèmes biologiques intensifs et spécialisés, en général dépendant des intrants externes et s'apparentant à une démarche de substitution, et des systèmes bien plus extensifs et/ou diversifiés, souvent appuyés sur une activité d'élevage et donc sur une reconception d'ensemble.

De même en élevage ovin, l'application d'un schéma de reproduction accéléré comme en élevage conventionnel (trois agnelages en deux ans), proche d'un paradigme de substitution, est possible en agriculture biologique bien qu'il ne conduise pas à des résultats satisfaisants, en particulier compte tenu du surcoût des intrants.

Cette grille ESR avait été proposée initialement pour traiter des changements dans les pratiques de protection des cultures, mais elle pourrait aussi englober d'autres aspects concernant notamment la génétique, la fertilisation, ou encore, comme dans le tableau ci-contre (tableau 1), les modes de commercialisation, voire le système agrialimentaire plus largement, comme le suggèrent certains écrits récents de l'agro-écologie (Gliessman, 2007).

Ce tableau schématise les deux pôles de la substitution et de la reconception. Certaines exploitations resteront dans le paradigme de substitution. Ce sont en général des producteurs qui connaissent des processus de transition relativement courts et directs, et, dans le cas du maraîchage par exemple, plus fréquemment des exploitations spécialisées (Lamine et Perrot, 2006). D'autres évolueront vers le paradigme de reconception ; ces producteurs connaissent en général des processus de transition bien plus étalés dans le temps, et leurs exploitations, concernant une fois encore le maraîchage, sont plus diversifiées et plus souvent orientées vers la commercialisation en circuit court. Quant à l'étape E de l'efficience, qui en agriculture conventionnelle vient avant les deux autres, elle peut définir, pour l'agriculture biologique, une étape de réduction des intrants antérieure à la conversion, mais aussi une étape ultérieure dans laquelle le producteur, une fois passé en AB, réduirait les intrants autorisés et utilisés en bio, parce qu'il a réussi à établir certains équilibres.

Tab. 1 Les paradigmes de substitution et de reconception dans le cas du maraîchage.

Paradigmes	Progressivité de la trajectoire	Stratégies de protection des cultures	Degré de spécialisation (cas du maraîchage)	Modes de commercialisation
Substitution	Directe (transition < 3 ans)	Utilisation d'intrants biologiques dans le même cadre de référence que l'agriculture conventionnelle	Spécialisé (2 à 5 variétés)	Plutôt en circuits longs
Reconception	Progressive (transition de 3 à 20 ans), avec des antécédents en conventionnel tels que réduction d'intrants (passage par le paradigme d'efficience) ou adoption de la lutte biologique	Reconcevoir un agroécosystème soutenant sa propre fertilité, une régulation naturelle des ravageurs et la productivité agricole, par la combinaison d'effets partiels sur des pratiques agronomiques coordonnées.	Diversifié (jusqu'à plus de 50 variétés)	Davantage en circuits courts

L'important est d'adopter une vision dynamique de cette grille et de ces paradigmes : les positions sont évolutives au fil des trajectoires, les paradigmes correspondent souvent à des moments différents de ces trajectoires, et il y a aussi des tuilages de ces paradigmes, puisque des agriculteurs pourront avoir par exemple réussi à réinstaurer des équilibres écologiques dans certaines productions (reconception) tout en restant plus dépendants des intrants sur d'autres (substitution).

L'analyse, au fil des chapitres précédents, des trajectoires de transitions et des difficultés et voies d'évolution technique conduit aussi à pointer la contradiction entre des processus d'adoption incrémentale des innovations (un agriculteur aura souvent tendance à préférer tester les techniques une par une) et le besoin de redéfinition coordonnée des techniques qui va de pair avec le paradigme de reconception. Toutefois, sur le terrain cela n'est pas toujours présenté comme contradictoire par les producteurs, qui peuvent voir au contraire l'installation d'équilibres écologiques et la notion de reconception comme étalées dans le temps.

Enfin, cette grille ne doit pas être utilisée dans une perspective normative selon laquelle la trajectoire souhaitable conduirait nécessairement vers l'étape de reconception[1]. Certes, cette dernière correspond à une forme d'idéal de la bio notamment incarnée par la figure de la complémentarité entre cultures et élevage, mais il est important de reconnaître que des exploitations qui restent très spécialisées et même dépendantes d'intrants externes peuvent bien s'en sortir tout en offrant une plus value écologique certaine par rapport à l'agriculture conventionnelle. Par ailleurs, des agriculteurs s'installant directement en AB ou ayant des pratiques déjà très extensives avant de passer en AB, comme dans certaines formes d'élevage, ne connaîtront pas forcément d'évolution majeure de leurs pratiques après passage à l'AB.

Outre cette grille de lecture qui permet d'organiser la diversité des cas de figure présentés, un certain nombre d'enseignements à valeur transversale peuvent être tirés des chapitres précédents :
– l'importance du matériel génétique, et les voies de son adaptation, plus ou moins progressives selon les systèmes (cultures et animaux à cycle court *vs* cultures pérennes et animaux à cycle long), comme on l'a montré en particulier avec les cas de l'arboriculture, des grandes cultures, et de l'élevage (chapitres 2, 5, 6) ;
– sur les pratiques de fertilisation, les pistes de complémentarité entre ateliers de production ou entre exploitations d'un même territoire (cf. chapitre 7 notamment) ;
– les interactions entre évolution des pratiques de production et modes de commercialisation : certaines combinaisons de circuits permettent de construire un compromis entre diversification et spécialisation, la spécialisation permettant souvent d'améliorer les performances et la diversification de trouver de nouveaux débouchés, plus directs et locaux, cela étant tout particulièrement vrai pour le maraîchage (chapitre 3), mais plus globalement de l'ensemble des secteurs, avec des spécificités liées aux types de produits et à la configuration des filières ;
– les conséquences de la transition vers la bio en termes d'organisation du travail et de qualité de vie ;
– l'acceptation et la gestion de la variabilité des performances.

Enfin, d'autres aspects majeurs concernent l'accompagnement des producteurs et feront l'objet de la partie suivante. On verra en particulier que pour un agriculteur donné, le chemin à parcourir pour passer à la bio étant fonction de ses pratiques antérieures

---

1. Il est vrai que cette grille peut sembler opposer de manière trop caricaturale un paradigme d'ordre technologique à un paradigme concurrent relevant de l'écologie. Par-delà l'intégration des nuances essentielles rappelées ici, une autre manière de dépasser la dichotomie entre une vision que l'on pourrait qualifier de techno-centrique et une vision éco-centrique, est de suggérer une approche plus globale, dite « holono-centrique » (Bawden, 1997 cité dans Hubert, 2002). Il s'agit alors d'assumer la diversité des points de vue sur le monde, ce qui conduit à agir collectivement dans un objectif de conception de cadres de raisonnement et de processus d'apprentissage partagés.

et des interactions entre les différents aspects développés ici, il est important qu'il soit soutenu dans l'évaluation des étapes possibles de ce chemin et des risques et opportunités associés au franchissement de ces étapes.

BIBLIOGRAPHIE

BAWDEN R.J., 1997, « Learning to Persist : A Systemic View of Development », *in Systems for Sustainability*, Plenum Press, New York et Londres, 1-5.

GLIESSMAN S.R., 2007. *Agroecology : the ecology of sustainable food systems*, CRC Press, Taylor & Francis, New York.

HILL S.B., 1985. « Redesigning the food system for sustainabilty », *Alternatives,* 12.

HUBERT B., 2002. « Agricultures et développement durable. Enjeux de connaissances et attitudes de recherche », *Dossiers de l'Environnement de l'Inra*, n° 22.

LAMINE C., PERROT, N., 2006. *Trajectoires de conversion, d'installation et de maintien en agriculture biologique : étude sociologique*, projet Tracks INRA-ITAB-CTIFL.

LE PICHON V., *et al.* 2009. « Approche multi-niveaux de la gestion des bio-agresseurs : grille d'analyse des expérimentations du Groupe de Recherche en Agriculture Biologique », *Innovations Agronomiques,* 4.

ROSSET P., ALTIERI M., 1997. « Agroecology versus input substitution : A fundamental contradiction of sustainable agriculture », *Society and Natural Resources,* 10.

PARTIE 2

Conseil et accompagnement pour les transitions vers l'agriculture biologique

Soutenir le développement de l'AB : conseils et dispositifs incitatifs à la conversion

Natacha Sautereau, INRA Écodéveloppement, Avignon

Initier et soutenir de nouvelles pratiques mobilise des dispositifs multiples, tant les attentes et les trajectoires des agriculteurs sont diverses. Ce chapitre présente les politiques publiques et les formes d'accompagnement des agriculteurs visant à favoriser les conversions à l'AB. Outre les soutiens financiers, les principaux moyens en sont la sensibilisation et le conseil, l'organisation et la circulation des connaissances (constitution de références et de réseaux), ainsi qu'une animation à différents niveaux (individuel, collectif, et institutionnel).

Si les déterminants de l'adoption de l'agriculture biologique par les agriculteurs sont très divers, trois facteurs clés sont réellement décisifs pour les inciter à passer en bio : (i) signaux clairs de politique publique (soutiens financiers notamment), (ii) signaux positifs du marché (demande croissante de produits, structuration de l'aval, prix payés aux producteurs), et (iii) facilité de l'accès à l'information et au conseil concernant l'AB (Padel *et al.*, 1999).

Ce chapitre sur l'accompagnement est centré sur deux de ces facteurs clés : la mise en place de politiques incitatives et les dispositifs de conseil. La confrontation de cas européens indique que la mise en place conjointe de dispositifs incitatifs et de conseil permet d'augmenter les conversions de façon supérieure à l'effet de chacun de ces deux types d'actions (Kauffman, 2009). L'accompagnement des conversions doit permettre d'agencer diverses formes d'interventions, susceptibles de répondre à une diversité d'attentes en fonction des trajectoires des agriculteurs.

Afin de mieux comprendre quelles sont les conditions d'appropriation de l'agriculture biologique par les agriculteurs, nous verrons tout d'abord quels sont les dispositifs incitatifs mis en place dans le cas français. Nous présenterons ensuite le rôle du conseil comme moteur des changements. Enfin, nous détaillerons les différents temps de l'accompagnement : en amont, la sensibilisation pour conduire les agriculteurs à envisager la possibilité de passer en AB, puis l'aide à la décision de conversion, enfin la conduite du changement en tant que tel. Ce chapitre s'appuie notamment sur les expériences des régions PACA et Rhône-Alpes.

1. LES DISPOSITIFS INCITATIFS ET DE SOUTIEN AUX CHANGEMENTS

Progressivement légitimées, les agricultures « alternatives », dont l'AB, porteuse d'un projet agronomique, écologique et social, ont servi au développement d'une partie des mesures agro-environnementales (MAE) à partir de 1992, et ont inspiré le concept de contrat territorial d'exploitation (CTE), traduction nationale des MAE mise en œuvre à partir de 1999 (Rémy, 1999).

Les MAE seront présentées dans un premier temps, car elles représentent historiquement le premier instrument incitatif de développement de l'AB. Ensuite, nous aborderons les autres dispositifs, divers tant dans leurs formes (soutiens techniques via des « chèques-conseil », soutien à l'aval, etc.) que dans leurs niveaux d'interventions (prises en charge par l'Union européenne, l'État, et/ou les collectivités territoriales, agences, etc.).

1.1. Les mesures agro-environnementales européennes

La conversion vue comme une MAE

Instituées en 1985 sur l'exemple britannique des « Environmentally Sensitive Areas », les MAE deviennent d'application obligatoire en 1992 (règlement européen 2078/92). Chaque État membre établit à leur titre un programme pluriannuel de sept années, ensuite instruit par la Commission européenne. Une liste d'actions cofinancées par l'État membre concerné et l'Union européenne y est définie. Chaque action rémunère de façon contractuelle les effets bénéfiques sur l'environnement de pratiques et techniques mises en œuvre par les agriculteurs dans leurs exploitations (Ansaloni, 2009). La mise en œuvre d'une mesure de soutien à l'AB date ainsi en France de 1992, soit 12 ans après la reconnaissance de l'AB dans la loi d'orientation agricole de 1980, et 6 ans après la création du logo AB. La « conversion à l'agriculture biologique » (CAB) est définie comme une aide à l'hectare, selon les cultures, légitimée par les bénéfices environnementaux des pratiques de l'AB, et justifiée par les manques à gagner économiques induits par l'augmentation des coûts de production en raison de l'adoption de ces pratiques.

En 1994, se met en place la MAE MAB (aide au maintien en agriculture biologique, ou prime de reconnaissance pour les agriculteurs en bio) au niveau européen. Cependant, la France est le seul pays de l'Union à ne pas la retenir, argumentant qu'une MAE doit inciter à faire « mieux », et ne doit pas être une aide pour ceux qui ont déjà des pratiques favorables à l'environnement. Il faudra attendre 2007 pour que certaines régions mettent en place ce type d'aide.

Une logique de projet avec la mise en place des CTE

À partir de 1999, on passe d'une période où cohabitaient deux types d'actions très contrastées à un dispositif unique basé sur une logique de projet individuel. En effet, alors que le dispositif précédent était centré sur les zones sensibles du point de vue environnemental (politique de gestion locale, avec les OLAE [opérations locales agri-environnementales] sur des zones humides, des aires d'alimentation de captages, etc.) ou sur les zones herbagères extensives (politique redistributive de masse : PHAE [prime herbagère agri-environnementale]), l'ambition désormais affichée est de toucher l'en-semble des agriculteurs. Cette rupture s'explique par le caractère concomitant de la mise en place du PDRN (plan de développement rural national) et d'une forte réorientation de la politique agricole française en 1999, avec le vote d'une nouvelle loi d'orientation agricole plaçant la multifonctionnalité de l'agriculture au centre des préoccupations. Un outil contractuel global à l'échelle de l'exploitation est créé: le CTE. À travers des actions concrètes, le projet individuel à horizon 5 ans, est inscrit dans un projet global de développement territorial négocié entre les différents acteurs concernés (Léger, 2002).

Le CTE est composé des MAE constituant son volet environnemental, ainsi que d'un volet économique, prévoyant des aides aux investissements. Ce dispositif devait ainsi permettre d'améliorer l'accompagnement des conversions. À la place d'une unique mesure MAE CAB, l'agriculteur pouvait choisir une « gamme de mesures complémentaires », permettant soit d'approfondir l'évolution de ses pratiques dans le sens d'une meilleure prise en compte de l'environnement (plantation de haies, enherbement de l'inter-rang de vignes...) dans le cadre du volet environnemental, soit de financer des équipements rendus nécessaires par le passage en bio (matériel de désherbage mécanique, système de compostage, etc.) dans le cadre du volet économique. Un diagnostic préalable à l'obtention des aides était obligatoire pour étudier la faisabilité du projet. La mise en œuvre du dispositif a eu de l'importance sur la contractualisation, des départements voisins aux situations agricoles proches ayant eu des taux de contractualisation en MAE assez différents (CNASEA, 2002). De fait, selon les départements, le diagnostic fut plus ou moins poussé, certains optant pour des procédures type « guichet » (choix d'un panel de mesures), d'autres mettant en place des outils de diagnostic en vue de construire un réel projet. Ces diagnostics pouvaient être réalisés par l'agriculteur lui-même (autodiagnostic), rien n'obligeant l'agriculteur prêt à s'engager en AB à faire appel à un regard extérieur à son exploitation. Si certains agriculteurs ont ressenti ce passage obligé comme une stricte conformité administrative pour recourir à ce type d'aide (le diagnostic étant alors vécu comme simple outil validant la décision de conversion), il n'en reste pas moins que ce fut l'occasion de rencontrer un conseiller (voire deux, pour les départements qui ont fonctionné avec un binôme pour chaque volet : environnemental et économique) au moins une fois, à la constitution du « dossier ». Ainsi, dans certains cas, les agriculteurs ont pu bénéficier à cette occasion d'un véritable appui à la définition du projet d'évolution de l'exploitation.

À partir de 2003, avec l'arrêt des CTE et la mise en place des CAD (contrats d'agriculture durable), et dans un objectif de simplification des procédures, le diagnostic n'est plus obligatoire. L'étude économique est toutefois maintenue dans le souci de la prise en compte des filières commerciales dans l'instruction des dossiers de conversion bio. Il ne s'agit pas de conditionner formellement la conversion à l'existence d'un débouché bio assuré : le délai entre l'engagement en conversion et la première mise en marché de produits certifiés « biologiques » est de 2 à 3 ans, c'est-à-dire tel qu'aucune filière ni biologique ni conventionnelle ne peut garantir une visibilité certaine. La finalité de cette obligation est plutôt d'inciter les agriculteurs à s'interroger sur l'aval de leur projet, de façon à lui donner plus d'assise.

Dans certains départements, le côté obligatoire du « diagnostic conversion » pour l'obtention des aides MAE a été maintenu. Les collectivités territoriales les financent pour partie, de façon à faciliter la prise de décision par l'agriculteur, et à assurer une plus grande viabilité des projets. De même, la participation à des formations est parfois obligatoire pour éviter que des agriculteurs ne s'engagent sans avoir véritablement pris la mesure des tenants et aboutissants qu'une conversion à l'AB aurait sur leur exploitation.

Bilan des MAE (intégrées ou non dans les CTE et CAD)

La France a nettement misé sur le 1er pilier de la PAC (aides à la production). Les dépenses budgétaires allouées au soutien à l'agri-environnement ne représentent que de 9,1 % de l'ensemble des 2 piliers (Barbut et Baschet, 2005), à la différence de certains pays ayant affirmé une réelle ambition politique concernant la mise en place des MAE comme l'Autriche (29 %), la Suède, etc.

Parmi les MAE, la conversion à l'AB ne concerne en France que 5 % des surfaces engagées. En effet, les aides à la conversion en France sont parfois à peine supérieures à celles obtenues en cumulant des MAE « agriculture raisonnée et enherbement ». Elles sont par ailleurs souvent en deçà des aides dédiées à la conversion des autres pays de l'Union : en arboriculture par exemple, pour l'année 2005, 350 €/ha/an sont versés en France comparés aux 870 €/ha/an en Autriche, ou aux 850 €/ha/an en Italie (Stolze et Lampkin, 2009).

Or, les études montrent que les paiements directs jouent un rôle important dans la viabilité financière des fermes en conversion et en AB (Offermann *et al.*, 2009).

En 2009, dans l'objectif précisément de rendre les aides plus attractives, les aides à la conversion sont passées en France pour l'arboriculture de 350 €/ha/an à 900 €/ha/an (et de 600 € ha/an à 900 €/ha/an en maraîchage). Par ailleurs, à partir de 2009, les régions ont la possibilité de déplafonner les MAE Bio (plafond initialement fixé à 7 600 €/exploitation/an).

ÉVALUATION DE L'ANIMATION DE LA CAB 2000-2006 (ÉVALUATION DU PDRH[1], AND *ET AL.*, 2008).

La période de mise en œuvre des CTE correspond à une montée en puissance des acteurs intercommunaux et territoriaux qui sont considérés comme devant jouer un rôle important dans l'animation (réalisation des diagnostics territoriaux et des diagnostics individuels). L'animation du dispositif a été un enjeu important pour les organisations agricoles, en matière de reconnaissance politique et économique. Habituellement chargées de la gestion de la plupart des dispositifs, les chambres d'agriculture ont souhaité conserver une place centrale dans la mise en œuvre des CTE. Par ailleurs, d'autres organismes (ADASEA) se sont impliqués dans certaines étapes obligatoires des CTE (diagnostics, volet économique…), intégrant la CAB. Les situations rapportées sont très différentes selon les régions et départements. Dans certains cas, l'évolution de la mesure CAB a permis un partage des tâches efficace et souhaité par tous, dans d'autres, elle a entraîné un partage des tâches contesté mais imposé par les financeurs, dans d'autres enfin, une concurrence et une tension entre structures. L'implication parfois nouvelle des chambres d'agriculture dans le développement de l'agriculture biologique a

---

1. Programme de développement rural hexagonal.

toutefois pu contribuer à renforcer la visibilité de l'agriculture bio auprès d'agriculteurs réticents à contacter un groupement spécifiquement bio.

La progression rapide des contractualisations affichée dans le cadre d'une politique qui repose sur la construction de projets individuels et collectifs, peut apparaître comme une incohérence : une « logique de guichet », consistant à sélectionner quelques mesures les plus aisément applicables par l'agriculteur, risque de se mettre en place pour répondre à cette ambition de rapidité. Le conseil auprès des agriculteurs en conversion a connu une évolution vers une démarche plus administrative que technique. La « qualité » et la pérennité des conversions peuvent en avoir été fragilisées. Par ailleurs, il a été montré que la faible emprise des associations environnementalistes dans le dispositif n'a pas permis une expertise environnementale optimale.

Le CTE, laboratoire d'innovations (d'après Léger, 2002)

Du fait de leur complexité, les approches systémiques visant la refonte des systèmes productifs tendent à être pénalisées, au profit des actions visant une adaptation à la marge des exploitations (exemple : réduire son niveau de fertilisation sur une parcelle, à l'image de certaines MAE Territorialisées). Il faut toutefois admettre les difficultés à (i) accéder à ce « penser global » qui est indispensable au fameux passage « d'une logique de guichets à une logique de projet », (ii) passer de l'échelle de la parcelle à celle du territoire de l'exploitation, et à s'approprier une pensée technique qui raisonne à l'échelle du bassin versant ou du massif montagneux tout entier, (iii) envisager la projection sur du long terme et la transformation du milieu, ce qui peut amener à faire évoluer des mesures plutôt que de les reconduire à l'identique. Un besoin évident d'innovations, tant conceptuelles qu'organisationnelles, se fait sentir. Le modèle de l'entreprise montre ses limites notamment quand on parle de multifonctionnalité et de territoires.

En conclusion, le CTE n'a pu fonctionner de façon pleinement satisfaisante en tant qu'innovation radicale, mais sa valeur expérimentale a permis de faire concrètement avancer les réflexions politiques, sociales, et scientifiques.

Un véritable essor récent de l'AB (d'après l'étude ASP[2] de Quelin, 2009)[3]

L'Agence Bio indique que les surfaces en conversion ont augmenté de 12 % en 2007 et de 36,4 % en 2008. Cette tendance est confirmée par

---

2. Agence de services et de paiements (fusion du CNASEA – centre national pour l'aménagement des structures des exploitations agricoles – et de l'AUP – agence unique de paiements).

3. La synthèse de cette étude sera disponible auprès de l'ASP fin 2009.

les données de l'ASP relatives à la MAE CAB : 1 106 contrats ont été souscrits en 2008, contre 874 de moyenne annuelle sur l'ensemble de la période 2000-2006. Différents éléments contribuent à mettre l'AB dans un contexte de développement favorable, et semblent expliquer cette accélération :

– La légitimité sociale donnée à la production biologique : en effet, 21 % des agriculteurs ayant une CAB en cours ont déclaré que la mauvaise acceptation de l'AB par les agriculteurs voisins avaient été un frein à la conversion. La levée de ce frein grâce, notamment, à la communication autour du Grenelle de l'environnement a probablement représenté un encouragement à se convertir.

– Le soutien clair de l'AB par les collectivités territoriales et la politique de proximité. Ceci se traduit concrètement, dans la programmation du PDRH où l'on note une progression très nette quant à la participation des collectivités territoriales à des soutiens à l'AB. Pour l'ensemble des régions de l'hexagone, 20 % des participations prévisionnelles des collectivités consacrées à l'agri-environnement sont destinées à l'agriculture biologique.

Plus généralement, les principales difficultés identifiées par les agriculteurs engagés en AB[4] sont les suivantes :

– 57 % des producteurs citent la lourdeur administrative comme 1re difficulté rencontrée lors de la conversion ;

– 50 % estiment l'information générale disponible sur l'AB encore insuffisante (seul un tiers semble la trouver satisfaisante).

1.2. Une diversité d'autres dispositifs incitatifs

En l'absence d'une MAE MAB pour les agriculteurs déjà en bio, le crédit d'impôt bio, spécificité française, a été inscrit dans la Loi d'orientation agricole de janvier 2006. Il est actuellement prolongé jusqu'au 31 décembre 2010. On peut également citer à l'échelle nationale l'exonération des taxes foncières pour les surfaces cultivées en bio à partir du 1er janvier 2009.

Par ailleurs, de nombreux conseils régionaux ont mis en place des dispositifs complémentaires : prise en charge de tout ou partie des frais de certification (en cofinancement d'aides de l'Union européenne, dans le cadre du soutien à l'engagement en signe de qualité), bonification pour des agriculteurs bio dans le cadre des PVE (plan végétal pour l'environnement), mais aussi « chèques-conseil-conversion » grâce auxquels les agriculteurs peuvent bénéficier d'un accompagnement à moindre coût (en Aquitaine et Rhône-Alpes par exemple)[5].

---

4. Enquête à partir de 450 questionnaires.
5. Voir la synthèse des aides régionales en faveur de la bio réalisée par l'Agence Bio « Politiques de soutien à l'AB dans les régions de France ».

L'accompagnement de la conversion à des échelles territoriales plus locales se développe. Ainsi, des initiatives d'accompagnement de la conversion peuvent émerger dans des collectivités souhaitant mettre en place des ZAP (zones d'agriculture protégée) Bio, ou des périmètres de protection des captages d'eau potable, ou des parcs naturels souhaitant mettre l'AB en avant dans leur charte. On peut aussi citer le récent appel à projet 2009 de l'Agence de l'eau Rhône-Méditerranée et Corse visant à initier et multiplier les démarches collectives pour densifier les conversions en vue d'améliorer l'impact environnemental (notion de ciblage sur des zones sensibles).

Un accent important est également mis depuis 2007 par les pouvoirs publics sur la nécessité d'allouer des moyens financiers à l'accompagnement d'aval et à la construction des filières (appel à projets « Avenir Bio » mis en place par l'Agence Bio). Il faut souligner l'importance de l'organisation de l'aval pour accueillir les « nouveaux entrants », qui relève de l'« accompagnement de la conversion » au sens large, car elle permet de produire les conditions facilitatrices pour la conversion (voir le chapitre 12).

2. LE CONSEIL, MOTEUR DU CHANGEMENT

Les caractéristiques générales du conseil et sa structuration seront présentées dans cette section, puis nous montrerons, dans un second temps, les spécificités du conseil en AB.

2.1. Le conseil, entre diffusion et innovation

Le conseil consiste à « éclairer les chemins » (*via* une information, un avis, une recommandation ou une préconisation), et à rendre les connaissances accessibles, pour aider l'agriculteur à faire ses choix et à agir. Les conseillers se doivent d'être des relais, des passeurs ou accompagnateurs ; tous ces termes traduisant l'idée d'un mouvement et d'un chemin.

Avec la montée en puissance des préoccupations environnementales, c'est l'idée de la préservation d'un bien commun, l'environnement, qui justifie les conseils, de façon à modifier le comportement, les pratiques et les habitudes des agriculteurs pour la déclinaison et la mise en œuvre des politiques publiques[6]. La question du changement technique et de l'innovation en agriculture a ainsi pris une acuité toute particulière (Darré, 1996 ; Compagnone, 2005). Les agriculteurs ayant initié des démarches en ce sens sont alors eux-mêmes des « producteurs de connaissances », les conseillers utilisant leurs interactions avec ces derniers pour faire évoluer leurs conseils.

Le conseil intègre une double fonction, qui peut être parfois contradictoire : une fonction de diffusion de références établies, mais aussi de contribution à l'innovation et de construction d'alternatives, qui nécessite de remettre parfois en cause ce modèle et ces références diffusées.

6. À travers la mise en place des MAE, CTE, écoconditionnalité des aides...

Une analyse historique du conseil

Le conseil peut être représenté comme une relation de service qui ne peut se limiter à un « canal d'émission d'informations entre un bénéficiaire et un prestataire » (Labarthe, 2006). En tant que dispositif de soutien aux transformations techniques et structurelles, le conseil agricole pendant la période de modernisation agricole a visé à l'intensification et à la spécialisation de l'agriculture familiale, en bénéficiant de larges financements publics. Cette organisation à partir de l'après-guerre a permis la construction partagée d'une base de connaissances (mise en place de stations expérimentales, élaboration de références). Les dispositifs de conseil ont été la composante de compromis institutionnalisés entre l'État et les syndicats agricoles, et ont ainsi contribué au développement de cette conception dominante de la modernisation agricole. Dans ce système de cogestion du conseil, on peut citer l'importance du conseil de groupe, qui a contribué à concentrer les prestations de services au bénéfice d'agriculteurs partageant une même vision du progrès (GVA [groupe de vulgarisation agricole] ; CETA [centre d'étude technique agricole]).

Dans la période plus récente on observe un processus de privatisation du conseil, même s'il apparaît moins fort en France que dans d'autres pays européens comme les Pays-Bas par exemple, s'accompagnant d'une déconstruction des lieux collectifs d'accumulation des connaissances, et l'individualisation du conseil tendant à limiter les échanges entre agriculteurs (Labarthe, 2006). D'autre part, cette privatisation a pour conséquence des difficultés d'accès à des références et au conseil pour certaines exploitations agricoles (telles que les fermes de petite dimension, très diversifiées, ou à temps partiel). De telles conséquences peuvent apparaître en contradiction avec des politiques agricoles reconnaissant la multifonctionnalité de l'agriculture.

Les diverses formes du conseil et l'accès à l'information

Le contexte du conseil agricole subit de profondes mutations dont les principaux facteurs sont :
– une élévation continue du niveau de formation des agriculteurs ;
– des besoins de conseil qui se diversifient (production, réglementations, attentes sociétales) ;
– de moins en moins de techniciens disponibles dans les structures de développement ;
– la montée en puissance des nouvelles technologies de l'information et de la communication qui se diffusent auprès des agriculteurs.

Les différents organismes de conseil

Le conseil est dispensé par de nombreux organismes intervenant auprès des agriculteurs à savoir : la chambre d'agriculture, le service régional de protection des végétaux (SRPV), la coopérative locale (différente sur chaque département mais qui peut cumuler les fonctions de vente de produits d'approvisionnement et d'organisme stockeur), des entreprises privées d'approvisionnement (et dans certains cas, d'achat), des consultants privés, des associations, des organismes certificateurs.

La place relative, les missions, et les domaines d'intervention des principales structures ne sont pas les mêmes d'un territoire à l'autre, et d'une filière à l'autre. Par exemple, selon le poids de conseillers techniques présents en chambre d'agriculture, le conseil proposé aux agriculteurs s'en trouve diversifié, et celui des technico-commerciaux, relativisé. Les prescripteurs vivent de la vente de leurs produits, alors que les agents du développement ont plutôt pour enjeu de réduire l'usage de ces produits.

Par ailleurs, même s'ils sont moins nombreux sur le terrain, de plus en plus d'acteurs diversifient leur aide aux agriculteurs pour les choix techniques, économiques, juridiques et se repositionnent sur des fonctions qui n'étaient pas antérieurement les leurs. Ainsi, certaines entreprises commencent, en profitant du flux de réglementations qui a tendance à submerger les agriculteurs, à déployer des appuis techniques, vendus en tant que tels, pour leur permettre d'assumer les changements liés à la prise en compte de ces différentes règles et normes.

2.2. Les spécificités du conseil en AB

Les conseillers sont souvent confrontés à des agriculteurs expérimentés, les convertis à l'AB étant plus formés que la moyenne des agriculteurs (INSEE, 2000). Le conseil en bio est ainsi révélateur des reconfigurations du métier de conseiller agricole (Ruault, 2006). L'offre de conseil en AB en France est plurielle, à la fois spécifique au bio et/ou fusionnée au service « ordinaire ». Les liens avec l'agrofourniture sont vrais aussi pour la bio (même si la dépendance aux fournisseurs d'intrants est moindre en général), et d'autres interactions régulières avec des techniciens comme les contrôleurs pour la certification sont plus spécifiques.

Les principaux réseaux de conseillers pour le développement de l'AB

Un processus d'organisation des agriculteurs bio s'est mis en place dès les années 1960 (naissance des GAB, [groupement d'agriculteurs en AB] puis de la FNAB, [fédération nationale d'agriculture biologique et des régions de France]) répondant à une volonté des acteurs de la bio de se constituer comme un secteur indépendant, identifiable en tant que tel, et d'être des interlocuteurs de poids vis-à-vis des pouvoirs publics. Cela devait aussi conduire à un processus d'élaboration des connaissances à partir d'une dynamique d'échanges entre agriculteurs en organisant notamment des parrainages ou des visites croisées d'exploitations en marge des organisations professionnelles conventionnelles (Ruault, 2006).

Des innovations restées pendant longtemps ignorées de « l'appareil de développement » vont peu à peu gagner leur légitimité, notamment les activités de diversification (comme la montée en puissance des services « Bienvenue à la Ferme » dans les chambres d'agriculture), ainsi que l'agriculture biologique (Colson, 1986).

C'est pourquoi en France, le développement de l'agriculture biologique s'est fait globalement autour de deux réseaux :

– Le réseau spécialisé bio avec (i) pour le développement, les GAB et les CIVAM Bio départementaux, regroupés dans des fédérations régionales, elles-mêmes unies au sein de la FNAB avec 250[7] conseillers et (ii) pour l'expérimentation et l'acquisition de références, l'ITAB et son réseau de centres spécialisés (CREAB, SEDARB, GIS Bio, GRAB, etc.).

– Le réseau classique ou généraliste, parfois dit « conventionnel » avec (i) les chambres départementales d'agriculture, elles-mêmes avec leur niveau régional et sous l'égide de l'APCA (Assemblée permanente des chambres d'agriculture), avec 160 conseillers[8] et (ii) les instituts techniques agricoles (ITA), fédérés par l'ACTA (association de coordination technique agricole), et l'ensemble des stations expérimentales. Les chambres, comme les ITA, ont en général un conseiller bio, dont le temps dédié au développement de l'AB est variable, parfois plusieurs.

Les déclinaisons locales de l'importance et des rôles de chacun des réseaux sont très différents selon les contextes, et selon l'historique de la prise en compte de l'AB par les acteurs « généralistes ». Aujourd'hui, ces derniers considèrent généralement qu'il ne faut pas séparer la bio du reste de l'agriculture, et mettent en avant l'ensemble des connaissances produites pouvant appporter des éléments de réponses techniques à la fois aux agriculteurs conventionnels, mais aussi bio (notamment s'agissant des essais « conduite », gestion de l'enherbement, maîtrise de l'irrigation, caractéristiques variétales).

Les chambres d'agriculture estiment que c'est dans leur mission consulaire d'accompagner le développement de l'AB. Dans le contexte lié au Grenelle de l'environnement et au plan Barnier « AB horizon 2012 », certaines chambres d'agriculture ont ainsi récemment davantage investi sur l'accompagnement du développement de l'AB. Les actions en faveur de l'agriculture biologique ont été rendues obligatoires dans le cadre des PRDA (programme régional de développement agricole). De son côté, l'APCA a demandé à son réseau de chambres départementales de disposer au moins d'un poste équivalent temps plein dédié au développement de l'AB (pour éviter que la mission « AB » ne soit dispersée sur plusieurs personnes pour des temps minimes). Par conséquent, dans certaines situations, en lien avec des contextes historiques où les GAB sont investis dans l'accompagnement des conversions, il peut y avoir des positionnements problématiques nécessitant des redéfinitions de rôles et de missions. Les GAB attendent de ces chambres positionnées tardivement :

– qu'elles redéploient des moyens alloués vers l'AB témoignant de leur réelle volonté d'accompagner le développement de l'AB, sans émarger sur des financements qui étaient jusqu'alors dédiés aux GAB ;

---

7. Communication du président de la FNAB, Tech & Bio, 2009.
8. Cf. Plaquette APCA, Tech & Bio 2009 : y sont comptabilisés les temps de conseillers dédiés à la bio, sans y inclure tous les agents, non identifiés bio, susceptibles d'apporter un conseil à des agriculteurs bio (appui à l'installation, étude trésorerie, conseils irrigation, plans de fumure ...).

– qu'elles développent donc des actions synergiques de celles existant localement et positionnées sur des champs sur lesquels les GAB n'ont pas les moyens, ou les ressources d'investir : références, conseil technique, etc.

Pour les agriculteurs conventionnels bénéficiant de conseils de chambres d'agriculture, il peut être peu rassurant dans un premier temps d'adhérer à un nouvel environnement de conseil méconnu, peut-être mal défini, dans des structures spécifiques bio.

Il faut noter que les organismes certificateurs, même s'ils ne sont pas censés apporter un conseil en tant que tel (puisque responsables du contrôle), jouent néanmoins indirectement ce rôle, par les contacts noués lors des contrôles qu'ils effectuent. Parfois, le contrôleur est l'unique interlocuteur technique rencontré : systématiquement tous les agriculteurs certifiés en bio sont contrôlés au moins une fois par an, et un contrôle inopiné supplémentaire est effectué une fois tous les deux ans. Le contrôleur joue une fonction importante d'information sur l'interprétation du cahier des charges, notamment parce que celui-ci évolue (telle ou telle substance devient interdite, ou des notions de seuils d'utilisation de produits sont introduites, etc.). Pour les agriculteurs faisant partie d'un GAB, les évolutions réglementaires peuvent être relayées par un bulletin interne. Certaines chambres d'agriculture envoient également des « Lettres d'informations » spécifiques bio.

Comme pour le conseil, l'élaboration des références par les instituts techniques et stations expérimentales, comme support de connaissances pour le conseil, pose la question de la spécificité de la bio :
– soit la bio est considérée comme l'une des modalités à prendre en compte par les instituts qui sont de plus en plus contraints et/ou enclins à travailler sur les techniques « alternatives » (engrais verts, lutte biologique,…) ;
– soit la bio est envisagée de façon transversale, en tant que mode de production, incitant à repenser globalement les systèmes (de production, voire les systèmes alimentaires au sens large).

Des interactions entre les instituts et les stations généralistes et le réseau spécialisé bio existent. Cependant les passerelles pourraient être amplifiées (inscription de préconisations bio dans les guides conventionnels, expérimentations communes,…).
Par ailleurs, faut-il utiliser les mêmes indicateurs, et méthodes d'évaluation et de pilotage de l'AB ? Ou faut-il accepter d'être déboussolés quelque temps dans de nouveaux référentiels selon d'autres critères et d'autres *optima* ?

Plus de globalité, de complexité, et plus d'autonomie à gérer simultanément

« Les principaux buts de l'AB sont […] un travail compatible avec les cycles naturels et les systèmes vivants à travers le sol, les plantes et les animaux au sein d'un système de production, et une reconnaissance du large impact social et écologique au sein de la production et des systèmes de transformation » (IFOAM, 2005).

L'AB est ainsi porteuse de valeurs, difficilement codifiables: santé, écologie, équité, et attention[9]. Lorsqu'un principe écologique dicte: « valorisation des ressources abondantes et économie des ressources rares », comment en faire une transcription en termes de prescriptions pour des itinéraires techniques? Comment véhiculer l'essence même du projet agronomique, écologique et social de l'agriculture bio? À l'heure où les systèmes agricoles et les réponses sont ultraspécialisés, comment les concepts globaux tels que les principes fondateurs de l'agriculture biologique sont-ils appréhendés, et quelles propositions en termes d'amélioration des dispositifs d'accompagnement peut-on formuler?

La conversion relève souvent des deux niveaux de complexité (interne et externe) abordés dans la modélisation systémique (Le Moigne, 2000), puisqu'il y a redéfinition du mode de production et nouvel environnement de l'exploitation.

Une des principales difficultés pour des conseillers techniques spécialisés est sans doute d'envisager le système d'exploitation dans sa cohérence, car les conseils se font en général à la parcelle ou par production en fonction de problèmes particuliers. Par ailleurs, il n'est pas facile de faire accepter des prises de risques supplémentaires à l'agriculteur, qui peuvent être plus ou moins significatives selon les productions et les conditions pédoclimatiques (risques liés à une gestion plus autonome avec un moindre recours aux intrants).

L'injonction publique en faveur d'un développement rapide de l'AB pose une question fondamentale: l'AB a-t-elle les capacités de répondre à une forte progression de la demande bio sans renoncer pour autant à un système beaucoup plus diversifié, conforme aux principes qui la sous-tendent? Le risque est de résumer l'AB à une série d'éléments contrôlés (adéquation à un simple cahier des charges), en négligeant les fondamentaux, qui n'ont pas forcément été traduits en points réglementaires. En effet, l'AB est aujourd'hui interrogée sur ses capacités à développer un système alimentaire alternatif, au vu des forces de dilution et d'appropriation auxquelles elle est soumise (risque de « conventionnalisation », Darnhofer 2009, voir aussi le chapitre 1). Au niveau du conseil, même s'il a pu être montré que les nouveaux convertis sont davantage motivés que leurs prédécesseurs par des considérations économiques (Padel, 2001), faut-il pour autant qu'ils soient accompagnés par des conseillers non experts en AB, ou plus conventionnels? Un producteur « à convertir » peut-il l'être par un technicien lui-même peu ou partiellement converti?

C'est pourquoi des auteurs soulignent la nécessité d'un conflit créatif entre les réseaux bio et conventionnel accompagnant les agriculteurs, de façon à maintenir une identité forte de l'AB (Schermer, 2008 ; Moschitz & Stolze, 2005 ; Michelsen, 2001) et des solutions innovantes au sein de l'AB, que ne permettrait pas un consensus généralisé.

---

9. Traduction de « care », au sens de responsabilité, de soin. Il est parfois traduit par précaution, ce qui peut induire une confusion avec le principe de précaution.

Selon les pays, les relations entre les réseaux bio et conventionnels sont soit de « pure compétition », énergivore et sans issue, soit de « pure coopération », compromettant inversement la possibilité de débats constructifs.

3. L'ACCOMPAGNEMENT DES EXPLOITATIONS EN CONVERSION

De nombreuses études ont montré la diversité des motivations des agriculteurs faisant le choix de l'AB (Barres *et al.*, 1985 ; Lamine *et al.*, 2008) : conviction environnementale personnelle grandissante, pression des proches (femme, enfants…), conversion bio d'un voisin, d'un ami, accident ou incident liés à l'usage de produits phytosanitaires chimiques, peur et/ou insécurité lors des pulvérisations, anticipation/adaptation de la demande des consommateurs, opportunité économique (nouveaux clients, possibilité de valorisation), contraintes réglementaires, arsenal chimique d'intervention de plus en plus limité, ou encore possibilité aujourd'hui plus grande de réaliser son étude prévisionnelle d'installation en bio dans les structures d'enseignement (lycées agricoles, écoles d'agriculture).

La façon d'aborder les difficultés et de leur trouver des solutions est donc particulière à chaque agriculteur, et engendre par voie de conséquence des attentes d'accompagnement hétérogènes. Une étude conduite en Bourgogne en 1999 (ENESAD devenu AgroSup Dijon) propose une typologie des conduites de conversion en trois types (déjà introduite dans le chapitre 1), qui génèrent des attentes différentes en matière d'accompagnement.

Fig. 1 Types de trajectoires et attentes en matière d'accompagnement

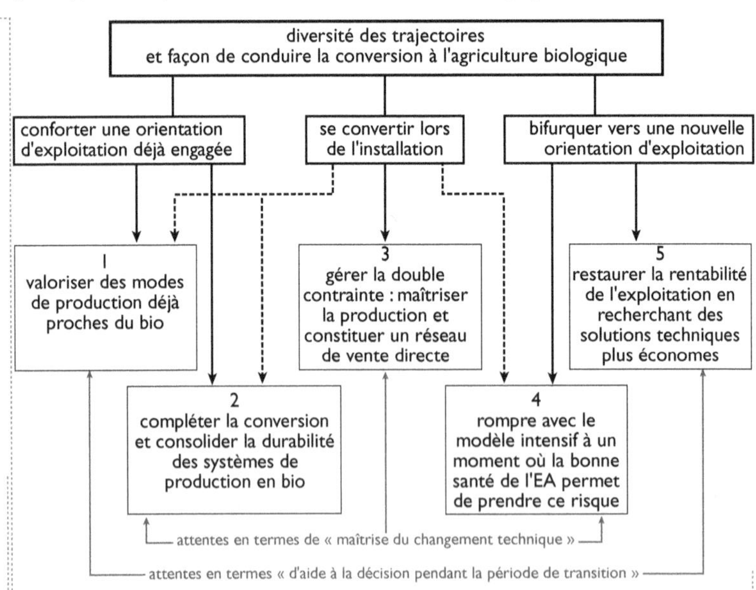

Source : ENESAD, 1999

Cette étude propose de décliner l'accompagnement de la conversion au sens large selon 3 étapes sur lesquelles nous nous appuyons :

1. Susciter la conversion par la sensibilisation : conduire les agriculteurs à envisager la possibilité de passer en bio.

2. Aider à la décision de conversion : aider les agriculteurs à construire leur point de vue sur l'opportunité et la faisabilité de la conversion de son exploitation.

3. Aider la période de conversion : conduire le changement, au-delà de la stricte période administrative, dite de conversion.

3.1. En amont, les phases de sensibilisation

En amont, le conseiller vient en appui à l'émergence des projets, *via* la sensibilisation et l'organisation de journées de démonstration, contribuant à rendre possible et concret le passage à l'AB. Les diverses études sur la conversion soulignent le besoin de réassurance. Les conseillers doivent imaginer les voies suscitant le moins de résistances dans la mise en œuvre des politiques publiques environnementales, de façon à être en capacité de mobiliser les agriculteurs (Brives, 2006). Si l'on exclut les réticences simples aux changements de pratiques liées à des impasses techniques, ou à des prises de risques difficilement acceptables par l'agriculteur dans des systèmes où la conversion est peu incitative, il existe des réticences de valeurs, ou des réticences plus lourdes, liées à des blocages socioculturels ou institutionnels.

Réticences de « valeurs »

L'une des explications avancées au moindre développement de l'AB en France comparé à celui d'autres pays tient au rôle potentiellement concurrentiel qu'ont pu avoir les différents signes de qualité. Il apparaît en effet que le positionnement de l'AB peut être délicat dans des zones pour lesquelles les conseillers ont appuyé la mise en place de démarches qualitatives (exemple AOC de montagne). Les agriculteurs estiment alors ne pas avoir forcément de bénéfices à passer en bio, considérant que leurs systèmes sont déjà pratiquement en bio, voire qu'ils ont des pratiques allant au-delà pour certains (sylvopastoralisme…). Par ailleurs, ils jugent qu'ils n'y gagneraient pas non plus en termes de valorisation économique.

Pour autant, de nouvelles démarches peuvent être initiées. On peut citer en PACA l'exemple d'éleveurs ovins engagés dans le Label Rouge qui entament des réflexions vers l'AB, alors que jusqu'à présent les réseaux fonctionnaient de manière parallèle avec peu d'interconnection. Ce fut également le cas des AOC pour la viticulture, qui n'ont, dans un premier temps, pas facilité l'adjonction de la double qualité.

Réticences liées à des blocages culturels et institutionnels

Les réticences que les agriculteurs manifestent pour modifier leurs pratiques de protection phytosanitaire en dépit de solutions disponibles ont conduit à l'hypothèse que leur appropriation implique pour les agriculteurs et leur encadrement une nouvelle conception de leur rapport à la nature. Par exemple, dans le cas de l'arboriculture, au-delà des incertitudes inhérentes à l'efficacité de ces techniques de protection, une gestion écologique du verger remet profondément en cause des catégories de pensée autour desquelles se sont construites l'identité et l'excellence professionnelles des arboriculteurs.

La même analyse peut être faite quant au changement de statut de pratiques autrefois mises en œuvre et ensuite dévalorisées par la culture «technique technicienne». Il y a peu de temps, considérées comme des indicateurs de manque de technicité des viticulteurs et plus ou moins abandonnées, certaines pratiques sont aujourd'hui réhabilitées et remises au goût du jour (travail mécanique du sol sur le rang de vigne avec chaussage et déchaussage par exemple). Cela conduit à une requalification, qui ne va pas de soi, des façons de faire des conseillers et des agriculteurs eux-mêmes.

Cela suppose de dépasser des incompatibilités entre systèmes cognitifs, entendus comme des ensembles larges de connaissances et de normes qui stabilisent une filière de production (Stassart et Jamar, 2009). Des agriculteurs, mais également des conseillers ayant initialement opté pour un modèle technico-économique peu compatible avec les normes bio peuvent difficilement envisager un changement, parce qu'ils sont pris dans les exigences qui viennent de l'ensemble du secteur de la production, et qui font écho à leurs connaissances et pratiques initiales. Cela rend les transitions entre systèmes conventionnels et bio particulièrement délicates (voir aussi le chapitre 12 sur les effets de verrouillage).

La diffusion des techniques de l'AB

L'attitude globale de l'encadrement agricole vis-à-vis de l'agriculture biologique incite – ou non – à la conversion. On peut noter tout récemment des actions, telle que le Grenelle de l'environnement, qui ont contribué à accélérer la légitimité de l'AB, notamment par la communication qui en a été faite. En 2007, le plan Barnier fixant des objectifs ambitieux de développement de l'AB est également porteur de l'émergence d'un intérêt moteur.

Cette récente légitimation s'étend même à la biodynamie qui a tendance à se démocratiser. Jusqu'à présent, elle était le fait de certains agriculteurs, parfois en lien direct avec des consultants privés pour les préconisations, notamment dans des domaines viticoles. Aujourd'hui, des demandes émanent plus largement, certains conseillers de chambres d'agriculture souhaitant se former à ce mode de production.

En dépit de cette légitimité acquise, des controverses persistent néanmoins[10]. Des divergences de point de vue entre conseillers, notamment entre des technico-commerciaux de l'agrofourniture et des conseillers convaincus subsistent sur l'évaluation de l'impact de l'AB sur la santé, et sur la pertinence et l'innocuité des pratiques de l'AB

---

10. Cette légitimité reste malgré tout fragile, car souvent remise en cause par les détracteurs de l'AB, comme en témoigne la récente étude de l'Agence sanitaire anglaise concluant le bénéfice nutritionnel non fondé des produits de l'AB (mais ne prenant pas en compte les résidus de produits phytosanitaires…).

pour le respect de l'environnement (usage du cuivre ou de la roténone en protection phytosanitaire par exemple).

Au-delà de la sensibilisation au mode de production en tant que tel, la diffusion de techniques bio, souvent dites « alternatives » (terme plus neutre) est un des moyens, probablement plus efficace auprès des professionnels, de lever progressivement les réticences ou résistances vis-à-vis de l'AB. Souvent il se trouve, pour des raisons d'interdiction d'une matière active en conventionnel, ou d'apparition d'impasses techniques liées à des phénomènes de résistances à des produits chimiques, que des conseillers soient contraints d'envisager des alternatives, voire une réflexion en amont du problème : « tant que la solution de traitement chimique, facile, efficace, et parfois peu onéreuse existe, la préconisation d'une alternative telle que la lutte biologique par exemple, plus délicate, souvent plus aléatoire, et souvent plus onéreuse, est plus difficile à proposer » (com. pers. d'un conseiller de GDA).

Des dispositifs tels que la mise en place de « référents bio », par production pour une région facilitent de tels processus de diffusion : le référent bio en lien avec le réseau de conseil conventionnel permet d'établir des ponts de façon à transférer des techniques alternatives dans le conseil individuel et collectif, et de diffuser des références technico-économiques, pouvant être répercutées à l'ensemble des producteurs. On peut citer le dispositif de la région Rhône-Alpes qui concentre les ressources de « pivots techniques bio » dans les réseaux des chambres d'agriculture ; en PACA, le système élaboré avec l'appui de l'État et de la région, repose sur les 2 réseaux (« spécialisé bio » et « conventionnel »), en utilisant les compétences mobilisables, et en faisant le pari d'un accroissement des interactions.

Fig. 2 Structuration du conseil technique en PACA

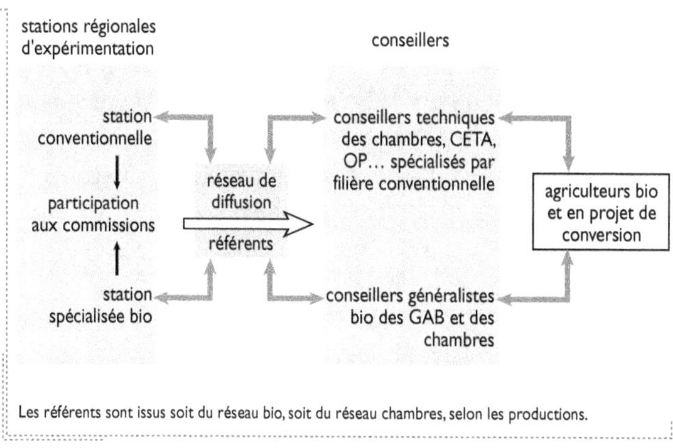

Ce fonctionnement avec des « têtes de réseau techniques » a d'ailleurs été mis en place au niveau national à l'APCA, avec deux généralistes bio et des référents par production.

3.2. L'aide à la prise de décision

La difficulté est ici pour le conseiller de trouver une juste mesure entre deux mises en garde, l'une présentant l'AB comme un « idéal » quasi-inatteignable, l'autre mettant en avant les changements à anticiper et à préparer.

Dans le temps préalable à la prise de décision de conversion, la recherche d'informations porte davantage sur la viabilité globale du projet que sur les modalités concrètes de mise en œuvre. Les agriculteurs préparent globalement peu les détails des modalités du changement, même si l'on observe des « tests grandeur nature » avec des agriculteurs préférant expérimenter la conduite en AB sur une parcelle par exemple, pour « se faire la main » avant de s'engager véritablement. En général, c'est ensuite durant la période de conversion proprement dite qu'ils vont tester la mise en œuvre (gestion de trésorerie, définition des assolements,…).

Les chapitres précédents ont montré, pour les principaux systèmes de production, les questions qui se posaient aux agriculteurs. Au regard de ces multiples difficultés, l'agriculteur doit choisir le rythme de conversion adapté, préparer le changement du système de production, résoudre de nombreuses questions techniques, et repenser (parfois) les modes de commercialisation. Nous pouvons identifier 3 dispositifs permettant aux conseillers d'intervenir en vue de faciliter le processus de conversion.

La formation à la conversion

L'accompagnement réglementaire est ici important (changements à prévoir pour se mettre en conformité avec les règlements). En effet, même si les principes généraux de la réglementation sont aisés à saisir, le cahier des charges reste néanmoins complexe (un guide de lecture a été rédigé de façon à expliciter des points ou des dérogations). Il est nécessaire (i) de réussir à véhiculer les principes de base de l'AB, (ii) mais aussi de réintroduire des connaissances spécialisées : sur le sol, sur l'utilité et la fonctionnalité des microflores, enzymes, micro- et macrofaunes… et par conséquent (iii) de disposer de références conséquentes. D'où l'importance de la recherche et des expérimentations à développer.

La visée de ces formations peut aussi être d'inciter les agriculteurs à s'engager dans une démarche d'aide à la définition de projet, qui peut même débuter à l'issue du stage. En Rhône-Alpes, le dispositif d'« accompagnement conversion » repose sur une session de formation proposée avant la décision de conversion.

L'étude du projet, ou diagnostic conversion

L'aide à la définition de projet peut être vue comme un préalable indispensable à l'évaluation de la viabilité du projet, et à la définition des modifications à apporter à la conduite de l'exploitation. Cependant, dans certains cas, des agriculteurs se convertissant « par conviction » estiment ne pas avoir besoin d'étude préalable. Ailleurs encore, des agriculteurs dans des démarches proches de l'AB, mais non certifiés en AB estiment que la conversion à l'AB ne remet pas profondément en cause les pratiques habituelles, ni même l'équilibre global de l'exploitation. Enfin, des agriculteurs pour qui l'autonomie est un critère important, souhaitent parfois être indépendants vis-à-vis du conseil en général.

Comme tout projet, la réussite de la conversion pour l'agriculteur sera essentiellement liée à l'adéquation entre ses objectifs (on a vu la gamme des motivations qui peuvent être très diverses) et les résultats obtenus consécutifs à la mise en place d'un certain nombre d'actions. Chaque étude de projet est véritablement singulière. En effet, il peut y avoir par exemple des différences d'acceptation sur le critère « perte de rendement » entre ceux qui se décident par conviction ou envie, et ceux qui se décident plutôt contraints (par réaction ou adaptation à un marché, à une réglementation). Certains agriculteurs auront à cœur d'optimiser la variable « pénibilité du travail » par priorisation de leur qualité de vie. Certains souhaiteront déléguer la fonction de commercialisation, et d'autres profiteront de la conversion pour repenser le mode de mise en marché, et retrouver au contraire une certaine autonomie dans ce domaine.

De nombreux outils de diagnostics préalables à la conversion existent. On peut citer la « Malette Conversion Bio » de l'APCA, réalisée par un collectif de conseillers bio de chambres d'agriculture (voir le chapitre 11 sur les outils d'accompagnement). Le chapitre 10 (« formation des conseillers ») présente les compétences indispensables aux conseillers pour mener à bien ces études de projet conversion.

Les références comme outil

Les accompagnements techniques ou technico-économiques se basent sur l'élaboration de références, socle des connaissances. Or, le manque de références est souvent cité comme un frein majeur au développement de l'AB.

On peut citer en PACA un outil tel que le « mémento de la conversion » ou « classeur conversion », intitulé « *Les premiers pas* » réalisé en partenariat entre les 2 réseaux GAB et chambres : ainsi, tout agriculteur de PACA souhaitant des renseignements concernant la conversion, qu'il s'adresse à une chambre d'agriculture ou un GAB, bénéficie de la même information. Cet outil livre à la fois des connaissances réglementaires, techniques et technico-économiques. Il peut être utilisé comme support de formation, comme préalable à l'étude d'un projet de conversion, et comme recueil de références.

Fig. 3 Les accompagnements clés à proposer aux agriculteurs qui souhaitent convertir leur ferme en bio (à partir d'une enquête proposée par le réseau FRAB Bretagne en 2009)

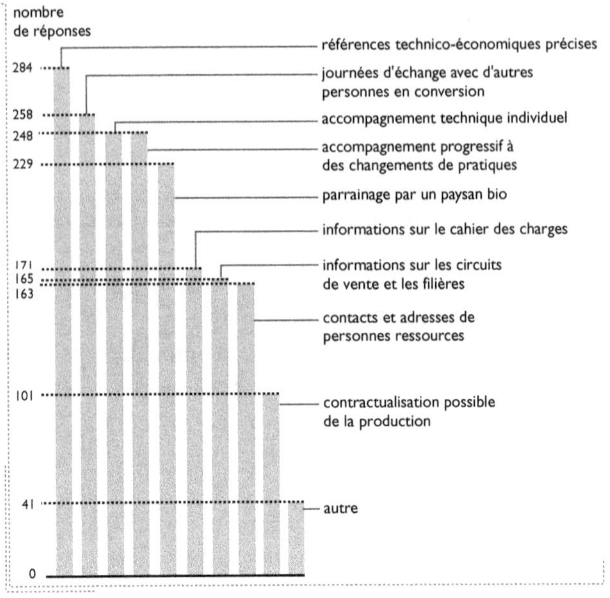

Source : SymBIOse

3.3. L'aide à la conduite de la conversion

À partir du moment où un agriculteur entreprend une démarche de conversion (c'est-à-dire après cette phase d'aide à la décision), pour être sécurisant, l'accompagnement doit inclure notamment :
– un accompagnement administratif pour bénéficier éventuellement des aides, notamment conversion à l'AB via les MAE (montage du dossier, lien aux administrations, organismes payeurs, etc.) ;
– un accompagnement technique (notamment conduite des cultures et des élevages : choix des techniques et des modes d'intervention, des plans de traitements, de fumures, choix des produits, suivis des parcelles et détermination des moments d'intervention) ;
– un accompagnement d'aval (notamment à la première mise en marché) ;
– un accompagnement professionnel (mise en relation avec d'autres agriculteurs qui pratiquent déjà l'agriculture biologique : parrainage, groupes d'échange).

L'accompagnement administratif comme soutien à la mise en œuvre des MAE

Même si les formalités administratives ne sont pas excessivement complexes, l'aide apportée pour le dossier de demande d'aide à la conversion est malgré tout importante pour certains agriculteurs peu coutumiers des relations avec l'administration. En plus des acteurs évoqués précédemment, il faut citer le rôle des DDEA et des ADASEA par rapport à l'instruction des demandes d'aides. Ces formalités, qui ont beaucoup changé au fil des dispositifs successifs, peuvent parfois décourager des agriculteurs. Par ailleurs, des agriculteurs ayant de petites surfaces, donc peu aidés, préfèrent souvent opter pour le crédit d'impôt, moins contraignant et moins lourd.

Le conseil technique dit « suivi ou accompagnement technique »

En fonction de leur histoire (fils d'agriculteurs/néo-ruraux, exploitations spécialisées/diversifiées) et au fil de leur expérience, les agriculteurs vont être en capacité de faire évoluer leur système plus ou moins radicalement face au système antérieur (voir sur ce point la conclusion de la 1re partie).

En conséquence, les attentes techniques peuvent être très diverses. Certains agriculteurs connaissent les grandes lignes des itinéraires techniques qu'ils vont adopter (ou ont déjà adoptés). Ils sont avant tout en recherche de réponses ponctuelles à des questions techniques particulières (ex. : lutte biologique, choix du matériel de désherbage mécanique). D'autres agriculteurs attendent davantage une aide sur la mise au point de nouveaux itinéraires à définir, selon des objectifs qui peuvent être très différents.

À noter que les « aspirants bio » et les agriculteurs déjà en bio sont parfois amenés à faire d'importants déplacements pour aller trouver un spécialiste qui pourra répondre à leurs questions, faute d'experts également répartis sur le territoire hexagonal.

La mise en place de « formules accompagnement conversion »

Comme on l'a vu, le conseil tend à devenir payant, alors que les agriculteurs conventionnels ont pu, jusqu'à récemment, en bénéficier gratuitement. C'est pourquoi, dans le but de mieux accompagner le développement de l'AB, certaines régions ont mis en place des « formules accompagnement conversion ». On peut citer le dispositif pilote de la chambre d'agriculture du Vaucluse, financé par le conseil régional PACA pour 10 exploitations par an. Il propose une formule de 3 jours par an « à la carte » en fonction des besoins des agriculteurs. Un binôme technique et économique est affecté au suivi de l'exploitation, et suivant les attentes (plutôt réglementaire, ou concernant la mise en marché, ou les suivis de cultures,…), c'est l'un ou l'autre qui intervient avec une partie commune pour conserver le pilotage global du projet.

La région Rhône-Alpes quant à elle prend en charge le suivi de la conversion pendant 3 ans pour toutes les exploitations désireuses de se convertir (cf. « chèques-conseil-conversion » évoqué dans les dispositifs incitatifs). Cet accompagnement conversion démarre avec la formation et le diagnostic. En Ardèche, dans le cadre de cet accompagnement non obligatoire, un accord a été trouvé entre les 2 réseaux : les diagnostics élevage se font par le réseau bio (AgriBio Ardèche) et les diagnostics « production végétale » sont proposés par la chambre d'agriculture. Cette division du travail n'est pas une scission dans le sens où les 2 réseaux se communiquent les informations, et où il y a même partage des fichiers de contacts. Mais pour autant, les « délimitations » ne sont pas systématiquement franches, ce qui nécessite des négociations et ajustements, parfois gourmands en énergie.

Une étude FNAB-CNASEA (2007) centrée sur les « décertifications »[11] (arrêt de la certification AB après le contrat MAE) indique qu'à niveau de valorisation économique équivalent (ou plutôt de non-valorisation en bio), les exploitations ayant bénéficié d'un accompagnement ont majoritairement choisi de rester certifiées en bio tandis que les exploitations sans accompagnement ont choisi de se « décertifier ». Même si ce n'est pas une règle immuable, il s'agit d'une indication instructive sur l'impact de l'accompagnement.

En termes d'outils, on peut citer le *Guide de suivi des exploitations en conversion à l'AB* de l'APCA, élaboré par un collectif de conseillers bio de chambres d'agriculture, basé sur la méthode HACCP[12] (voir aussi le chapitre 11).

L'accompagnement « aval »

Dans certains cas, il y a peu de préoccupations liées à l'aval, notamment lorsque c'est la filière qui est porteuse de la démarche de conversion (exemple d'une coopérative lançant une diversification bio). Dans ce cas, il arrive même qu'il y ait délégation des aspects administratifs à la coopérative, celle-ci ayant à s'assurer de la maîtrise réglementaire et technique de ses adhérents volontaires.

Pour les agriculteurs commercialisant eux-mêmes leurs produits, ou adhérents d'une structure n'ayant pas prévu de débouchés bios, il y a parfois peu d'anticipation sur la future mise en marché, et ce même si la motivation économique liée à la forte demande de produits bio et d'une plus-value bio est déterminante pour le candidat à la conversion en AB. La durée de 2 ou 3 ans à attendre avant d'avoir des produits commercialisables en AB fait que la réflexion sur le nouveau réseau de commercialisation est repoussée.

Cependant, on a vu que les nouveaux candidats à la conversion ont une moindre prédisposition à accepter des pertes économiques transitoires (AND-I *et al.*, 2008). Par conséquent, certains opérateurs économiques commencent à proposer des contractualisations avec une première valorisation du produit « en conversion », de façon à fidéliser l'agriculteur une fois que ses productions seront commercialisables en AB. Ainsi, sur certaines plateformes du réseau Biocoop, des produits en C2 (deuxième année de conversion) sont acceptés (à hauteur de 10 % des volumes de la production bio commercialisée), et ce au même prix que les produits bio, de façon à ne pas fragiliser la filière bio avec des produits en conversion moins chers.

On peut conclure ce point sur le fait que les enjeux d'un développement conséquent de l'AB se situent aujourd'hui dans les structures de collecte et de commercialisation.

---

11. Et non « déconversion », car la plupart des agriculteurs arrêtant de se certifier en AB conservent l'essentiel des pratiques bio. Le bénéfice de la conversion à l'AB est plus pérenne que l'engagement formel dans le dispositif d'aide du PDRN (étude FNAB-CNASEA 2007).

12. Hazard Analysis Critical Control Point : méthode d'analyse des risques - points critiques pour leur maîtrise.

En effet, en collectif, tout est plus long, et plus complexe, mais une fois les décisions prises, ce n'est pas une par une que les exploitations passeront en bio mais par groupe (exemple : mise en place de cuvées bio par un noyau d'adhérents dans des coopératives viticoles). Par contre, en corollaire, il paraît nécessaire pour un développement harmonieux dans un marché en croissance rapide d'avoir les outils de connaissance de ces marchés. Les agriculteurs doivent être accompagnés de façon à avoir un bon niveau d'informations économiques (échanges sur les prix, les volumes, les conditions de mise en vente…) pour la maîtrise de leur mise en marché, car la vision globale peut être vite perdue, notamment sur des circuits longs, avec de multiples acteurs, nationaux et internationaux. On peut citer l'initiative du salon « Tech & Bio » de création d'une bourse d'échanges web des professionnels de l'AB, destinée à préciser les attentes des opérateurs et à mettre en relation agriculteurs et acheteurs potentiels.

L'accompagnement des collectifs d'agriculteurs

Deux optiques peuvent coexister pour favoriser les échanges, facteurs de réussite et de progrès :
– Aider à la constitution de groupes d'agriculteurs biologiques, permettant de favoriser les échanges entre anciens et nouveaux et les échanges d'expériences. En effet, certains GAB ont notamment mis en place des systèmes de parrainage, de façon à accompagner un « nouveau-converti » par un agriculteur plus expérimenté en AB. Le « conseiller » devient alors en quelque sorte l'agriculteur expérimenté pour un « débutant en bio ». L'agriculteur aura parfois tendance à accueillir préférentiellement l'avis du producteur ayant une expérience concrète. La difficulté du dispositif est qu'il peut vite être gourmand en temps pour les volontaires, et qu'il nécessite donc un financement spécifique pour les indemniser.
Par ailleurs, les collectifs permettent d'envisager des innovations, voire des solutions, qui individuellement n'auraient pas émergé (exemple : relance d'une variété ancienne de blé dans le cadre du projet « Blé meunier d'Apt »[13]).
– Aider à la constitution de groupes mixtes bio et conventionnels pour répondre éventuellement à de nouvelles demandes : gestion environnementale du territoire, développement d'une production locale, échange de matériel. Certains enjeux à l'échelle des territoires, en particulier dans le champ de l'environnement (gestion de l'eau, biodiversité, paysages) ne peuvent justifier d'un mode d'action limité aux exploitations prises individuellement, mais imposent une action concertée des exploitants, ayant une conscience partagée de l'importance de ces enjeux. Le problème réside dans l'accompagnement de tels projets et le dépassement des conflits d'intérêt et de la concurrence pour aller vers l'émergence de dynamiques collectives (Houdard *et al.*, 2007). La diversification des sources de financement des actions de développement, ainsi que l'attribution de ces fonds, en particulier par des collectivités locales, portées par des acteurs très divers, peuvent amener des collectifs antérieurement marginaux à gagner en légitimité (Compagnone *et al.*, 2009).

---

13. Cf. historique du projet AgriBio04 & parc du Lubéron (voir site www.bio-provence.org).

Conclusion

L'accompagnement des producteurs vers des systèmes plus complexes favorisant une certaine autonomie par rapport aux intrants suppose de favoriser l'acquisition de compétences diversifiées et articulées. C'est sans doute en cela que l'accompagnement de la conversion à l'AB est en soi un modèle d'accompagnement de transitions vers des systèmes plus résilients, présentant une plus grande faculté d'adaptation aux changements.

Il a souvent été dit qu'en agriculture biologique, le transfert de connaissances ne doit pas suivre un modèle descendant de la recherche vers les producteurs *via* le développement et le conseil (transfert technologique, ou « modèle diffusionniste »), mais devrait se développer comme un système de connaissance incluant l'ensemble des acteurs de façon « équitable » (notion d'« ecological and fair knowledge system » développée par le FiBL, Alfödi *et al.*, 2003). Cette réflexion étend la conception de « système » à l'élaboration des connaissances, en intégrant la multidisciplinarité, un raisonnement systémique, une prise en compte forte de l'expérience des agriculteurs, et la mise en œuvre de la recherche sur les fermes. La nécessaire intégration des différents types de connaissances, en particulier les savoirs locaux et traditionnels, dans les processus d'innovation semble aujourd'hui de plus en plus reconnue, au-delà des cercles de l'AB. De ce point de vue, on peut considérer comme favorable l'émergence de réseaux d'échanges, dans lesquels se rencontrent des conseillers, des chercheurs, des ingénieurs d'instituts techniques, pour discuter des nouveaux défis posés au conseil. On peut citer récemment en France la mise en place de RMT (réseau mixte technologique), dont la vocation est également de favoriser ces liens, et au sein desquels le RMT DévAB (développement de l'AB) a pour objectif premier de produire des outils facilitateurs de conversion à l'AB. Un deuxième niveau auquel les lieux collectifs d'accumulation de connaissances pour le développement de l'AB pourraient s'étoffer est celui des régions, comme l'ont montré les mises en place de dispositifs de référents régionaux dans diverses régions, notamment par un souci de mutualisation des compétences.

Pour ce qui concerne plus spécifiquement le conseil, il existe malgré tout un décalage entre les moyens mis à disposition des structures de conseil et le nombre croissant d'agriculteurs à accompagner dans une conversion à l'AB. Par ailleurs, on constate un changement récent de profil des convertis à l'AB : exploitations plus grandes, systèmes moins polyvalents, moindre prédisposition à accepter des pertes économiques transitoires. Le besoin d'encadrement des convertis a donc à la fois augmenté et en partie changé de nature, or l'élargissement des actions à financer dans le cadre du développement de l'AB s'est réalisé pratiquement à budget constant jusqu'à maintenant.

Notre chapitre a essentiellement traité de l'accompagnement aux conversions à l'AB, et de la mise en œuvre de moyens importants à tous les niveaux pour toucher les agriculteurs « en conversion » ou « à convertir », constituant le pool de candidats potentiels le plus important. Dans un contexte de moyens alloués au conseil public et parapublic plutôt en diminution, il paraît important, pour le développement de la bio, de miser aussi fortement sur l'enseignement pour favoriser les installations en bio (on note déjà la tendance, dans de nombreux départements, d'un pourcentage d'installations en bio bien supérieur au ratio SAU bio/SAU totale) : c'est l'objet du chapitre suivant.

BIBLIOGRAPHIE

AND INTERNATIONAL, ERNST & YOUNG, SOMIVAL, 2008. « Évaluation ex-post du Plan de Développement Rural National, Soutien à l'agro-environnement, étude de cas sur la mesure conversion à l'AB », *Marché Cnasea* n° 22-07.

ALFÖLDI T., WEIDMANN G., SCHMID O., NIGGLI U., 2003. *Challenges for the transfer of knowledge: The situation in Switzerland*, Wissenschaftstagung zum Ökologischen Landbau.

ANSALONI M., 2009, *Contrôle politique européen et processus d'européanisation: une comparaison des politiques agro-environnementales anglaises et françaises*, Congrès ASFP Grenoble.

BARBUT L., BASCHET J.F., 2005. « L'évaluation de la politique de soutien à l'agro-environnement », *Notes et études économiques* n° 22, février.

BARRES D., BONNY S., LE PAPE Y., REMY J., 1985. « Une éthique de la pratique agricole, Agriculteurs biologiques du Nord Drôme », *Économie et Sociologie Rurales*, INRA.

CNASEA, 2002. *Données de paiement.*

COLSON F., 1986. « Le développement agricole face à la diversité de l'agriculture française », *Économie Rurale* 172.

COMPAGNONE, C., 2005. *Dynamique des changements de pratique des viticulteurs en Bourgogne: influence de la structure du conseil et des réseaux de dialogues entre pairs*, PSDR, Communication Symposium 9-11 mars 2005.

COMPAGNONE C., AURICOSTE C., LÉMERY B., 2009. « Les nouvelles pratiques de développement », *Conseil et développement en agriculture; quelles nouvelles pratiques?* Educagri éd.- éd. Quae, coll. Sciences en partage.

DARNHOFER I., LINDENTHAL T., BARTEL-KRATOCHVIL R., ZOLLITSCH W, 2009. « Conventionalisation of organic farming practices: from structural criteria towards an assessment based on the organic principles », *Agronomy for Sustainable Development.*

DARRÉ, 1996 . *L'invention des pratiques dans l'agriculture. Vulgarisation et production locale de connaissances*, éd. Karthala.

ENESAD, 1999. *Comment les agriculteurs abordent et conduisent la conversion vers l'agriculture biologique?*

HOUDART M., BONIN M., COMPAGNONE C., 2007. *Organisation sociale et organisation spatiale: apprécier le potentiel d'un groupe à l'innovation agro-écologique, Étude de cas en zone bananière, Guadeloupe*, Congrès du 47e ERSA (European Regional Science Association).

INSEE, 2000. AGRESTE, ministère de l'Agricuture.

KAUFFMANN, 2009. « Simulating the diffusion of organic farming practices in two New EU Member States », *Ecological Economics*, 68.

LABARTHE P., 2006. *La privatisation du conseil agricole en question. Évolutions institutionnelles et performances des services de conseil dans trois pays européens (Allemagne, France, Pays-Bas)*, thèse en sciences économiques, université de Marne la Vallée.

LAMINE C., J-M. MEYNARD, N. PERROT, S. BELLON, 2008. « Analyse des formes de transition vers des agricultures plus écologiques: les cas de l'Agriculture Biologique et de la Protection intégrée», *Innovations Agronomiques, 4.*

LÉGER, F., 2002, *Le Contrat territorial d'exploitation: impasse ou laboratoire?,* universités d'été, Marciac.

LE MOIGNE J. L., 2000. *La modélisation des systèmes complexes,* Dunod.

LE PICHON V. *et al.,* 2009. «Approche multi-niveaux de la gestion des bio-agresseurs: grille d'analyse des expérimentations du Groupe de Recherche en Agriculture Biologique», *Innovations Agronomiques, 4.*

MICHELSEN J., LYNGGAARD K., PADEL S., FOSTER C., 2001. «Organic Farming Development and Agricultural Institutions in Europe: A Study of Six Countries. Organic Farming in Europe», *Economics and Policy,* vol. 9.

MOSCHITZ H., STOLZE M., 2005. *Making policy – A network analysis of institutions involved in organic farming policy, Researching Sustainable Systems,* International Scientific Conference on Organic Agriculture, Adelaïde, Australie, 21-23 septembre.

MUNDLER, P., 2006. *Les conseillers d'entreprise entre guichet et projet, conseiller en agriculture,* Educagri éd.

MUNDLER P., LABARTHE P., LAURENT C., 2004. *Les disparités d'accès au conseil - Le cas de la région Rhône-Alpes,* colloque SFER «Les systèmes de production agricole: performances, évolutions, perspectives», Lille, 18-19 novembre 2004.

OFFERMANN F., NIEBERG H., ZANDER K., 2009. « Dependency of organic farms on direct payments in selected EU member States: today and tomorrow », *Food policy,* vol. 34, n° 3.

PADEL S., 2001. «Conversion to organic farming: a typical example of the diffusion of an innovation», *Sociologia Ruralis,* 41 (1).

PADEL S., LAMPKIN N., FOSTER C., 1999. «Influence of policy support on the development of organic farming in the European Union», *International planning studies* vol. 4, n° 3.

QUELIN C., 2009. *Quelles perspectives pour l'AB française?* ASP DCE étude.

RÉMY J., 1999. «Les Contrats territoriaux d'exploitation. Un outil de développement durable», *Pouvoirs locaux* n° 43, IV.

RUAULT C., 2006. « Le conseil aux agriculteurs bios: un analyseur des interrogations et évolutions du conseil en agriculture » *in Conseiller en agriculture,* Educagri éd.-éd. Quae, coll. Sciences en partage.

SCHERMER M., 2008. «Organic policy in Austria: greening and greenwashing» *Journal of Agricultural Resources, Governance and Ecology,* Vol. 7.

STASSART P.M., JAMAR D., 2009. «Agriculture biologique et verrouillage des systèmes de connaissances. Conventionalisation des filières agroalimentaire bio», *Innovations Agronomiques, 4.*

STOLZE L., LAMPKIN N., 2009. « Policy for organic farming: rationale and concepts », *Food Policy,* 34.

Chapitre 9

Parcours d'installation en AB

Delphine Garraud, CFPPA d'Aix Valabre, Jean-Marie Morin, Formabio-DGER

Ce chapitre, construit à partir de l'expérience d'enseignement des auteurs, traite des parcours d'installation en AB de candidats sans formation capacitaire agricole et souvent non originaires du milieu agricole. Il aborde les dispositifs de formation et d'accompagnement de leurs projets, qui concernent souvent, dans le cas présenté ici d'un CFPPA situé en Provence, du maraîchage diversifié en vente directe. En formation initiale, les projets d'installation sont souvent plus lointains dans le temps, même pour des formations à orientation agriculture biologique telles que certains bacs professionnels et brevets de technicien supérieur.

Si des installations directes en AB existent dans le cadre familial, qu'il s'agisse de conversions préparées par les parents ou de reprises d'exploitations bio par la deuxième voire la troisième génération, environ les deux tiers des projets d'installations concernent un public de néoruraux avec ou sans diplôme agricole. Dans les régions du sud-est notamment, ces néoruraux[1] se tournent en grande majorité vers des systèmes de production maraîchère, associés ou non à quelques productions ou activités complémentaires. Ils préfèrent la commercialisation en vente directe.

Ces installations représentent un potentiel essentiel, notamment pour les circuits courts, bien qu'il y ait peu de chance que la production de fruits et légumes bio en quantité pour la grande distribution puisse s'appuyer sur ces installations. Ce public prêt à s'installer sur des surfaces importantes et spécialisé sur quelques légumes n'existe pas ou de manière insignifiante. Seules des conversions d'exploitation légumières ou arboricoles conventionnelles, ou des diversifications de production à partir d'autres systèmes (spécifiquement arboricole ou viticole, ou en polyculture et/ou élevage) vers le maraîchage biologique permettront de fournir des volumes importants (voir les chapitres 3 et 12).

En revanche, l'enjeu est de faire évoluer les projets d'installation vers une meilleure organisation, une meilleure gestion de la problématique travail, un meilleur fonctionnement des systèmes collectifs (groupements de commercialisation, répartition des productions, association avec des éleveurs…). Dans nombre de cas, il s'agit de réaliser des économies d'échelle en se spécialisant un peu et en rationalisant l'outil de production, pour dégager un revenu suffisant, pouvoir investir, limiter la charge de travail et aussi avoir des conditions de vie acceptables à moyen terme.

Ce chapitre présentera les parcours de formation possibles, puis des expériences concrètes d'inclusion de l'AB dans ces formations, et enfin, évoquera le devenir des stagiaires après formation.

1. Profils et parcours d'installations en AB

Les objectifs des installations en AB sont motivés par plusieurs critères : un choix de vie (et pour les néoruraux, de changement de vie), la qualité de vie, la volonté de pratiquer une agriculture respectueuse de l'environnement, la volonté d'en tirer un revenu correct sur une exploitation à taille humaine.

Au CFPPA d'Aix Valabre, sur vingt projets présentés à l'entrée en formation, dix sont déjà orientés vers l'AB, sur deux cultures principales qui sont la vigne et le maraîchage. Quatre n'ont pas encore bien défini leur mode de production et veulent bénéficier de la formation et des stages pour se déterminer. Six enfin sont des fils d'exploitants qui souhaitent pérenniser l'exploitation et sont en demande d'une sensibilisation à l'AB

---

1. Terme masquant une certaine hétérogénéité puisque l'on peut avoir certes des citadins souhaitant s'installer en agriculture et à la campagne, mais aussi des ruraux originaires d'autres régions ou encore originaires de la région, mais qui ont travaillé un certain temps dans un autre domaine voire une autre région.

qui, pour un sur six environ, se concrétisera par une reconversion rapide de l'exploitation à l'AB (sachant qu'ils peuvent aussi se tourner vers l'AB plusieurs années après leur formation).

Ces chiffres ont augmenté fortement ces dernières années, puisqu'il y a dix ans la proportion des projets en AB était de l'ordre d'environ un projet sur cinq.

Les personnes non fils ou fille d'exploitants, qui aspirent à un changement de vie et sont très motivés pour s'installer en agriculture biologique présentent avant leur entrée en formation des projets agricoles peu chiffrés. La formation doit donc les accompagner en priorité sur ce point, et leur permettre de mettre à l'épreuve leurs aspirations en leur apportant une immersion dans le secteur professionnel.

L'objectif du BPREA (brevet professionnel de responsable d'exploitation agricole), diplôme de niveau IV qui confère la capacité professionnelle, est bien de permettre à un candidat non seulement d'acquérir les compétences techniques et de gestion essentielles, mais aussi de s'immerger dans le secteur professionnel.

1.1. Les profils des candidats à l'installation en agriculture biologique

Notre expérience de plusieurs années de formation en CFPPA nous permet de distinguer trois profils de candidats :

1. Les enfants d'exploitants : certains souhaitent convertir l'exploitation familiale à l'AB lorsqu'ils la reprendront. Les jeunes agriculteurs qui reprennent des structures familiales souhaitent pour la plupart se sensibiliser à l'AB pour se convertir éventuellement à plus ou moins long terme.

2. Les personnes en reconversion professionnelle : ce sont soit des candidats qui sont en recherche d'emploi depuis quelques temps et qui souhaitent créer leur structure, soit des personnes qui ont de la famille ou une connaissance dans l'agriculture, qui pourrait leur rétrocéder du foncier dans le cadre d'une création d'exploitation en AB.

3. Les demandeurs d'emplois : après avoir fait un bilan de compétences et normalement, un stage de découverte du métier leur permettant de valider leur nouvelle orientation professionnelle, ils sont orientés vers la formation du BPREA et en découvrent les objectifs, alors qu'ils n'avaient pas forcément un projet très précis au départ en termes d'installation agricole. La formation leur permet de tester leurs connaissances et leurs motivations, et d'avancer sur la réalité de leur projet.

1.2. Les parcours possibles

Pour les candidats à l'installation en AB, plusieurs parcours sont possibles : soit l'installation directe, avec ou sans appui par des groupes de développement (GAB et GRAB) et/ou des conseillers de chambres d'agriculture ou d'organismes spécialisés, tels que l'ADEAR (association pour le développement agricole et rural), soit des formations courtes ou longues. Pour s'installer en jeune agriculteur et accéder à la DJA (dotation jeune agriculteur), il est nécessaire d'être titulaire d'un diplôme de niveau IV, dont la liste des formations agricole du ministère est disponible sur le site : http://www.portea.fr/. Pour ce qui concerne les formations courtes en AB, de nombreux dispositifs sont mis en œuvre au niveau national ou régional à travers des structures comme les chambres d'agriculture, les groupements d'agriculteurs biologiques de la FNAB et les CIVAM. Ces formations courtes peuvent être prises en charge par les fonds de formation. Elles sont réservées aux agriculteurs et aux salariés agricoles.

Dans le cadre de leurs politiques, les collectivités territoriales (régions et départements) apportent un soutien de plus en plus affirmé à la filière AB (voir chapitre 8). Celui-ci se décline au travers de plusieurs types d'actions : outre l'aide à la conversion et à la certification des exploitations, la valorisation des productions, et l'appui aux circuits courts de commercialisation, les conseils régionaux sont en charge de la formation professionnelle et financent à ce titre, dans le cadre de marchés publics, les actions de formation telles que les BPREA et les certificats de spécialisation.

Pour plus d'information, on peut se reporter au tableau sur la formation : http://www.itab.asso.fr/abinfo/formation.php

Pour ce qui est de la formation initiale, les sites internet du « ministère de l'agriculture » répertorient sur portea.fr, chlorofil.fr (sur lequel on trouve le réseau Formabio dédié à l'enseignement de l'AB) et educagri.fr, l'ensemble des formations agricoles.

Depuis la rentrée 2008, l'AB est prise en compte dans tous les cursus de formation de l'enseignement agricole, conformément à la note de service du 27 juin 2008 (DGER/SDPOFE/N2008-2081) qui décline cette prise en compte de l'AB dans l'enseignement agricole en conformité avec le plan « agriculture biologique Horizon 2012 ».

L'approche du mode de production AB doit donc être désormais renforcée dans tous les référentiels de formation en cours de rénovation ou existants, avec un objectif de généralisation pour 2012. Ce mode de production sera obligatoirement abordé dans toutes les formations de l'enseignement agricole et pourra donner lieu à une orientation « AB ». L'agriculture biologique doit d'ores et déjà être introduite dans les formations en s'appuyant sur des exemples concrets et en concertation avec les professionnels locaux et leurs organisations.

Les équipes pédagogiques disposent à cette fin de marges d'autonomie dans le cadre des référentiels existants : les unités capitalisables d'adaptation régionale (UCARE), les modules d'initiatives locales (MIL), les modules d'adaptation régionale, les modules d'adaptation ou d'approfondissement professionnel, les activités pluridisciplinaires, les stages collectifs.

Pour les choix de supports et de situations pédagogiques, les exploitations agricoles des établissements ou leurs ateliers pédagogiques conduits en agriculture biologique sont privilégiés.

Certaines préconisations sont spécifiques aux formations du secteur «production», et recommandent deux types d'approches :
– une approche comparative systémique : plusieurs systèmes d'exploitation pourront être étudiés en utilisant des indicateurs techniques, économiques, environnementaux et sociaux pertinents ;
– une approche des techniques : la connaissance des techniques utilisées en agriculture biologique est indispensable pour les futurs professionnels de l'agriculture quels qu'ils soient, même s'ils ne se dirigeront pas vers l'AB. Cela pourra leur offrir une ouverture sur les techniques et les approches indispensables à la limitation des intrants (engrais et produits phytosanitaires) et à la prise en compte des exigences liées au respect de l'environnement et des objectifs de développement durable. Ainsi, les procédés de désherbage thermique, la lutte biologique, les moyens de lutte passive contre les prédateurs, les moyens de prévention et de conduite sanitaire des élevages, les techniques de gestion de la matière organique, cités dans la même note à titre d'exemples, doivent être abordés dans le cadre des modules concernés.

En outre, dans le cadre du plan de réduction des pesticides (Plan interministériel de réduction des risques liés aux pesticides, 2006-2009, 5 juillet 2006), il est spécifié aux centres de formation habilités à délivrer les diplômes professionnels, la nécessité de sensibiliser les apprenants à la pratique de l'agriculture biologique en tant que mode de production plus respectueux de l'environnement et de la santé des individus.

Au-delà de la présentation des possibilités de substitution de techniques, les approches pédagogiques doivent s'attacher à développer l'esprit critique et les capacités d'observation des élèves et stagiaires en privilégiant l'établissement de diagnostics et de réflexions globales sur la gestion du milieu et ses interactions avec l'environnement. Il s'agit ici de mettre en évidence les facteurs qui conditionnent les décisions et les choix techniques, que ce soit en agronomie, zootechnie, écologie ou en économie.
Les approches économiques, tant au niveau de la gestion des exploitations, de la valorisation des produits et des systèmes de commercialisation devront prendre en compte la diversité des situations et des stratégies mises en œuvre.
Enfin, les principaux points du règlement européen concernant l'agriculture biologique doivent être abordés dans ces formations.

De plus, la note de service (voir page 222) précise les « conditions permettant la reconnaissance de la mise en œuvre d'une formation à orientation « agriculture biologique » dans les établissements d'enseignement agricole.

Les établissements qui souhaitent utiliser la mention « agriculture biologique » dans l'intitulé d'une offre de formation doivent présenter un dossier à la DRAF/SRFD. Ce dossier comporte une note précisant l'intérêt, les moyens et les supports envisagés pour cette orientation « AB » dans l'offre de formation.

La procédure de reconnaissance comporte les étapes suivantes :
– un contact préalable avec le réseau Formabio et son animateur national chargé d'aider l'équipe pédagogique à préparer et présenter le dossier d'habilitation à la mise en oeuvre d'une formation à orientation « agriculture biologique » ;
– l'avis formel du Conseil d'administration ;
– la rédaction du plan de formation pour le ou les secteurs choisis accompagné (s) des documents nécessaires (note d'opportunité, fiche d'instruction si nécessaire) ;
– la validation par les services régionaux de la formation et du développement (SRFD) des dossiers en faisant appel si nécessaire à l'expertise de l'inspection de l'enseignement agricole (IEA).
Pour les diplômes en unités capitalisables, le dossier pour la reconnaissance de la mise en oeuvre d'une formation à orientation « agriculture biologique » devra faire la preuve que toutes les conditions précisées dans l'annexe I jointe à cette note de service sont réunies. À cet effet, le réseau Formabio et ses animateurs interviendront en soutien et expertise auprès des établissements et des SRFD.

Il faut noter qu'il existe, depuis 1985, deux diplômes du « ministère de l'agriculture » dédiés spécifiquement à l'AB : le certificat de spécialisation « conduite de productions en agriculture biologique et commercialisation » et un autre, « technicien conseil en agriculture biologique ». Le premier est une formation de 560 heures et 16 semaines de stage pratique qui permet à des candidats ayant une formation agricole conférant la capacité, de se former en AB en travaillant notamment leur projet d'installation ; ce certificat est dispensé en 2009 par 5 établissements en France.

En formation initiale, le bac professionnel est le diplôme de base qui confère la capacité agricole et permet donc l'installation. Les élèves sont en général trop jeunes (18 ans) pour envisager une installation très rapide. Quelques établissements proposent un bac professionnel à orientation agriculture biologique : c'est le cas notamment de Saint-Affrique en Aveyron qui le propose depuis 1998. Même si les promotions d'élèves ont des effectifs faibles (une dizaine), la majorité des anciens élèves se sont installés en AB dans la région.

L'enjeu majeur pour les formations initiales est de développer dans tous les établissements une approche large des systèmes agricoles qui intègre l'agriculture biologique et donne ainsi le choix aux nouvelles générations.

2. Le BPREA, cœur du dispositif : ses grandes lignes et son adaptation à l'AB

Voici comment est défini le BPREA rénové dans l'arrêté le concernant (2 octobre 2007) :

Le BPREA est un diplôme qui va permettre aux candidats d'acquérir la capacité professionnelle. Il fait partie du dispositif préparatoire à l'installation pour les jeunes agriculteurs.

Le référentiel de formation du diplôme BPREA comporte un référentiel professionnel, un référentiel de compétences et un référentiel d'évaluation.

Le BPREA est délivré selon la modalité des unités capitalisables, et s'obtient par la capitalisation de douze unités dont :

– deux unités nationales générales : UCG1 et UCG2 ;

– six unités nationales professionnelles : UCP1, UCP2, UCP3, UCP4, UCP5 et UCP6.

– deux unités techniques choisies et cohérentes avec l'agriculture locale de chaque centre : UCT 1, UCT 2 ;

– deux unités d'adaptation régionale à l'emploi (UCARE) proposées par les centres de formation habilités.

Les candidats au BPREA doivent avoir suivi une formation générale, technologique et professionnelle d'une durée minimale de 1 200 heures en centre et en milieu professionnel.

Un jury est chargé de la validation des plans de formation et d'évaluation.

S'il faut pouvoir traiter des principes de l'agriculture biologique dans l'ensemble de ces unités capitalisables, les principaux modules concernés par l'AB sont de fait :

– l'UC G2 : enjeux environnementaux ;

– l'UC P5 : commercialiser son produit ;

– les UCT : viticulture, horticulture, arboriculture, grandes cultures par exemple dans le cadre du CFPPA de Valabre ;

– les UCARE, qui permettent des approfondissements notamment en agronomie ou l'étude de thèmes transversaux tels que l'AB.

Ces modules seront traités de manière transversale tout au long du parcours du candidat à l'installation en AB.

Le volume d'heures qui pourront être dévolues à l'AB variera selon les centres et les équipes pédagogiques. Dans les BPREA à orientation AB, ce sont de 300 à 500 heures plus le stage pratique (variable en durée) qui y seront consacrés (2UCT, l'UCP 5 et l'UCP6 projet).

Au CFPPA de Valabre, une partie des UC techniques sont réalisées chez le tuteur ou le maître de stage. À leur contact, le stagiaire pourra ainsi se former directement à la pratique de l'AB, au long de son parcours.

La profession agricole est d'ailleurs considérée comme un acteur moteur du fonctionnement de la formation professionnelle. Elle participe à l'écriture des référentiels nationaux et à l'adaptation des UCARE ainsi qu'à la validation des épreuves, et aux différents jurys d'agrément et de validation.

En France, à l'automne 2009, il existe 21 centres de formation proposant un BPREA à orientation AB (12 dossiers agréés et 9 en cours de validation). Dans la plupart des cas, le public est le suivant : une forte proportion de candidats non-issus du milieu agricole et envisageant un projet d'installation en agriculture biologique. Dans ces formations, c'est l'agriculture biologique qui sert de support à la formation tant du point de vue système, que techniques et pratiques, sachant que des visites et des comparaisons avec des exploitations conventionnelles sont intégrées au cursus.

3. LES DISPOSITIFS DE FORMATION ET D'ACCOMPAGNEMENT MIS EN ŒUVRE

Le réseau Formabio a été impulsé par les formateurs impliqués dans les BPREA à orientation bio. Ses rencontres ou ses échanges portent notamment sur les échanges de pratiques liées à cette formation. Il n'y a pas un modèle unique de BPREA à orientation bio, mais au fil des rencontres, plusieurs points partagés ont émergé :
– la nécessaire adaptation à un public ayant souvent une très bonne formation de base mais très peu d'expérience et de pratique en agriculture, alors que le public classique des centres adultes était constitué de fils ou femmes d'agriculteurs souhaitant reprendre la ferme familiale ou s'associer, donc ayant besoin surtout du diplôme ;
– la prédominance de projets en maraîchage diversifié, voire en productions assez atypiques (pain, transformation…) alors que les productions classiques proposées par les centres étaient les productions dominantes de la région (souvent élevage et grandes cultures) ;
– le choix de la vente directe dans les projets, alors que classiquement, la commercialisation était peu abordée car les agricultures locales étaient avant tout construites sur les grandes productions subventionnées et très organisées en filière.

Cela conduit dans les formations à orientation bio à choisir :
– de réaliser beaucoup de visites de fermes, de mises en situation pratique, de témoignages d'agriculteurs bio, d'études de cas concrets plutôt que de cours magistraux ;
– de proposer des UC techniques sur les productions maraîchage mais aussi sur la gestion des équipements (mécanique, matériels) et de travailler avec des maraîchers biologiques comme intervenants ou en utilisant leurs fermes comme support pratique ;
– d'accorder moins de place à l'étude de la PAC et aux dispositifs accessibles surtout

aux grandes exploitations pour travailler davantage le marketing, les différentes formes de commercialisation (AMAP, paniers…) mais aussi les dispositifs d'aides alternatifs pour l'accès au foncier et à l'installation.

Cette évolution des façons de faire dans les centres conduit à gérer des situations parfois difficiles : évolution des compétences techniques vers des productions nouvelles, « savoirs » diffus qui ne relèvent plus de la transmission « du formateur au formé », public très demandeur et ayant un niveau de formation générale souvent égal aux formateurs. De plus, les rapports avec la profession agricole évoluent : les groupements d'agriculture biologique font leur entrée dans les instances des établissements, beaucoup d'exploitations de lycées agricoles convertissent une partie de leurs surfaces pour servir de lieu de pratique.

L'exemple ci-dessous est une des illustrations possibles de ces évolutions. Il s'agit de l'UCARE AB construite et mise en œuvre au CFPPA de Valabre. En 2009, cette UCARE AB a représenté un volume de 80 heures sur 10 séquences réparties du mois de janvier au mois de juin, détaillées dans le tableau récapitulatif ci-après. Ce tableau présente les objectifs pédagogiques, les modalités d'enseignement et aussi les appréciations portées par les stagiaires sur les différentes séquences :

Tab. 1 Séquences de l'UCARE AB au CFPPA de Valabre

Séquence	Objectifs pédagogiques	Modalités pédagogiques	Observations des stagiaires
1	Présentation des objectifs pédagogiques de l'UCARE Présentation des organismes qui interviennent sur la filière AB	En salle, cours magistral	Contenu explicite, mais un peu trop rapide
2	Rôle des différents organismes du secteur bio	En salle, cours magistral	Contenu intéressant, nombreuses questions et échanges
3	Réflexion et faisabilité des projets d'installation Les principales techniques de production en AB Approche de la méthode Hérody	En salle, cours magistral	Pas assez de documentation sur les différentes techniques en AB Auraient souhaité plus d'information sur la biodynamie (cours trop succinct, en trois heures)
4	Réflexion et préparation des questions pour les visites d'exploitation en AB	En salle, cours magistral et échanges	
5	Finalisation du questionnaire pour les visites d'exploitation Les modalités de conversion des exploitations en AB	En salle, cours magistral	Contenu explicite et grandes lignes directrices de l'interview bien définies

Séquence	Objectifs pédagogiques	Modalités pédagogiques	Observations des stagiaires
6	Visite de l'exploitation 1 : exploitation maraîchère bio de 2 ha qui produit 60 légumes différents sur l'année, commercialisation en AMAP	Sur l'exploitation agricole	Visite intéressante sur le plan de l'expérience et sur les techniques en AB
7	Visite de l'exploitation 2 : exploitation de 3 ha en maraîchage bio plein champ et abris, production de plants certifiés AB, commercialisation par un magasin en vente directe	Sur l'exploitation agricole	Visite très intéressante sur la protection intégrée et l'entomologie (pour limiter l'emploi de pyrèthre et de roténone)
8	Visite de l'exploitation 3 : exploitation de 3,5 ha en maraîchage bio et élevage de poules pondeuses bio, vente directe à la ferme et vente en AMAP	Sur l'exploitation agricole	Visite intéressante centrée sur le système de commercialisation en AMAP et point de vente directe.
9	Visite de l'exploitation 4 : exploitation de 2 ha en maraîchage, 3 ha de blé dur et 5 ha de vigne, production en biodynamie, atelier de transformation du blé (paysan boulanger), vente directe et AMAP	Sur l'exploitation agricole	Visite décousue et trop courte mais bons échanges entre l'exploitant et le groupe
10	Visite de l'exploitation 5 : exploitation de 58 ha de vigne, 5 ha d'oliviers, 11 ha d'amandiers conduite en biodynamie depuis 1990 (Demeter et Biodivin), vente au caveau et en magasin bio	Sur l'exploitation agricole	Visite intéressante bien structurée et argumentée

Ces différentes séquences permettent donc d'aborder certains points principaux de la pratique de l'AB : les aspects tec hniques bien entendu, mais aussi les organismes et leur rôle dans la filière bio ainsi que les différents systèmes de commercialisation (AMAP, vente directe, Biocoop, etc.).

Les visites d'exploitation sont orientées sur les techniques de production en AB dans un souci d'en présenter une diversité maximale.

Afin que les stagiaires s'impliquent vraiment dans ces visites et puissent y projeter leurs propres interrogations, un plan d'interview est construit avec eux, qui reprend pour points principaux :
– une première partie, orientée sur l'environnement social et économique de l'exploitation : les points abordés sont l'historique et l'environnement de l'exploitation agricole,

ses orientations, ses principales productions, sa surface, ses partenaires en amont et en aval des productions;
– une deuxième partie, orientée sur les choix techniques de l'exploitation: les points abordés sont les choix agronomiques, le plan de fumure, les engrais et amendements utilisés, l'importance de la gestion du rapport carbone sur azote (indicateur de l'évolution de la décomposition de la matière organique dans un sol), les techniques de désherbage, la conduite sanitaire, les agents pathogènes susceptibles d'atteindre les cultures, et la lutte intégrée (sous serre);
– une troisième partie qui aborde les problèmes récurrents, les solutions apportées et les savoir-faire consolidés par l'expérience.

Les stagiaires ont pour la plupart un projet préétabli en agriculture biologique, et l'ensemble du dispositif, au fur et mesure de la progression des cours et des échanges lors des visites vise à les amener éventuellement à en moduler certains aspects.
Par exemple, en début de formation, ces projets sont souvent orientés sur plusieurs ateliers et plusieurs productions, et au fil de la formation, la plupart des stagiaires prennent conscience de la difficulté de réalisation de ces objectifs initiaux.
Cette prise de recul leur permet de mieux mûrir l'ensemble des critères nécessaires à la réussite de leur installation.

Au CFPPA de Valabre, le stagiaire choisit un tuteur en début d'année. Ce tuteur est un agriculteur qui va l'aider à conforter la partie pratique de sa formation, il participe aussi à l'évaluation du stagiaire à travers des sujets d'évaluation axés sur les savoir-faire professionnels.

4. LE BPREA ET APRÈS? BILAN DE LA FORMATION ET PARCOURS PROFESSIONNEL DES STAGIAIRES

Au CFPPA de Valabre les projets d'installation en AB concernent maintenant plus de la moitié de l'effectif (qui est en général de 24 candidats). Le suivi des stagiaires, qui s'effectue six mois à un an après la sortie de leur formation, donne les indications suivantes sur leur devenir et leur parcours ultérieur:
– un tiers réalise l'installation six mois à un an après la fin de la formation, après avoir finalisé leur PPP (parcours de professionnalisation personnalisé) pour l'octroi de la DJA;
– un autre tiers préfère être salarié quelques temps avant de se lancer dans cette activité;
– enfin le dernier tiers est souvent confronté à des problèmes de trésorerie et d'acquisition de foncier. Ils préfèrent retourner à leur ancien emploi (cas des congés individuels de formation) ou changer complètement de projet de vie: ils abandonnent leur projet d'installation.

Ces proportions semblent comparables aux autres projets d'installation, en AB ou non.

Toutefois, peu d'études systématiques ont été réalisées sur le devenir des stagiaires après un BPREA à orientation agriculture biologique. La plus récente a été effectuée pour le CFPPA de Rennes-Le Rheu en 2007 sur 9 promotions de stagiaires (1997-2006) par Christophe Batx (trajectoires socio-professionnelles des stagiaires en BPREA bio) – mémoire de fin d'études CES agriculture biologique ENITA Clermont-Ferrand (décembre 2007).

Les principaux résultats sur 88 anciens stagiaires enquêtés :
– 76 % avait le bac ou + à l'entrée en formation ;
– 55 % sont installés ou en voie d'installation, sachant que 50 % des non-installés ont toujours le projet de devenir agriculteur.
Concernant les stagiaires installés, plus de 65 % d'entre eux se sont installés en région Bretagne, région du CFPPA.
Près de 70 % sont installés en entreprise individuelle dont la moitié travaillent seuls. Les autres sont en GAEC (17 %), EARL (10 %) et SCEA (3 %).
Concernant les productions qui sont à 95 % en agriculture biologique : plus de 45 % font du maraîchage sur des petites surfaces allant de 600 m² à 3 ha ; 17 % font du pain avec des surfaces de 3 ha de blé en moyenne pour les paysans boulangers ; 20 % élèvent des animaux sur des surfaces allant de 20 à 90 ha selon le troupeau, dont les 2/3 pour la viande et le tiers restant pour le lait ; 8 % cultivent des céréales ; les autres pratiquent des productions plus atypiques comme la bière, les fruits rouges, les PAM (plantes aromatiques et médicinales), le sel. On observe une très nette tendance (77 %) à la vente directe toutes productions confondues. Quelques-uns allient vente directe et vente en magasin ou semi-gros.
Le nombre d'UTH (unité de travail humain) moyen est de 1,4 avec des écarts allant du mi-temps à 7 salariés. Plus de la moitié des personnes installées ne touchent pas de subventions (car elles sont sur des productions non-primées), 1/3 touchent des primes PAC (DPU, PMTVA, PHAE), ou liées à un CAD ou CTE, les autres sont aidées sur l'investissement par le conseil général ou le conseil régional.
70 % ont des prélèvements mensuels (en équivalent temps plein) inférieurs à 1 000 €. Les principales difficultés sont la surcharge de travail, des problèmes de trésorerie, ou encore le manque de temps.
Les difficultés à l'installation s'expliquent par le manque d'expérience et le besoin en compétences multiples, par des difficultés liées au financement (notamment pour trouver une banque qui veut bien s'engager), ainsi que par des relations difficiles avec les administrations de type chambre ou Adasea. 67 % appartiennent à un réseau,

majoritairement au groupement des agriculteurs bio de leur départe-ment, mais aussi aux Civam ou un réseau de consommateurs.

Le délai moyen d'installation après la formation est de 1 an et 9 mois, mais au bout d'un an, la moitié de l'ensemble de ceux s'installeront *in fine* ont concrètement lancé leur projet.

À partir de la même enquête, une « approche genre » a été aussi réa-lisée pour faire éventuellement évoluer les méthodes pédagogiques. Elle montre que sur les 40 % de femmes qui ont suivi la même for-mation, une moindre proportion se sont installées (44 % contre 61 % des hommes). Les difficultés mises en avant par les femmes concer-nent principalement l'aspect physique du métier, l'organisation et les priorités en termes de vie quotidienne, aionsi que les freins éducatifs et culturels (regard des autres). Ces difficultés, souvent entremêlées, agissent probablement comme une sorte de verrou mental, toutefois difficile à lever en formation.

L'étude a aussi porté sur la formation et son appréciation par les stagiaires. À la question « en quoi la formation vous a-t'elle servie ? », les enquêtés mettent en priorité l'acquisition de connaissances, puis le réseau. Viennent ensuite la construction du projet, l'approche et la connaissance du milieu et en dernier lieu l'obtention de la capacité agricole.

Les attentes vis-à-vis du CFPPA les plus citées sont de trois ordres :
– accompagnement technique sur le projet après la formation pour l'installation ;
– mise en réseau entre tuteur et/ou porteur de projet pour l'entraide, le conseil, et l'information sur les reprises de ferme ;
– plus de pratique, de stages concernant des domaines précis comme, par exemple, la mécanique.

CONCLUSION

Étant donné le nombre croissant de stagiaires intéressés par l'AB dans les CFPPA, même non spécialisés en AB, deux aspects semblent prioritaires pour l'avenir : d'une part, une mutualisation des compétences en termes de conception et d'organisation de modules et d'enseignements spécifiques sur l'AB, à intégrer à des parcours de formation plus généralistes ; d'autre part, le recours à des outils de sensibilisation sur l'AB pour les néophytes et les personnes intéressées par une installation en AB (cf. chapitre 11). De tels outils pourraient permettre au préalable de mieux guider les stagiaires dans leur parcours.

Le réseau Formabio est un des outils disponibles pour la mutualisation des compétences dans ce domaine de la formation. Plusieurs ressources pédagogiques ont été réalisées par des membres du réseau pour le BPREA et ce niveau de formation (livres d'autoformation sur le maraîchage biologique, les grands principes de l'AB, la conversion, DVD sur les métiers en agriculture biologique, livrets de situations-problèmes en AB…). La capitalisation effectuée par le RMT DévAB notamment sur l'ensemble des systèmes de production et des techniques en AB, la collection de fiches techniques de l'ITAB et des structures régionales de l'AB, le programme sur les références techniques et économiques qui se met en place pour 2010, fournissent une source importante d'informations de qualité pour accompagner les stagiaires qui souhaitent s'installer en agriculture biologique.

Enfin, la formation ouverte et à distance (FOAD) en AB réalisée par quelques centres de formation permet de trouver des solutions pédagogiques pour les stagiaires, quand un centre de formation ne dispose pas des compétences techniques sur un sujet. Pour plus d'informations, voir le site Web : http://www.preference-formations.fr/

Chapitre 10

Accompagner les transitions vers la bio : la formation des conseillers

Annie Le Fur, coordinatrice et responsable des formations, FNAB

Ce chapitre a pour objet d'identifier les enjeux de la formation des divers conseillers qui interviennent aujourd'hui dans les processus de transition vers la bio. Construit pour l'essentiel sur la base de l'expérience de la FNAB en matière de formation des conseillers sur l'agriculture biologique, il expose successivement les parcours de conversion et les actes d'accompagnement posés par les conseillers tout au long de ces parcours, les compétences mises en œuvre, et enfin les enjeux des formations.

Comme tous les acteurs de la bio, les conseillers en agriculture biologique, et plus généralement ceux en charge du développement agricole, sont aujourd'hui mobilisés pour contribuer au développement de la bio, en particulier dans le contexte actuel, où ont été posés des objectifs ambitieux pour l'horizon 2012.

En termes de formation, pour les premiers, il s'agira d'acquérir les compétences nécessaires pour accompagner les projets d'installation ou de conversion vers l'agriculture biologique. Pour les seconds, non spécialisés en AB, l'enjeu est d'avoir une connaissance suffisante des techniques utilisées en AB et des ressources disponibles localement, ainsi qu'une acceptation du mode de production bio comme choix possible des agriculteurs de leurs groupes, pour répondre aux premières interrogations de ces derniers et les orienter le cas échéant vers des conseillers spécialisés.

Cet enjeu d'extension des surfaces et du nombre d'exploitations en bio doit cependant être tempéré par la nécessité de proposer une agriculture viable et pérenne : il ne sert à rien de convertir de nouvelles surfaces en bio si l'on ne veille pas avant tout à la viabilité des exploitations biologiques en conversion, mais aussi de celles déjà en place. Il s'agit alors pour les conseillers de trouver l'équilibre entre la réalisation d'objectifs chiffrés et ambitieux pour le développement de la bio et la mise en œuvre de projets cohérents et viables à l'échelle de chaque exploitation, que celle-ci soit en conversion ou déjà en bio.

Dans une première partie, nous allons analyser le processus de conversion, schématisé par une trajectoire comprenant plusieurs étapes, à géométrie variable. À chacune de ces étapes correspondent des actes d'accompagnement par les conseillers, qui nécessitent la mise en œuvre de compétences spécifiques.

L'exposé de ces dernières nous conduira à préciser les types de conseillers concernés, pour lesquels nous nous attacherons alors à définir les enjeux en termes de formation.

1. Des trajectoires de conversion aux compétences des conseillers

Le processus de conversion peut être schématisé par une trajectoire comprenant plusieurs étapes, dont la durée est extrêmement variable. Ce processus met en jeu un accompagnement réalisé par un ou plusieurs conseillers, dont il s'agira ici de préciser les compétences.

1.1. Un processus de longue durée

Diverses études menées sur la bio dont le projet Tracks (Bellon et Jonis, 2007), ont mis en avant la complexité et la diversité des trajectoires de conversion. En particulier, si la durée de ces trajectoires est d'une grande variabilité, il faut noter qu'il n'est pas rare que la maturation du projet dure de longues années.

La forte réactivité des conversions qui se sont déclenchées en masse à deux reprises (de 1996 à 2002[1], et depuis 2008), s'explique en partie par le fait que peu de conversions avaient eu lieu les années précédentes (phases de maturation). Les événements survenus alors (aides à la conversion bio, crises sanitaires, annonces gouvernementales, fortes demandes de l'aval) furent les déclencheurs de processus qui prenaient souvent leurs racines plusieurs années auparavant.

Ainsi, l'action des conseillers sur le terrain est à la fois une action de moyen terme (sensibilisation) et une action de court terme (formaliser les projets) voire d'urgence (déposer les dossiers administratifs avant les échéances). L'un des enjeux de la formation des conseillers sera de resituer régulièrement l'échelle de temps de ces différents niveaux, et d'être en capacité de mener des actions de sensibilisation dont le fruit sera cueilli plusieurs années après, parfois par d'autres conseillers, alors même que dans l'environnement de ce conseiller, la pression des objectifs chiffrés pourra être prégnante.

1.2. La question des motivations

Comme en font état, tant les conseillers sur le terrain que les travaux de recherche sur la conversion, et notamment le projet Tracks, il n'existe pas *une* motivation à la conversion à la bio mais plusieurs, et ces motivations évoluent dans le temps.
C'est au fur et à mesure que les agriculteurs découvrent dans leur quotidien la réalité de la production biologique, qu'ils lui prêtent des intérêts et des finalités qu'ils n'avaient pas forcément imaginés auparavant. À l'inverse, ils réajustent parfois leur projet pour être plus en phase avec leurs motivations premières, que le choix de l'agriculture biologique ne suffirait pas en elle-même à réaliser : ainsi, un passage en bio peut être motivé par la nécessité de créer de la valeur ajoutée sur une exploitation dont la taille ne permet pas d'être rentable dans une agriculture conventionnelle. Cette motivation doit être prise en compte dans la construction du projet bio : cela sera peut-être en allant vers la transformation et la vente directe des produits que la valeur ajoutée pourra être renforcée, la certification en bio de la production pouvant en effet être en elle-même insuffisante.
Ainsi, les motivations ne sont pas un critère de sélection des projets, mais d'orientation de ceux-ci, pour autant qu'elles sont compatibles avec les règles de l'agriculture biologique, et non-contradictoires avec la cohérence nécessaire à la viabilité du projet. Elles ne caractérisent pas le porteur de projet, mais correspondent à ce vers quoi il veut aller à un instant « t ». Enfin, elles sont amenées à évoluer, notamment parce qu'elles sont ancrées dans la sphère relationnelle de l'agriculteur, qui bien souvent n'est plus tout à fait la même après un passage en bio.

1. Les premières aides à la conversion (mesure Extenbio 1993-94), relativement peu connues et mises en œuvre en France avec un léger décalage, furent remplacées dès 1995 par des aides plus intéressantes. En parallèle, la crise de l'ESB en 1996 a déclenché une demande forte en produits bio par les consommateurs et les filières. L'effet conjugué des aides et de la demande de l'aval a alors provoqué dès 1996 une forte augmentation du nombre d'agriculteurs candidats à la conversion. Cet effet fut amplifié en 1997-1998 par l'annonce du plan Riquois, puis par les CTE à partir de 1999 (voir chapitre 8).

Cet aspect est fondamental pour les conseillers : ces derniers n'ont pas à juger de la conformité de la motivation du candidat à la conversion avec l'esprit de l'agriculture biologique, mais à vérifier la compatibilité de son projet avec les règles de production de cette dernière, et les exigences de cohérence et de viabilité du projet. Le rôle du conseiller est alors de faciliter la prise en compte dans le projet porté par l'agriculteur des finalités exprimées par ce dernier : le conseiller est un accompagnateur, un accoucheur, parfois un expert, mais ni un juge ni un arbitre.

Le conseiller a aussi pour rôle d'expliquer la logique de la réglementation bio : les règles de production bio ne font pas toujours sens prises une par une, c'est au conseiller d'en expliquer les ressorts et la cohérence globale, et de faciliter l'autoanalyse de l'agriculteur sur son propre projet à ce niveau[2].

1.3. Trois étapes principales dans l'accompagnement des conversions

Dans la figure 1 p. 237, nous proposons une représentation chronologique des trajectoires de conversion. Cette schématisation nous paraît essentielle pour poser les bases de l'accompagnement de ces trajectoires par les conseillers. Il faut cependant être vigilant quant à ses limites : les trajectoires sont très diverses d'un agriculteur à un autre. Certaines phases du processus prendront en effet plusieurs années chez les uns et quelques mois chez les autres, d'autres ne seront pas conduites dans l'ordre proposé par le schéma (par exemple, la réalisation d'essais de cultures pourra avoir lieu bien avant, ou bien après ce qui est indiqué dans cette représentation).

Cette figure nous conduit à définir trois étapes principales dans l'accompagnement des conversions par les conseillers :

– la première étape, antérieure à l'accompagnement en lui-même, est définie dans le milieu de l'agriculture biologique par le terme de « sensibilisation à la bio ». Il s'agit de faire connaître ce mode de production dans l'ensemble de ses dimensions : techniques, réglementaires, économiques, sociales et éthiques. En effet, les premières réactions relatives à l'agriculture biologiques relèvent autant de sa faisabilité (« mais comment faire contre les mammites ? les mauvaises herbes ? »), que de sa capacité à répondre aux enjeux de société (« l'agriculture biologique ne peut pas nourrir le monde »). Cette phase aboutit à la décision de réfléchir, ou pas, à un projet de conversion en bio ;

– la deuxième étape est relative à la définition du projet en bio : quels sont les objectifs poursuivis, en termes de revenu, temps de travail, relations sociales ou autres ; comment réorienter son système de production et de commercialisation pour à la fois être en conformité avec la réglementation de l'agriculture biologique et atteindre ses

2. Pour prendre un exemple concret, la limitation des traitements vétérinaires allopathiques en élevage laitier à deux par an, oblige à se passer des deux traitements systématiques généralement utilisés en conventionnel (pour se garder une sécurité), et par conséquent à rechercher progressivement des solutions alternatives, de préférence préventives.

objectifs personnels et familiaux. Cette phase aboutit à un projet écrit et à une décision de s'engager, ou non, dans la conversion, avec à la clé la réalisation des démarches administratives. Elle passe par la mise à disposition d'éléments de décision pour l'agriculteur (définition du futur assolement, établissements de prévisionnels en termes de bilan fourrager, de marge brute, d'EBE [excédent brut d'exploitation], etc.). Cette étape est nommée « aide à la décision » dans le chapitre 8 ;

– la troisième étape consiste à accompagner la mise en œuvre technique des pratiques biologiques dans la conduite des cultures et de l'élevage. Elle commence en général, avec ou avant la deuxième étape, et se poursuit bien après. La mise en œuvre concrète du projet bio nécessite également un appui relatif à la valorisation des produits. L'appui à apporter dépend essentiellement de l'existence ou non d'un circuit de commercialisation déjà existant en bio pour les productions considérées, et de la possibilité de valoriser ou non les produits de 2ᵉ année de conversion (C2). Par la suite, il s'agira de pérenniser le projet, sur les mêmes fonctions d'appui technique et de valorisation des produits. Les compétences demandées sont les mêmes que celles relatives à la mise en œuvre concrète de la conversion, aussi nous ne distinguerons pas ces deux étapes dans la suite de notre propos.

Fig. 1 La conversion à la bio : processus de transition, accompagnement par les conseillers

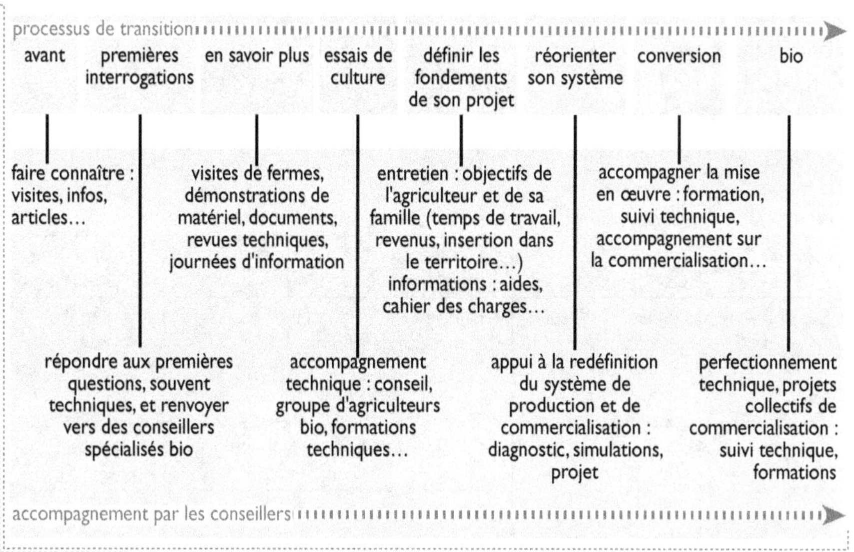

Les deuxième et troisième étapes peuvent faire l'objet d'une contractualisation entre l'agriculteur et son conseiller, avec un service comprenant par exemple un appui à la définition du projet, un diagnostic et une simulation économique, un diagnostic des sols et du potentiel agronomique des terres, et enfin 2 à 5 jours d'appui technique pour la mise en œuvre des pratiques de la production biologique. Plusieurs GAB-GRAB ou structures apparentées proposent ce genre de parcours, avec des différences provenant pour l'essentiel de deux facteurs : les compétences disponibles dans ces organismes, et les financements octroyés. Ainsi, Agrobio Périgord propose un catalogue de prestations d'accompagnement différenciées selon le type de production et la situation de l'agriculteur (en cours d'installation, en cours de conversion, en bio). Le conseil produit est éligible aux chèques conseils émis par le conseil régional d'Aquitaine. L'OPABA en Alsace, Agrobio Conseil et les GAB en Bretagne proposent également ce type de parcours. Le cas de la Bretagne (loin d'être isolé) illustre la problématique de la rareté des financements : certains GAB ont réduit leur accompagnement au stage du diagnostic et du projet (phase 2), et adapté les outils correspondant, en raison de la difficulté à mobiliser les financements adéquats.

1.4. Les actes d'accompagnement et les compétences requises

Le tableau suivant présente, pour chaque étape, les actes d'accompagnement posés, les compétences requises, et les conseillers concernés. Ainsi, selon l'étape considérée, l'agriculteur sollicitera un conseiller d'entreprise, ou un technicien spécialisé, ou encore un animateur technique. Chacun fera intervenir plusieurs types de compétences, que nous distinguerons selon quatre grandes familles de :
– compétences techniques et réglementaires sur la bio ;
– compétences sur l'approche systémique des exploitations bio ;
– compétences en conduite de projet ;
– compétences en animation et en formation.

Tab. 1 Les compétences requises dans l'accompagnement des conversions

Étape	Acte d'accompagnement	Famille de compétences	Compétences requises	Conseillers concernés
1. Sensibiliser les candidats	Donner des infos techniques, réglementaires, micro- et macro-économiques, organiser des réunions de sensibilisation	Techniques et réglementaires	Connaissances techniques et réglementaires de base, connaissances spécialisées sur certains territoires (enjeu eau)	Animateurs disposant d'un bagage technique de base, ou conseillers ayant des capacités d'animation
		Animation	Capacité à mener un débat, à donner des infos pertinentes, constructives, objectives, à s'appuyer sur des agriculteurs bio expérimentés	

Étape	Acte d'accompagnement	Famille de compétences	Compétences requises	Conseillers concernés
2. Définir le projet en bio				
2A. Définition des fondements du projet	Premier rendez-vous : entretien sur les fondements du projet et premiers éléments du diagnostic	Accompagnement de projet	Capacité à accompagner un projet construit par l'agriculteur plutôt qu'à intervenir comme expert. Capacité d'écoute, de reformulation, de formalisation des étapes d'un projet	Conseillers d'entreprise
	Formations sur les projets de conversion	Animation et ingénierie de formation	Capacité à accompagner un groupe sur le cheminement de chacun vers son projet bio	Animateurs ayant des compétences en formation et en animation
2B. Aide à la décision : diagnostic et prévisionnel	Réaliser un diagnostic permettant de mesurer les écarts entre la situation actuelle et le projet bio. Établir des prévisionnels techniques et technico-économiques	Approche globale, technique, agronomique	Maîtrise des outils et de l'approche globale, capacité à replacer des éléments techniques dans un système de production, maîtrise de références sur la bio (techniques, technico-économiques, sociales par exemple sur le temps de travail), connaissance précise des points d'achoppement réglementaire potentiels par production, etc.	Profil type conseillers d'entreprise, conseillers spécialisés en bio.
2C. Dossier d'aides	Aider l'agriculteur dans l'accomplissement des démarches administratives	Administratives et relationnelles	Connaissance des démarches (notification, certification) et des dispositifs d'aides (conversion, PHAE, crédit d'impôt, MAE territoriales, etc.). Capacité à traduire dans un dossier administratif la complexité d'un projet, et à conseiller l'agriculteur sur les choix possibles	Conseillers d'entreprise spécialisés en bio

Étape	Acte d'accompagnement	Famille de compétences	Compétences requises	Conseillers concernés
3. Accompagner la mise en œuvre de la conversion et pérenniser le système	Accompagnement technique (action possible dès la phase 1)	Conseil technique	Compétences techniques : itinéraires culturaux, conduite sanitaire, etc.	Conseillers techniques spécialisés en bio, vétérinaires, etc.
	Formations d'initiation aux techniques de la bio (action possible dès la phase 1)	Animation et ingénierie de formation	Savoir identifier les besoins en formation, construire un programme pédagoqique, l'animer.	Animateurs ayant des compétences en formation et en animation de groupes
	Accompagner la valorisation des produits : conseil individuel et de groupe	Accompa-gnement de projet, animation	Connaissance des circuits existants, en filières longues ou courtes, en bio et C2. Connaissance des prix, des marges. Capacité à s'appuyer sur des personnes ressources.	Animateurs ayant des compétences sur les filières bio et en animation de groupes

Des compétences techniques et réglementaires

Ces compétences sont sollicitées tout au long du processus de conversion, mais avec des niveaux d'exigences différents. Nous proposons trois niveaux de compétences, où les compétences techniques demandées sont de plus en plus spécifiques.

Niveau 1 : elles sont mises en œuvre lors d'opération de sensibilisation, lors d'un premier rendez-vous avec l'agriculteur, lors de la réalisation du dossier administratif ou pour l'organisation de formations (étapes 1 et 2, étape 3 par le biais des formations). Dans ce cas, le bagage demandé est relativement léger : les questions posées lors des premiers contacts sur la bio sont toujours les mêmes, et le bagage technique demandé ici est un « plus » qui s'ajoute à des compétences autres, d'animation ou de conduite de projet. Le conseiller doit cependant être capable d'identifier dès le premier rendez-vous les risques de non-conformité lors d'une conversion de tel ou tel type de système de production. Des outils (fiches par types de production réalisées par exemple par le SEDARB en Bourgogne) peuvent faciliter ce travail (voir chapitre 11).

Niveau 2 : les compétences techniques et réglementaires doivent être plus pointues au moment de l'étape de l'aide à la décision, pour l'élaboration des diagnostics et des prévisionnels (étape 2). Elles sont, dans cette étape, replacées dans des compétences et une approche systémiques. Les conseillers doivent ici être capables de construire avec l'agriculteur un nouvel assolement, un bilan fourrager, une ration alimentaire, l'adaptation de l'environnement d'un verger, etc. Bien souvent là aussi, des outils peuvent faciliter le travail des conseillers... quand ils sont utilisables ! Ainsi, si les outils de diagnostic sont généralement d'un maniement relativement simple, il n'en n'est pas de même pour les outils plus dynamiques : définition de l'assolement, planning fourrager, prévisionnels économiques sont souvent « faits maison » et basés sur de nombreuses références techniques qu'il n'est pas simple d'acquérir pour les jeunes conseillers. L'enjeu premier est ici, non seulement la formation des agents, mais aussi et peut-être surtout la formalisation des outils pour qu'ils soient ensuite utilisables par les nouveaux conseillers. En effet, ceux-ci auront besoin de mobiliser non pas un ou deux mais, de manière coordonnée, tout un ensemble d'outils portant sur des aspects complémentaires (cf. chapitre 11).

Niveau trois : les compétences techniques sont plus essentielles encore, et doivent être portées par des conseillers techniques spécialisés, au moment de la mise en œuvre technique de la conversion et dans le suivi des agriculteurs déjà en bio (étape 3). Du réglage de la herse étrille en fonction du stade de développement de la plante et des conditions pédoclimatiques, au choix de variétés adaptées au contexte local et au circuit de commercialisation, du soin des mammites à la gestion de la matière organique en fonction du type de sol, les conseillers doivent avoir des compétences d'analyse (diagnostic), et les replacer dans l'ensemble du système de production afin de proposer une solution compatible avec les exigences de la bio. Le conseiller doit aussi être capable d'anticiper avec l'agriculteur les questions qui vont se poser dans l'avenir.

Des compétences en approche systémique

L'étape 2 consiste notamment, à l'aide d'éléments de décision (diagnostics, prévisionnels), à réorienter[3] le système de production (voire de commercialisation) pour l'adapter aux règles de production bio et aux finalités de l'agriculteur. Le conseiller doit alors être compétent à la fois sur l'approche globale, systémique, et avoir des connaissances pointues sur les systèmes bio, tant dans les aspects techniques (références, assolements, etc.) que généraux (impacts de l'alimentation du troupeau sur la conduite sanitaire, etc.). On rejoint ici ce que l'on a décrit plus haut pour le niveau 2 des compétences techniques. Les compétences en approche systémique croisées avec les compétences techniques, réglementaires ou en organisation de filières permettent de définir des facteurs clés qui concourent à la réussite du système de production et de commercialisation en bio.

Des compétences en conduite de projet

Les conseillers en bio se situent souvent comme accompagnateurs des projets et ont, par conséquent, développé des compétences en conduite de projet. Ces compétences sont indispensables dans les étapes 1 et 2, afin que l'agriculteur reste le pilote de son propre projet, mais aussi que le conseiller puisse l'aider à le formaliser et à dépasser ses inquiétudes face aux changements.

---

3. Ou à concevoir le système de production, dans le cas d'une installation.

Des compétences en animation et en ingénierie de formation

Du fait du faible nombre des conseillers et de l'expérience de nombreux agriculteurs biologiques, les connaissances pratiques de la bio sont détenues principalement par les agriculteurs biologiques. C'est alors, par la mise en relation entre agriculteurs et l'appui au transfert et à la production collective de savoirs concrets, que l'animateur apportera un appui efficace aux nouveaux entrants. L'organisation de formations permet de faire intervenir des experts très pointus sur la bio (agriculteurs expérimentés, vétérinaires spécialisés, etc.). C'est aussi par cette voie que les pratiques pourront se perfectionner, bien après le stade de la conversion.

Au final, la composition du réseau des GAB illustre bien cette nécessité de mixité des compétences : certains ont choisi, de manière indépendante ou avec l'appui des chambres d'agriculture, de se positionner fortement sur des compétences techniques, et ont ainsi embauché des conseillers techniques. D'autres ont misé sur des animateurs, parfois « animateurs-conseillers » ou « animateurs techniques » ayant un bagage technique suffisant pour animer des groupes ou des formations, et développant par ailleurs des compétences de conduite de projet ou d'animation. Ces dernières gagneraient cependant à être mieux identifiées, valorisées et renforcées. Du côté des chambres d'agriculture, les profils se diversifient. La plupart des conseillers orientés sur la bio étaient des conseillers techniques spécialisés par filière de production. Aujourd'hui, ils interviennent davantage en interface avec des conseillers d'entreprises considérant la bio comme projet global d'exploitation, ou avec d'autres conseillers orientés sur des démarches territoriales (et parfois rattachés au service « environnement » de chambres d'agriculture).

1.5. Qui sont ces conseillers ?

De nombreux conseillers sont susceptibles d'intervenir dans l'accompagnement des conversions. Ils sont principalement issus des GAB et des chambres d'agriculture, mais aussi des Interafocg, ADASEA, centres de gestions, banques, entreprises, etc.

Nous nous attacherons, dans la suite du chapitre, à distinguer les conseillers selon leur fonction dans l'accompagnement des conversions. Afin de faciliter notre propos, nous distinguerons trois grandes catégories :
– les conseillers d'entreprise, généralistes, amenés à accompagner les agriculteurs (ou les porteurs de projet, dans le cas d'une installation) dans la conception ou la réorientation de leur système de production et de commercialisation. Le terme « conseiller d'entreprise » inclut les « animateurs-conseillers » des GAB en charge de cet accompagnement du projet ;
– les conseillers techniques spécialisés en bio, sollicités sur la mise en œuvre technique de l'agriculture biologique (itinéraires culturaux, conduite sanitaire, réponses aux problèmes techniques rencontrés par les agriculteurs…) ;

– les conseillers non spécialisés en bio, qui n'ont pas de mission particulière sur l'agriculture biologique, mais sont appelés à répondre aux premières interrogations des agriculteurs de leur groupe ou de leur secteur (chambres d'agriculture, GDA, coopérative, contrôle laitier…) sur l'agriculture biologique, et à faire le lien si besoin entre leurs adhérents et les conseillers spécialisés en bio.

2. La formation des conseillers d'entreprise

Nous l'avons vu plus haut, ces conseillers interviennent spécifiquement dans l'étape 2 : définition du fondement du projet, aide à la décision : diagnostic, accompagnement de l'agriculteur dans la réorientation de son système de production et de commercialisation, puis dossier administratif. Ils peuvent également intervenir dans l'étape 1. Ces conseillers sont rarement spécialisés sur une seule production. Ils n'interviennent guère dans du conseil technique pointu, mais ils ont en revanche développé des compétences, tant sur l'approche système que sur la conduite de projet ou l'écoute active.

Les enjeux de la formation de ces conseillers dépendent bien entendu de leur bagage initial et de leur expérience. Généralement ingénieurs agronomes ou agricoles, ils ont en commun une formation de base sur l'approche systémique, et des notions fondamentales de l'agronomie.

Ils doivent alors développer quatre types de compétences pour pouvoir produire un conseil efficace en bio :
– des compétences en conduite de projet : au-delà de la connaissance des étapes de la construction d'un projet, il s'agit d'être capable de se situer comme accompagnateur plutôt qu'expert, notamment à certaines phases de l'accompagnement ;
– des compétences sur l'approche globale des systèmes en agriculture biologique ;
– des compétences dans l'utilisation d'outils d'accompagnement des conversions (voire même dans la réalisation ou l'adaptation d'outils !) ;
– des compétences d'animation, visant à produire du conseil collectif.

2.1. Des compétences en conduite de projet

Elles sont de 3 ordres :
– La dynamique d'accompagnement de projet : le conseiller doit maîtriser les étapes de l'accompagnement du projet telles les fondements et finalités, plan d'actions, moyens, ressources, communication et évaluation ;
– L'écoute active et la reformulation sont indispensables pour que l'agriculteur définisse lui-même son projet et arrive à lever ses propres obstacles. Ces compétences

permettent notamment de réussir le premier rendez-vous avec l'agriculteur, nous y revenons ci-dessous ;

– La connaissance des personnes ressources : le conseiller doit être capable d'orienter l'agriculteur vers des personnes pouvant apporter des réponses plus spécifiques à des questions dépassant ses compétences, d'ordre technique, juridique, financier, économique, etc.

Les compétences d'accompagnateur du conseiller sont d'importance. La FNAB a organisé en 2008[4] deux sessions de formation sur l'accompagnement des conversions en agriculture biologique, centrées sur l'écoute active et l'accompagnement de projets, avec Colette Bourgin (Trans-Formation).

Au cours de ces sessions, les compétences identifiées par les participants pour l'accompagnement du projet de l'agriculteur, et notamment pour la réussite du premier rendez-vous, sont reprises dans le tableau 2 (extraits). Grâce à cette grille, chacun a pu faire le point sur les compétences acquises ou en cours d'acquisition.

Tab. 2 Les compétences mises en œuvre lors du premier entretien avec l'agriculteur (extraits). Synthèse réalisée par Yoan Michaud, GABB32 – Formation avec Colette Bourgin, Trans-Formation, et Annie Le Fur, 2008

COMPÉTENCES
En amont de l'entretien
Savoir allier l'accompagnement individuel et l'accompagnement collectif
Savoir identifier le rôle de l'accompagnateur
Au début de l'entretien
Mettre l'agriculteur en confiance dans une relation « gagnant-gagnant »
Définir les objectifs de l'accompagnement et de l'entretien avec l'agriculteur
Au cours de l'entretien
Mettre les moyens et les formes pour que les solutions soient trouvées par l'agriculteur lui-même
Savoir identifier ce qui relève des valeurs dans le discours de l'agriculteur
Permettre à l'agriculteur de pouvoir développer son discours par lui-même, savoir reformuler, encourager
Savoir accompagner l'agriculteur dans la recherche de ses propres solutions, en évitant de donner la nôtre immédiatement
Savoir mener un questionnement constructif, sans se laisser entraîner par des « histoires périphériques »
Savoir identifier les motivations et les freins, les volontés profondes qui poussent à aller vers la bio
Avoir une attitude professionnelle
Prendre de la distance avec les émotions de l'agriculteur, sans jugement sur ses valeurs
Accepter qu'une situation confuse de blocage puisse être un point de départ constructif

4. *Accompagner les conversions en agriculture biologique, module transversal,* FNAB, juin et septembre 2008.

À la fin de l'entretien
Savoir hiérarchiser les demandes des agriculteurs
Aider l'agriculteur à trouver des solutions à ses obstacles
Savoir mettre en évidence ses propres limites pour pouvoir orienter vers des personnes ressources
Savoir clore un entretien avec des objectifs et des échéances
Après l'entretien
Évaluer l'atteinte des objectifs de l'entretien
Savoir hiérarchiser (remettre dans l'ordre) les 80% de solutions que l'agriculteur détient
Accepter qu'une conversion puisse durer 10 ans ou ne se fasse jamais

L'évaluation réalisée par les participants indique un vrai besoin de formation sur ces sujets : « *Être à l'écoute… c'est vraiment un sport de tous les jours, qui nécessite encore beaucoup d'entraînement !* » ; « *formation qui devrait presque être une étape obligatoire pour tous les animateurs nouveaux qui accompagnent les conversions* ». Ce besoin est davantage exprimé quand le bagage technique des animateurs concernés est léger, car valoriser ces compétences « molles » constitue alors une véritable reconnaissance de leur travail : « *je suis confortée dans mon rôle de conseiller, dans ma légitimité* », « *je me sens légitime sur mes compétences non techniques* ». Ce travail est tout aussi important chez les conseillers techniques confirmés, afin d'éviter que les réponses aux questions, et donc le projet final, soit celui du conseiller plutôt que de l'agriculteur : il s'agit d'« *aller vers où veut aller l'agriculteur et pas vers où je veux l'emmener* ».

2.2. Des compétences sur l'approche globale des systèmes bio

Les solutions chimiques étant prohibées en bio, les agriculteurs bio ont particuliè-rement intérêt à appliquer l'adage populaire « mieux vaut prévenir que guérir ». Or, de même qu'un excès ou un déficit alimentaire peut conduire un homme à tomber malade, un déséquilibre sur un système de production peut induire une difficulté sanitaire, une perte de rendement, etc. L'approche systémique, incluant la notion de complémentarité de différentes techniques, est alors indispensable pour préserver ou retrouver des équilibres.

La pratique de cette approche a conduit les conseillers à définir des facteurs clés de réussite des conversions.

Ainsi, selon Agrobio Conseil, association liée à Agrobio 35 qui bénéficie d'une expé-rience confirmée dans l'accompagnement des conversions en bio, le maître mot de la réussite d'une conversion en polyculture-élevage en agriculture biologique est l'auto-nomie. L'autonomie alimentaire permet de réduire les coûts et les risques, l'autonomie décisionnelle permet de prendre les bonnes décisions au bon moment en partant de ses connaissances concrètes et de ne pas dépendre d'un vétérinaire qui se situe à 200 km.

Le GAB 44 a confirmé l'importance de l'approche systémique, par la réalisation d'une collecte de références sur les élevages biologiques, qui montre la corrélation directe entre alimentation (et spécifiquement, utilisation de maïs ensilage), santé de l'élevage (frais vétérinaires) et qualité du lait.

Si c'est particulièrement vrai de la polyculture-élevage, l'approche systémique est fondamentale dans toutes les productions, où de manière similaire des facteurs clés de réussite des conversions peuvent être mis en avant. Ainsi, en production fruitière ou viticole, la technicité de l'agriculteur paraît prépondérante, tandis qu'en maraîchage la capacité d'organisation du travail et l'équipement sont fondamentaux.

Ces facteurs ne doivent pas effacer les autres, mais constituent une entrée pour la lecture d'un système et d'un projet, et une voie de consolidation de celui-ci.

En termes de compétences, les conseillers maîtrisant l'approche systémique des exploitations doivent acquérir, pour l'accompagnement des agriculteurs biologiques, des connaissances spécifiques sur les facteurs facilitant la conversion. Il ne suffit pas d'avoir une photo du système, il faut savoir en regarder le film, et savoir où agir préférentiellement pour faire varier les résultats. C'est pourquoi les formations des conseillers doivent faire apparaître ces facteurs de réussite et la variation des résultats en fonction de ces facteurs.

Ces conseillers doivent également renforcer leurs compétences agronomiques. Une réflexion sur les rotations et l'assolement prend généralement pour point de départ un diagnostic du potentiel des sols, par parcelles ou par lots de parcelles. Un agriculteur ayant converti son élevage laitier à la bio à la fin des années 1990, disait en souriant : « *depuis la conversion, je redemande conseil à mon père ; c'est lui qui sait que dans telle parcelle, je peux mettre du blé, et dans telle autre, de l'avoine* ». Au-delà de la connaissance des principes fondamentaux de l'agronomie, de nombreux conseillers d'entreprise en bio ont appris à maîtriser, ou au moins à analyser les résultats de méthodes d'analyse dynamique du fonctionnement du sol et de la nature de la matière organique présente. La méthode aujourd'hui la plus utilisée dans le secteur bio est l'approche du BRDA, mise au point par Yves Hérody et utilisée bien au-delà de la sphère de l'agriculture biologique.

2.3. Des compétences dans l'utilisation des outils

Le chapitre 11 fait le point sur les outils facilitant le travail d'accompagnement des conversions, et favorisant la prise de décisions des agriculteurs biologiques.

Certains outils sont aujourd'hui aisément utilisables par les conseillers qui disposent de suffisamment de références technico-économiques pour rentrer les données adéquates. Les formations des conseillers sur ces outils doivent alors porter sur l'utilisation des outils dans l'ensemble du parcours de conversion, la fiabilité des références entrées et des résultats obtenus, le rendu fait à l'agriculteur et plus globalement l'appropriation des données et des résultats par ce dernier. Il faut pointer en particulier la question des références : toute prévision sera nécessairement basée sur des références. Le conseiller devra s'approprier les références disponibles, les adapter aux conditions locales et à la diversité des situations, les apprécier de manière critique, mais aussi parfois construire ses propres références si celles existantes ne sont pas valables pour les productions ou les terroirs concernés. Le manque de références consolidées est aujourd'hui un véritable obstacle pour les jeunes conseillers[5].

D'autres outils sont des tableurs élaborés par des conseillers en fonction de leurs besoins (définir une nouvelle rotation, établir un prévisionnel économique, etc.). Ils ne sont pas transférés à d'autres car pas suffisamment formalisés. L'enjeu est ici de concevoir les outils adaptés, de les sécuriser et de les rendre utilisables par tous.

2.4. Des compétences d'animation

Le savoir en agriculture biologique est encore bien souvent détenu par les agriculteurs biologiques bien plus que par les conseillers en AB, pour deux raisons principales :
– c'est un savoir complexe, qui nécessite une longue expérience ;
– il n'y a pas, loin s'en faut, des conseillers spécialisés dans toutes les productions sur tous les territoires concernés. Ainsi, dans certains départements, il n'y avait en France aucun conseiller technique, ni dans les GAB ni dans les chambres d'agriculture début 2009 (Ariège, Allier, etc.).

Les conseillers en charge de l'accompagnement des conversions, et notamment les animateurs de GAB, vont alors chercher à apporter autrement un soutien technique aux agriculteurs engagés dans la bio, par :
– des formations, d'initiation ou de perfectionnement sur les techniques bio[6] ;
– l'animation de groupes techniques ;
– la création de dispositifs comme le parrainage, encore appelé tutorat.

L'acquisition de compétences d'animation est malheureusement trop souvent négligée dans la formation des conseillers. Ne relevant pas de connaissances techniques aisément mesurables, elles sont dévalorisées, et il s'agit bien souvent d'apprendre en faisant. Pourtant, de réels savoir-faire sont mis en jeu :
– l'animation de groupes techniques relève de compétences d'animation poussées, afin de formaliser les acquis des réunions techniques, sinon, le risque est de transformer ces rendez-vous en échanges de recettes, non construits, où chacun n'a de cesse de poser sa question technique du moment. L'animateur doit au contraire apporter méthode et soutien afin de faciliter la formulation collective des besoins, structurer les réponses apportées, et les capitaliser (Ruault, 2006 ; Lemery, 2006) ;

5. C'est la raison pour laquelle un certain nombre de projets se sont mis en place autour de la collecte de références, notamment dans le cadre du Réseau Mixte Technologique DévAB.

6. Il faut ainsi souligner l'importance du recours au fond de formation Vivea dans l'accompagnement technique des agriculteurs biologiques

– de la même manière, l'organisation de formations pour les agriculteurs biologiques ne doit pas être une succession d'interventions de spécialistes, mais un programme construit dans une logique d'appropriation par les agriculteurs de savoirs parfois complexes. Ainsi, l'intervention d'un vétérinaire sur l'homéopathie peut-être décourageante pour les éleveurs, si elle n'est pas ciblée et ponctuée d'échanges de pratiques et de travaux individuels ou de groupes ;
– la mise en place de dispositifs comme le parrainage suppose à la fois des compétences de rigueur, afin de formaliser les engagements du tuteur et de l'agriculteur bénéficiant de son soutien, et des compétences relationnelles, visant à faciliter les premiers échanges et à repérer les personnalités qui pourraient s'accorder.

EXEMPLES DE PARCOURS DE FORMATION

La FNAB a réalisé plusieurs formations sur l'accompagnement des conversions en 2008 et 2009.

L'exemple ci-dessous concerne une formation sur les conversions en élevage bovin bio dont le contenu était le suivant :
– introduction sur les trajectoires de conversion et sur l'accompagnement proposé, afin de pouvoir situer le sujet de la formation (étape 2 : réorientation du système de production - outils d'aides à la décision) ;
– les facteurs de réussite d'une conversion en élevage bovin - présentation de références du GAB 44 ;
– un point clé : la définition de l'assolement et de la rotation, en fonction du diagnostic des sols ;
– l'établissement de prévisionnels fourragers et économiques avec les outils adéquats ;
– l'analyse des résultats comptables ;
– synthèse sur l'accompagnement des conversions en élevage bovin bio.

Intervenants : conseillers d'Agrobio Conseil, une intervention d'un conseiller du SEDARB, FNAB.

La même session programmée sur la viticulture fut très différente. De fait, en viticulture, ne pouvant jouer que faiblement sur l'organisation du système car les densités, les variétés sont en place, les changements à produire relèvent davantage du conseil technique proprement dit. La formation était basée sur un diagnostic des pratiques visant à mesurer les écarts avec la bio. Ces conversions font finalement très vite appel à des conseillers techniques en viticulture spécialisés sur la bio plutôt qu'à des conseillers d'entreprise généralistes.

3. La formation des conseillers techniques spécialisés en bio

Les conseillers techniques spécialisés en bio doivent être capable d'allier des qualités d'analyse et de synthèse : leur fonction est bien de réaliser un diagnostic précis d'une problématique, et de le replacer dans une approche systémique pour trouver une solution globale. Ainsi, la réponse à un problème d'oïdium diagnostiqué peut se situer dans le choix d'une variété adaptée, d'une redéfinition de l'assolement ou de la rotation, etc. La résolution d'un problème sanitaire dans un élevage peut se trouver dans la conduite des cultures.

Il s'agit bien alors d'un changement complet de mode de raisonnement, entre le conseil technique « classique » aux agriculteurs, et le conseil adapté à la production biologique. Un agent habitué à ce type de conseil, caricaturé par « un problème, un produit », va devoir faire sa propre révolution lorsqu'il abordera le conseil en bio. C'est une difficulté majeure pour les conseillers orientés à temps partiel sur l'agriculture biologique !

La nécessité de ce changement de paradigme est développé par Bernard Mondy dans le point 5 sur la formation des élèves ingénieurs.

Comment être objectif, rassurant et convaincant dans le conseil en AB ? L'expérience d'un conseiller « historique » de l'AB peut nous éclairer sur ce point.

Témoignage d'un conseiller pionnier de la bio

« Je suis venue pour vous parler des inconvénients de la conversion laitière en agriculture biologique », c'est en ces termes, ni rassurants, ni convaincants qu'une conseillère à temps partiel en agriculture biologique introduisait son intervention auprès d'un groupe d'éleveurs conventionnels en Saône-et-Loire.

Le conseil technique bio s'inscrit dans une perspective de développement de l'agriculture biologique ; il doit être consécutif à des étapes préalables de sensibilisation aux problèmes posés par l'utilisation des pesticides et d'information sur l'agriculture biologique elle-même, avant de s'insérer dans une démarche d'accompagnement de projet de transition vers l'AB en tant que telle. Tout en étant objectif, le conseiller devra être rassurant et convaincant, ce qui ne va évidemment pas de soi, notamment pour des conseillers généralistes habitués à travailler avec des agriculteurs conventionnels et bien souvent, dans un milieu professionnel pas toujours bienveillant à l'égard de l'AB.

Mais comment rassurer et convaincre ? La présentation de références de situations analogues au projet de l'agriculteur seront de nature à rassurer ce dernier : le réseau de fermes de démonstration et de références bio de Bourgogne – comme cela existe dans d'autres régions – est ainsi le premier outil susceptible de contribuer à donner de nouveaux repères à la fois au conseiller et au porteur de projet.

Les diagnostics économiques et/ou agri-environnementaux, de type IDEA (Vilain, 2003) et DEPART[7] complètent le dispositif d'accompagnement du projet (voir chapitre 11).

L'actualisation des références et la réalisation de « fermoscopies » (descriptions de cas concrets d'exploitations, comme celles réalisés par le SEDARB) ou de diagnostics contribuent aussi à l'autoformation du conseiller, à l'accroissement de son expérience et donc de ses compétences. C'est en s'appuyant sur cette expérience qu'il renforcera sa confiance en lui et qu'il pourra être à la fois rassurant et convaincant. André Lefèbvre a été le premier conseiller bio en chambre d'agriculture, avant de rejoindre le SEDARB comme directeur (service d'éco-développement agrobiologique et rural de Bourgogne).

4. La formation des conseillers non spécialisés en bio

Tout conseiller agricole devra répondre un jour à une question d'un agriculteur, adhérent à son groupe ou bénéficiant de ses services : « *et toi, l'agriculture bio, tu en penses quoi ?* ». L'agriculteur cherchant à se faire une première idée sur la faisabilité d'une conversion de son exploitation s'adressera en effet à son conseiller habituel en premier lieu : la réponse de son conseiller conditionnera fortement son souhait d'aller plus loin !

L'enjeu est ici double : il s'agit en premier lieu de rendre acceptable l'agriculture biologique par tous les conseillers. Le mode de production bio doit être vécu comme un choix possible, voire souhaitable. Or, les idées reçues sur l'agriculture biologique sont encore trop nombreuses. Elles sont peut-être passées de « c'est une agriculture de baba-cool » à « c'est réservé aux agriculteurs très techniques, ça demande beaucoup de compétences », mais dans tous les cas, la vision de la profession sur l'agriculture biologique reste souvent sceptique et distanciée. La publication de références a permis de rationaliser les représentations sur l'agriculture biologique, mais cette dernière n'est pas encore passée dans la « culture commune » des principales organisations professionnelles agricoles.

---

7. Diagnostic environnemental des pratiques agricoles relatives au territoire, utilisé en particulier par le SEDARB avant et après chaque conversion en bio. Cette démarche d'analyse donne lieu à une représentation sous forme de graphique en étoile.

En second lieu, il est nécessaire que chacun dispose d'un minimum de connaissances pour pouvoir, soit donner les premiers éléments de réponse à la question de l'un de ses adhérents, soit renvoyer sur les personnes compétentes.

Enfin, un conseiller spécialisé peut être amené à conseiller un agriculteur biologique parmi d'autres dans le groupe ou sur le territoire dont il a en charge l'animation. Ainsi, le conseiller en bâtiment doit avoir la connaissance des règles et des dispositifs d'aides spécifiques à la bio, ou au minimum savoir où les trouver.

5. La formation des élèves ingénieurs

(contribution de Bernard Mondy de l'ENFA de Toulouse)

L'irruption, puis l'affirmation de l'AB comme alternative crédible dans la profession agricole et dans le dispositif de développement agricole réclame de prendre la mesure des changements qui affectent, à la fois le développement agricole, et l'appareil de formation, ainsi que de revoir les dispositifs d'apprentissage et de formation.

5.1. Changement de paradigme

L'enseignement de l'agriculture a toujours eu pour finalité première l'apprentissage des savoirs qui informent l'action. Ceci, d'une certaine manière transgressait une représentation fortement ancrée dans le sens commun qui voulait que l'agriculture soit affaire d'expérience et que l'expérience se transmette par l'exemple.

À ce système de transmission « traditionnel » des savoirs professionnels s'est substitué un système d'enseignement reposant sur les processus de modélisation et de transfert de modèle (Albaladejo *et al.*, 2009) directement issu d'une conception de la recherche scientifique comme devant analyser les problèmes en les simplifiant pour les rendre modélisables. C'est ainsi qu'ingénieurs et enseignants sont formés sur la base de la logique « hypothético-déductive », dans laquelle l'action est le produit d'un raisonnement linéaire destiné à diminuer l'incertitude des situations dans laquelle elle se déploie. L'enseignement vise à l'acquisition de savoirs et de savoir-faire mobilisables pour l'action, mais pour une action conçue comme une application d'un modèle.

Une première nécessité est d'aborder dans nos enseignements, la notion de changement de paradigme, avant de s'interroger sur la place et le rôle de l'AB. Il s'agit de faire revisiter par nos équipes pédagogiques, par nos élèves ingénieurs et futurs enseignants de l'enseignement agricole l'approche de l'agriculture biologique au regard des nouveaux rapports agriculture/nature et de la notion de durabilité, ce thème devant à lui seul faire l'objet d'une leçon introductive (voir les séquences pédagogiques proposées ci-après).

L'économiste René Passet, dans son livre *L'économique et le vivant* a souligné le nécessaire changement de nos représentations en termes de hiérarchisation entre économie, société et nature[8].

Cette inversion demande une prise de conscience profonde : il s'agit de revisiter les modes de fonctionnement pédagogique anciens, afin d'identifier les enjeux, les ruptures et les modes d'évaluation des agricultures auxquels nous devons faire face.

Derrière le terme de formation se loge discrètement une représentation tenace qu'il y a transférabilité de quelque chose, de connaissances (scientifiques, technologiques ou pratiques) ou parfois même de compétences. Or, les notions d'agriculture biologique et de durabilité ont une dimension paradigmatique, et l'on ne peut transférer un paradigme.

Cela appelle à initier des formes de pédagogie actives et de co-construction de savoirs, et à aborder l'enseignement de l'AB non comme un modèle (fut-il différent), mais comme un processus de résolution de problèmes liés à la production agricole selon une approche globale et évaluative.

5.2. L'interdisciplinarité et l'analyse comparative

Première préconisation : partir du terrain et d'études de cas[9]

Les étudiants doivent par exemple apprendre à discuter et évaluer les effets bénéfiques immatériels de l'AB, comme la faible quantité de résidus de pesticides, la baisse de rémanents de fumure azotée, la non-contamination des produits agricoles, le maintien de la fertilité du sol, appelés externalités par les économistes, avant de les mettre (ou non) au crédit de l'agriculture biologique. Une étude comparative de cas peut être une forme intéressante d'approche des externalités positives de l'agriculture biologique et des capacités économiques des exploitations en AB et en agriculture conventionnelle.

Deuxième préconisation : instaurer une approche interdisciplinaire

L'enseignement de l'AB requiert une approche interdisciplinaire, vue comme une pratique « politique », c'est à dire comme une négociation entre différents points de vue pour finalement décider d'une représentation adéquate d'un problème en vue d'une action. Dans la pratique interdisciplinaire, l'usage des savoirs n'est pas normé *a priori*. Les choix des disciplines, leur importance relative, le recours à d'autres types de savoirs (pratiques, action, expériences) relèvent d'options prises en fonction d'un projet et pour comprendre un objet complexe (Morin, 1997, 2000).

8. Nos sociétés doivent faire face à trois types de ruptures : d'abord une rupture écologique (épuisement des énergies fossiles, changement climatique, appauvrissement de la biodiversité), ensuite une crise sociale sans précédent (crise du lien social qui n'est pas sans rapport avec une perte des repères et du sens, crise du lien entre agriculture, alimentation et société) et enfin, une crise financière et économique.

9. Nous renvoyons les lecteurs à la lecture du cahier de ressources pédagogiques *Enseigner l'agriculture durable*, ENFA, dir. B.Mondy, Toulouse, 2005.

L'étude de cas et l'analyse doivent donner lieu à des travaux de groupes et des restitutions qui doivent permettre d'analyser et de mobiliser les différentes disciplines autour du projet technico-économique et d'insertion territoriale de la ou des exploitations. Les apports de connaissances se feront en fonction des attentes et des questions et problèmes posés par les élèves en fonction du diagnostic d'exploitation, soit dans des séquences pluridisciplinaires en présence de plusieurs enseignants, soit dans des enseignements disciplinaires, ce qui requiert bien sûr une coordination efficace et performante au sein de l'équipe pédagogique.

Troisième préconisation : aboutir à une co-construction des connaissances

Afin d'aborder les questions propres à l'AB, il convient de relier entre elles les questions liées à la production agricole, à l'environnement, et à la dimension socioéconomique. Ces approches font appel à des sciences issues d'horizons disciplinaires multiples et à des modes d'analyse et de communication très différents, créés sur des bases conceptuelles et méthodologiques propres à leurs communautés scientifiques d'appartenance.

Déroulé pédagogique

Tab. 3 Déroulé d'un programme pédagogique

Nature de l'action	Thème	Démarche et outils d'investigation
Leçon inaugurale Séquence n°1	Changement de paradigme de développement	Outils théorique, concepts, bases scientifiques
Etudes de cas Séquence n°2 (en pluridisciplinarité)	Visites d'exploitations, (AB, conventionnel, durable, raisonné…)	Méthodes de diagnostic, grilles d'analyse, guides d'entretien
Mise en perspective Séquence n° 3	Identification des situations problèmes Analyse des réponses et des choix techniques et économiques effectués par les agriculteurs	Grille d'analyse et traduction Éclairages disciplinaires
Travaux de restitution Séquence n° 4 (en pluridisciplinarité et en sessions disciplinaires)	Mise en débat, confrontation groupe stagiaires/équipe pédagogique	Analyse critique sur la forme et le fond, mise en discussion des outils d'investigation et d'analyse
Agriculture comparée Séquence n° 5 (en pluridisciplinarité et en sessions disciplinaires)	Analyse comparée de différents systèmes	Présentation d'un rapport de synthèse, *scénarii* comparatifs, restitution aux agriculteurs
Évaluation		Évaluation du dispositif

Afin d'aborder efficacement le développement de l'AB il faut faire prendre conscience aux élèves ingénieurs et autres enseignants que les transformations en cours dans les agricultures dans les pays développés, comme dans les pays émergeants ou en développement ne se réduisent pas à de simples changements technico-économiques : elles ont aussi des implications écologiques, économiques, sociales, politiques et culturelles spécifiques. Il s'agit donc de prendre en compte convenablement les différents aspects et particularités de chaque situation et des actions de développement (politiques, programmes et projets de développement agricole et rural)[10].

CONCLUSION

Nous avons montré tout au long de ce chapitre qu'à la complexité des systèmes agrobiologiques, répond celle des compétences requises par les conseillers en charge de l'accompagnement des transitions vers ces systèmes. Connaissances techniques, capacités d'analyse et de synthèse, compétences en approche systémique ou en animation de groupes sont sollicitées à un moment ou un autre du processus de transition. L'objectif final est bien l'appropriation de nouvelles données et de nouvelles compétences par les agriculteurs choisissant de pratiquer l'agriculture biologique, la construction et le partage d'un savoir commun, la dissémination de pratiques alternatives dans l'ensemble de l'agriculture. Du fait que les agriculteurs bio détiennent encore largement les connaissances techniques, que le projet de l'agriculteur lui soit propre (d'autant plus que le choix de la bio a toujours comporté des risques, notamment en termes de valorisation des produits), c'est un autre positionnement qui se définit entre agriculteur et conseiller, ce dernier devenant un accompagnateur.

Face à cette complexité, pour les conseillers nouvellement arrivés la tâche est immense... mais ô combien passionnante ! Pour peu que ces conseillers puissent s'investir pleinement dans la découverte de l'agriculture biologique, de ses pratiques, de ses valeurs, l'activité de conseil en agriculture biologique est rarement décevante, et rares sont ceux qui souhaitent faire marche arrière. La formation des conseillers doit leur permettre d'aborder sereinement toute cette complexité, de donner tout leur sens aux pratiques et aux règles de l'agriculture biologique, en un mot de poursuivre le mouvement vers une alternative aux systèmes agroalimentaires basés sur l'utilisation de produits chimiques.

---

10. « Le développement agricole est considéré en « agriculture comparée » comme un processus général de transformation de l'agriculture, inscrit dans la durée, et dont les éléments, causes et mécanismes peuvent être à la fois endogènes et le fruit de différents apports, enrichissements ou innovations exogènes. Le rôle de l'agriculture comparée est alors d'infléchir ce développement agricole en cours, afin qu'il s'oriente dans le sens de l'intérêt général. Cette action correspond concrètement à la conception et à la mise en place de nouvelles conditions agroécologiques et socioéconomiques pour que les différents types d'exploitants agricoles aient les moyens de mettre en œuvre les systèmes de production les plus conformes à l'intérêt général et qu'ils en aient eux-mêmes l'intérêt » (chaire AgroParisTech, M.Mazoyer et M. Dufumier).

BIBLIOGRAPHIE

ALBALADEJO C. *et al.*, 2009. *La mise à l'épreuve. Le transfert des connaissances scientifiques en questions,* éditions Quae.

BELLON S. et JONIS M., 2007. *Projet Tracks INRA-ITAB-CTIFL,* rapport final.

LÉMERY B., 2006. « Nouvelle agriculture, nouvelles formes d'exercice et nouveaux enjeux du conseil aux agriculteurs » *in Conseiller en agriculture,* coll. Sciences en partage, Educagri éd.-éd. Quae.

MORIN E., 1997. *Comprendre la complexité dans les organisations de soins,* ASPEP éd.

MORIN E., 2000. *Les sept savoirs nécessaires à l'éducation du futur,* Le Seuil.

MONDY B. (coord.), 2000. *Agriculture durable et formation, Cahier de ressources pédagogiques* + cédérom, éd. ENFA.

RUAULT C., 2006. « Le conseil aux agriculteurs bios : un analyseur des interrogations et évolutions du conseil en agriculture » *in Conseiller en agriculture,* coll. Sciences en partage, Educagri éd.-éd. Quae.

VILAIN L., 2003. *La méthode IDEA. Indicateurs de Durabilité des Exploitations Agricoles. Guide d'utilisation,* Educagri éditions. À consulter également : site internet d'IDEA, ressources pour la formation : www.idea.portea.fr/index.php?id=ress_formation

Chapitre 11

Bibliothèque d'outils d'accompagnement

Anne Haegelin, FNAB

Ce chapitre présente les grands types d'outils utilisés pour l'accompagnement des conversions. À travers quelques exemples emblématiques, l'accent est mis sur les clés des choix de tout ou partie de ces supports. Comme pour toute « boîte à outils », c'est la pertinence du choix qui fait l'intérêt de l'outil. Ainsi, l'essentiel du travail du conseiller et du producteur, pour choisir l'instrument le plus adapté, est avant tout d'identifier et de replacer son usage à une étape précise de la trajectoire de conversion. L'outil utilisé ne sera donc « le meilleur possible » pour répondre aux questions posées que s'il est utilisé au « bon moment » et de la « bonne façon ».

Les supports utilisés par les conseillers sont au centre des dispositifs d'accompagnement des projets de conversion en agriculture biologique. Mais évidemment un outil reste un outil ; il ne trouvera son utilité que par l'usage qui en est fait et par la façon dont le conseiller et/ou le producteur s'en servent. Son efficacité et la pertinence de sa contribution à la réflexion sur le projet de conversion, ou à l'élaboration de ce projet, sont donc directement conditionnées par son choix et sa mobilisation à bon escient. Rappelons également que l'outil universel n'existe pas : bien que « multiple », une pince multiple reste une pince, et ne peut pas servir à enfoncer un clou de façon satisfaisante ! Les clés du « bon usage » d'un outil, et donc de son utilité, sont liées à la façon de mener la réflexion, étape par étape, notamment à travers les deux préoccupations suivantes :
– quelle est la question qui se pose à ce moment de la trajectoire de conversion ? ;
– quel est le type de réponse attendue ? (sur le fond comme sur la forme).
Ce n'est pas l'outil en tant que tel qui apportera la réponse à la question posée, mais bien ses utilisateurs, c'est-à-dire à la fois le conseiller (au sens large, qu'il soit conseiller d'entreprise, animateur, technicien, expert…) et le producteur. L'outil aide à mener la réflexion et à mesurer les effets possibles de tout ou partie des décisions qui sont prises tout au long du parcours de conversion.

Au fil de ce chapitre, et sans viser l'exhaustivité dans le recensement des supports, nous nous attacherons à présenter les différentes familles d'outils utilisés pour accompagner les producteurs tout au long de leur parcours de conversion. Nous donnerons ensuite des éléments de « mode d'emploi » de cette boîte à outils, en nous appuyant largement sur le tableau présenté dans le chapitre 10, qui croise les compétences à mobiliser par les agents de développement et les différentes étapes du parcours de conversion.

1. Des outils aussi variés que complémentaires

1.1. Accompagnement et mobilisation d'outils : une démarche progressive

Les outils d'appui à la conversion sont issus de tous les réseaux d'accompagnement professionnels. Qu'ils s'inscrivent dans une démarche d'aide à l'ensemble du projet ou dans un cadre de soutien plus ponctuel (expertise technique par exemple), ils visent tous à conforter la réflexion autour des étapes successives de la trajectoire de conversion :
– en apportant des éléments d'informations générales sur l'agriculture biologique, ses principes et leur traduction dans la pratique quotidienne sur la ferme ;

– en aidant à la définition des objectifs poursuivis dans le cadre de la conversion à l'AB (pour le producteur, pour son outil de production, pour son cadre de vie…) ;
– en apportant des éléments de diagnostic sur la situation initiale et la situation finale attendue après passage en bio ;
– en aidant à pointer les points clés (et les questions que cela pose) dans l'évolution du système, y compris en envisageant les éventuels éléments de reconception du système de production ;
– en cernant les adaptations techniques à prévoir ;
– en aidant à anticiper les évolutions de pratiques, sur la ferme (« Quel sera mon temps d'astreinte ? » ; « Comment va se caler mon rythme d'intervention sur mes cultures ? »…), mais aussi en amont (« Quels seront mes nouveaux fournisseurs ? »…) et en aval (« Comment organiser mes nouveaux débouchés ? »…) ;
– enfin en aidant à la réflexion autour de la sécurisation et la pérennité du système de production dans le temps (sensibilité aux aléas, à la conjoncture…).

Tous les outils n'ont pas vocation à répondre à l'ensemble de ces questions tout au long de la trajectoire ; certains outils n'abordent qu'une des phases du projet, d'autres en revanche peuvent être mobilisés sur l'ensemble des étapes de la conversion. Mais tous s'inscrivent comme des outils d'accompagnement de la construction d'un projet ; il est donc primordial de bien délimiter le champ de la question posée pour valoriser au mieux les éléments d'analyse dégagés par l'usage de l'outil. Par exemple, il sera possible au producteur de cerner les différences entre la situation initiale de sa ferme et les états attendus après conversion à travers un diagnostic de conversion, mais ce diagnostic ne lui dira pas si oui ou non il faut changer ses productions lors du passage en bio.

1.2. Des familles d'outils de nature très variable

Sans rentrer dans une revue de détail ni prétendre à l'exhaustivité, nous proposons de distinguer cinq grandes familles d'outils, de nature et de mode de construction différents (voir liste détaillée en fin de chapitre) :

Les ouvrages de portée générale

Ils traitent de l'AB en intégrant un volet conversion (Mémento de la Bio, 2002), ou en abordant plus spécifiquement la conversion à travers des guides pratiques (Bio de Provence, 2009 ; CRA[1] des Pays de la Loire, 2009 ; Agrobio 35, 2008). Les informations d'ordre général ainsi regroupées permettent de disposer dans un même support d'un socle minimal de connaissances « repères » sur l'AB. Elles comportent souvent une présentation des principes de l'AB, de sa réglementation et de ses pratiques, et quelques chiffres clés. De nombreuses régions se sont dotées d'un « guide conversion » spécifique de ce type (permettant de préciser le contexte de la production et des filières

---

1. Chambre régionale d'agriculture.

locales), modulaire (recueil de fiches, dont la mise à jour est plus aisée), et parfois commun entre réseaux de développement (chambres d'agriculture et groupements de producteurs bio: cas du guide utilisé en région PACA). Il s'agit à la fois d'un outil de premier contact et d'information et d'une trame utilisable pour amorcer la réflexion sur les objectifs du projet de conversion de l'agriculteur.

Les outils issus de méthodes mises au point dans d'autres domaines

Elles sont appliquées à différentes étapes de la conversion ou au projet de conversion dans son ensemble. À titre d'exemple nous pouvons citer les «arbres de décision» utilisables en amont de la conversion, mais aussi les «grilles d'aptitude et de conformité» conçues par production. Ils permettent de pointer lors du diagnostic de conversion ce qui – dans les pratiques et techniques actuelles sur la ferme – est conforme ou non avec les exigences de la réglementation bio (SEDARB, 2009, voir encart).

LES FICHES DE SITUATION CONÇUES ET DÉVELOPPÉES PAR LE SEDARB

Il s'agit d'un recueil de fiches par production (polyculture-élevage, grandes culture, troupeau bovin viande, élevage porcin, PPAM, maraîchage…). Chaque fiche permet de passer en revue les points clés des exigences réglementaires de la production en bio et déterminer si, dans sa situation actuelle, la ferme est en conformité (ou non) vis-à-vis de la réglementation bio. D'usage très facile, cet outil peut servir à la fois en autodiagnostic lors de la phase de réflexion du producteur sur son projet de passage en bio, et comme support d'animation et de réflexion utilisé par un conseiller pour aider à la construction du projet de l'agriculteur. Cet outil n'aborde toutefois que la situation initiale de la ferme et ne permet de pointer que les points de conformité ou de non-conformité «en l'état», sans considérer les évolutions possibles du système dans sa globalité.

Des outils issus du secteur industriel ont également été adaptés à «l'entreprise agricole» et sont utilisés pour appréhender le fonctionnement global de la ferme (CRA de Midi-Pyrénées) ou pour la construction globale des projets de conversion (ABP[2], 2008, voir encart). Dans le cas d'une expertise poussée, des adaptations de la méthode HACCP ont aussi été mises au point, pour l'analyse de points critiques, par exemple lors du suivi de la conversion (Pior *et al.*, 2003), ou ensuite pour la résolution d'un problème technique précis (Patout et Devimeux, 2006).

2. AgroBio Picardie

LA DÉMARCHE TYPE D'ÉLABORATION DE PROJET, MISE EN ŒUVRE PAR AGROBIO PICARDIE

Il s'agit d'un outil directement issu du secteur de l'entreprise, adapté à « l'entreprise agricole » par les administrateurs et animateurs d'AgroBio Picardie en considérant que le passage en bio est un projet d'entreprise pour l'exploitation au même titre de n'importe quelle autre entreprise. Cette démarche s'effectue en 8 étapes, passant en revue successivement l'identification du cadre de référence du projet (et sa situation dans le temps), la définition de la vision du « succès » du projet (et ses éléments déterminants), l'élaboration de la mission (ce que nous voulons faire, et ses éléments clés), l'identification des forces, faiblesses, opportunités et obstacles, avant d'aborder les actions principales et les actions stratégiques à mener. Cet outil repose essentiellement sur des entretiens ; la démarche nécessite un certain temps d'appropriation, afin de pouvoir se poser en posture d'accompagnement et d'élaboration de projet.

Les outils dédiés

Ils contribuent à la construction de projets et à la planification. Conçus spécifiquement ou non pour l'AB, ces outils sont souvent privilégiés par les conseillers et trouvent fréquemment un bon écho auprès des producteurs. Nous retrouvons dans cette catégorie les kits d'outils sur support papier, formalisés ou non, partant d'une décomposition en étapes de la conversion (mallette conversion APCA, 2001). D'autres outils sont sur support informatique, qu'il s'agisse de simulateurs visant la reconstruction du fonctionnement global du système (logiciel « OrgPlan », Padel 2002), d'outils informatiques de diagnostic (voir encart « DIAGECO », SEDARB 2009), d'outils d'aide à la décision (Agrobioconseil, 2001), de grilles de cohérence qui incluent un référentiel spécifique à l'AB (grille « Cohélait » de mise en relation des ressources fourragères avec les besoins du troupeau laitier, intégrant le référentiel fourrager bio de la zone concernée ; Reuillon 2007) ou de simples tableurs de planification des cultures en maraîchage (voir encart « Outils de planification des cultures en maraîchage ») ou de l'utilisation des surfaces en élevage.

DIAGECO, UN OUTIL DE DIAGNOSTIC ÉCONOMIQUE ET PRÉVISIONNEL DE CONVERSION VERS L'AGRICULTURE BIOLOGIQUE, CONÇU ET DÉVELOPPÉ PAR LE SEDARB

Conçu par Olivier Bouilloux (conseiller au SEDARB) pour les installations et les conversions en bio, il est régulièrement mis à jour et utilisé par les conseillers du SEDARB.

Il s'agit de plusieurs tableurs (sous format « Excel »), regroupant les productions animales et végétales. Un état des lieux de la situation technico-économique initiale est fait. Le conseiller définit d'abord la rotation (qui inclut dans le même tableau le produit généré par la parcelle et le total), puis il renseigne l'assolement, le tableau des investissements, emprunts et annuités, les produits animaux, les DPU et aides, les prélèvements, les charges animales et végétales par année. Une feuille de synthèse du prévisionnel économique est établie, avec calcul de l'EBE, du revenu disponible. Il n'y a pas de rendu graphique. La restitution à l'agriculteur comporte le tableau des investissements, de l'assolement, des rotations et le prévisionnel économique avec un commentaire de synthèse sur l'étude, reprenant les hypothèses de construction du prévisionnel (techniques et économiques), proposant des conseils, et analysant la situation économique de la ferme après conversion (au bout de 5 ans).

Cet outil semble transmissible et la navigation entre les feuilles est simple. Très complet d'un point de vue économique, il nécessite toutefois un bon niveau d'expertise technique pour le volet « conseil et recommandations ».

Outils de planification des cultures en maraîchage

La question de l'organisation spatiotemporelle des cultures maraîchères a été posée de longue date, avec les maraîchers d'Ollioule (Var) (Rigal *et al.*, 1977). Elle a de fortes implications pratiques, puisque les maraîchers peuvent se trouver confrontés à un excès ou un manque de produits à offrir aux clients. Divers outils ont été proposés, depuis une représentation sous forme de tableau personnalisé d'un plan de rotation sur 2 ans – ouvert au travail de « pensée » que fait le maraîcher au moins deux fois par an – (Salmona, 1994), jusqu'à des outils informatisés permettant de faciliter les prévisions et de simuler des rotations ou assolements.

Pour faciliter la planification de livraisons hebdomadaires toute l'année, les Amap et les jardins de Cocagne ont mis en place des outils spécifiques pour des maraîchers ayant opté pour la vente directe sous forme de paniers. Les fonctionnalités sont également adaptées à d'autres modes de commercialisation qui impliquent une production diversifiée.

De même, à la demande de plusieurs maraîchers en circuit court, le Civambio66 a mis en place une action expérimentale sur trois années (2007-2009) visant à la mise au point d'un outil d'aide à la planification des cultures sous abri pour le créneau hivernal, afin d'éviter de laisser les abris inoccupés pendant cette période (Arrufat, 2008).

UN OUTIL DE DIAGNOSTIC DE CONVERSION ET DE SIMULATION
COMPLET, SPÉCIFIQUE À L'AB, DÉVELOPPÉ PAR AGROBIO CONSEIL

Conçu par Yves Hardy (Agrobio conseil) en 1996-1997, il a été amélioré au fur et à mesure de son utilisation, notamment d'un point de vue ergonomique. Il est utilisé principalement par son concepteur dans le cadre de diagnostics complets à la conversion.

Sur le principe, il s'agit d'un outil de simulation et de diagnostic de conversion, avec possibilité d'intégrer une reconception complète du système de production. Il se présente sous la forme de tableurs (Excel) avec 4 dossiers distincts concernant l'assolement, l'élevage, l'économie et un fichier « paramètres ». Pour Yves Hardy, il est important de séparer les paramètres (données initiales de l'exploitation, années de références) des calculs.

Ce sont des tableurs avec beaucoup d'automatismes permettant de nombreux reports de données, ce qui facilite et optimise le travail. Un système de code de couleur aide également à encadrer le travail (données reportées modifiables ou non, signalement de données aberrantes, mise en évidence de catégories de culture…).

Pour une conversion en grandes cultures, la saisie commence par le parcellaire, avant la création de plusieurs types de rotation (selon le choix de conduite : pâturages, rotations longues avec beaucoup de prairies temporaires, rotations plus courtes…), identifiées par un système de code qui seront ensuite affectés aux parcelles ; cette codification permet de regrouper les parcelles qui suivront le même type de rotation. Il y a ensuite création de la succession culturale, débouchant sur la construction d'un assolement théorique (optimum de la surface théorique par culture par an). Un tableau calcule ensuite les quantités produites. À ce niveau, l'utilisateur vérifie que l'assolement correspond aux besoins du troupeau, s'il y en a un sur l'exploitation, et rencontre l'agriculteur pour discuter avec lui de cet assolement.

Une fois que l'assolement et les rotations sont fixés, la simulation économique commence, *via* le calcul des charges et produits par culture (et pour chacune des productions animales et/ou atelier si besoin), en renseignant également les aides, les charges de structure, les amortissements, les annuités. Puis un bilan final est établi, faisant apparaître en indicateurs le revenu disponible, et l'EBE/produit. Il n'y a pas de graphiques.

La restitution a ensuite lieu à l'occasion d'une dernière visite avec l'agriculteur pour lui présenter le bilan. Un projet d'interface est à l'étude, sous forme d'une trame écrite dans laquelle seront importés tableaux chiffrés et graphiques.

> Ce logiciel est très poussé (surtout pour l'élevage), très complet (surtout sur le plan économique), et agréable visuellement. Toutefois, son système de code pour les rotations est peu simple et rend l'outil moins accessible à d'autres structures que son concepteur et aux agriculteurs. Du fait de son caractère très complet, il nécessite un temps assez important pour l'utilisation de toutes ses fonctionnalités (7 jours, restitutions comprises).

Ces outils peuvent ne pas avoir été conçus spécifiquement pour l'AB ; leur utilisation suppose alors d'intégrer les spécificités de la production biologique (référentiels spécifiques). Les résultats de ces simulateurs s'adressent aux agriculteurs, mais ne sont pas prévus pour être utilisés en routine en autodiagnostic. D'une façon générale, les résultats sont d'autant mieux valorisés qu'ils s'appuient sur un utilisateur maîtrisant bien l'outil et présentant un degré d'expertise suffisant pour en tirer les informations les plus probantes. Plus l'outil est global et intégratif, plus la précision du diagnostic sera fine, mais plus son usage et l'analyse des résultats qui en sont issus nécessiteront un degré d'expertise important.

Les outils à entrée thématique

C'est le cas par exemple des diagnostics agro-environnementaux[3] ou des diagnostics portant sur l'enjeu « restauration de la qualité de l'eau ». La bio y est traitée, mais elle n'est pas centrale dans l'usage de l'outil. Elle peut en revanche y trouver sa place sur des volets techniques précis (diagnostic des prairies ou du suivi du pâturage, profils culturaux, bilans minéraux et organiques, calcul des coûts alimentaires…) ou pour aborder le projet avec un angle non spécifique à la bio (diagnostic agro-environnemental de type IDEA [Vilain, 2008] ; INDIGO [Girardin *et al.*, 2005]…). Dans ces évaluations agro-environnementales, les résultats sont souvent présentés sous forme de diagramme « en étoiles « ou « radars ».

Les expertises et prestations

Sans forcément reposer sur des supports formalisés, elles ont également un rôle important dans la conversion. Il peut s'agir d'un appui technique ou réglementaire, réalisé par un conseiller spécialisé ou par un autre producteur bio. Ces services proposés ne sont pas transposables directement, et sont directement tributaires de la présence, de la disponibilité et de la compétence de l'expert mobilisé (qu'il soit technicien, vétérinaire, conseiller ou agriculteur bio). Il contribue toutefois directement à rassurer le producteur tout au long de sa trajectoire de conversion et à sécuriser ainsi sa démarche,

---

3. Pour une comparaison des différents diagnostics agro-environnementaux, on pourra se référer à un tableau de synthèse basé sur 15 méthodes et outils (issus de 5 sources bibliographiques) et analysé à partir de 10 critères (objet d'évaluation, échelle spatiale, thèmes, compétences requises…). La grille d'analyse ainsi construite est disponible sur le site : www.languedoc-roussillon.ecologie.gouv.fr/
Concernant les démarches à base d'indicateurs, voir le site : www.ensaia.inpl-nancy.fr/

notamment en étant pour lui un interlocuteur référent auquel il peut faire appel en cas de problème. À ce titre, ces services (appui technique, tutorat ou parrainage) sont des outils d'accompagnement des conversions à part entière (voir aussi chapitre 8).

Il est à noter que nombre de ces experts sont souvent d'excellents pédagogues ; la transmission de leurs connaissances est très souvent au cœur de leurs pratiques, dans un souci de rendre les producteurs aussi autonomes que possible.

LE CAS DES CONTRATS D'APPUI TECHNIQUE (NOTAMMENT DANS LES GAB)

En Dordogne, des contrats d'appui technique en viticulture bio proposés par Agrobio Périgord peuvent être souscrits par tous les viticulteurs intéressés, dans le cadre de contrat de suivi de viticulteurs déjà en AB, mais aussi au cours de leur conversion (pour sécuriser leur pratiques…) voire encore plus en amont, dans le cadre de contrat de « préconversion ». Il s'agit alors pour ces viticulteurs de bénéficier d'un encadrement technique bio, leur permettant de se familiariser avec les pratiques de l'AB mais sans engagement en AB dans un premier temps, et en se gardant ainsi la possibilité d'intervention hors cahier des charges si un problème se pose ou si certains points techniques ne sont pas encore maitrisés par le producteur bio (enherbement…). Le producteur sous contrat de préconversion prend toutefois l'engagement de convertir son exploitation dans les 5 ans (conditions pour pouvoir bénéficier de l'appui technique dans le cadre de « chèque-conseil » sous cofinancement régional).

Deux autres types de supports sont directement utilisables à un moment ou à un autre de la trajectoire de conversion, bien qu'il ne s'agisse pas d'outils d'accompagnement proprement dit. Il s'agit respectivement :
– des références en AB au sens large (techniques, technico-économiques, cas-types, suivis de groupes, monographies, témoignages…). S'appuyant sur des cas réels de production en bio, ces données chiffrées ou qualitatives servent de repère dans un contexte donné. Elles peuvent notamment servir de référentiels à réintégrer dans les outils de simulation et de diagnostic ;
– des outils de simulation à usage quasi-exclusif d'experts. À titre d'exemple, nous citerons les outils de simulation des systèmes d'élevages « sous contraintes » en productions allaitantes bovines (outil « OPTINRA », Veysset *et al.*, 2000) et ovines (outil « OSTRAL », Benoit, 1998), conçus par les chercheurs en économie de l'élevage (INRA Clermont-Ferrand) et utilisés notamment pour l'analyse des systèmes d'élevages biologiques.

1.3. Des outils à fonctionnalités d'usage différentes

Les familles d'outils présentées ci-dessus ont également des caractéristiques « d'usage » variées, ce qui joue sur leur accessibilité et sur leur adaptabilité :

– Ils sont plus ou moins « complets », abordant soit certaines, soit toutes les étapes de la conversion, telles qu'évoquées dans les chapitres précédents. Pour les outils ne traitant pas de toutes ces étapes, le bon « tuilage » entre les acquis issus d'outils successifs peut poser un problème d'incohérence dans l'appréciation du projet de conversion dans sa globalité. Mais la variété des informations ainsi obtenues peut aussi constituer un apport enrichissant, dû à des approches différentes mais complémentaires. De plus, la nature modulaire de certains outils complets (comme l'outil d'Agrobio Conseil, ou la mallette conversion APCA) permet de mobiliser ces modules sur tout ou partie de la démarche, sans nuire à la performance de l'outil ; ces modules étant autonomes les uns par rapport aux autres, ils fournissent des données complémentaires, utiles à l'analyse. Dans ce cas, les réponses apportées seront plus ou moins complètes et/ou approfondies selon le nombre et le type de modules activés (AgrobioConseil). D'autres outils en revanche constituent un tout que l'on ne peut mobiliser par partie (Cohélait).

– Leur mode de fonctionnement est plus ou moins visible, soit leur donnant l'allure de « boites noires » dont les rouages internes (calculs intermédiaires, référentiels utilisés…) ne sont pas visibles (cas des outils tableurs d'optimisation de fertilisation, par exemple, où aucune des hypothèses de restitution des précédents culturaux ne sont visibles), soit présentant des « leviers apparents », avec des hypothèses posées et des choix à effectuer de façon explicite par le producteur et/ou le conseiller.

– Les outils développés sont plus ou moins polyvalents, mobilisables à des fins de formulation de projet, de diagnostic, d'expertise, de conseil, d'aide à la décision et/ou d'appui technique ou réglementaire. Plus l'outil est polyvalent, plus il faudra veiller à spécifier ce que l'utilisateur (producteur ou conseiller) en attend. À ce titre, certains outils peuvent se trouver ainsi utilisés dans un contexte et pour un usage autre que celui dans lequel ils ont été conçus (Cerf et Meynard, 2006) ; la robustesse et une certaine forme de polyvalence de l'outil seront alors appréciées en fonction de sa capacité à répondre tout de même de façon satisfaisante dans le cas d'un usage « déviant » par rapport à sa conception initiale. Cette robustesse tient en grande partie à l'étendue du domaine de validité de l'outil lors de sa conception, qui peut s'avérer plus ou moins vaste.

– Enfin, ces instruments sont aussi plus ou moins accessibles, d'appropriation facile par l'utilisateur néophyte ou le producteur, et nécessitant plus ou moins de capacité d'expertise (technique notamment, spécifique ou non à l'AB).

Nous reviendrons plus loin sur les facteurs de modulation dans l'usage des différents outils.

Ce passage en revue succinct nous montre le caractère à la fois très varié et très polyvalent des outils et des démarches utilisés dans l'accompagnement des conversions. Du coup, un même outil va pouvoir se retrouver utilisé de façon très différente par deux types d'intervenants différents, voire de façon différente dans le temps par le même intervenant, selon l'intervention attendue. Il est donc important de disposer d'une grille de lecture et d'analyse des attentes du producteur, en fonction de l'étape à laquelle il se trouve et de la nature du conseil ou de l'appui qu'il sollicite.

2. Un mode d'emploi reposant sur « qui » et « quand »

L'idée sous-jacente à ce mode d'emploi d'une boîte à outils d'accompagnement repose sur le fait que des compétences différentes sont mobilisées tout au long de la trajectoire de conversion. Les savoirs et savoir-faire mobilisés sont déterminés à la fois par l'étape à laquelle le projet se situe, par le type d'intervenant sollicité, et par l'existence ou non de point de blocage qu'un outil (ou une expertise) peut aider à identifier et/ou à résoudre. Cette identification des compétences a été présentée en détail dans le chapitre sur la formation des conseillers ; la grille de lecture proposée ici correspond donc au tableau des « Compétences requises dans l'accompagnement des conversions » (chapitre 10), qui permet de croiser les étapes de la conversion (question « quand ? » du mode d'emploi proposé) avec le conseiller concerné (question « qui ? ») dans la posture qui est attendue de lui par le producteur.

2.1. Pour l'intervenant, c'est une question de posture

Au fil des différentes étapes de la conversion, les intervenants susceptibles de contribuer à la réflexion sont variés, et adoptent des postures multiples. Nous entendons par « posture » le rôle que le conseiller est amené à jouer, indépendamment de sa fonction ou de son statut. Il s'agit bien là de préciser sa mission, les compétences (ou familles de compétences) qu'il mobilise et donc le type d'appui qu'il est susceptible d'apporter au producteur à un moment donné. C'est à la fois en fonction du type de questionnement (d'ordre technique ou organisationnel comme « Comment vais-je caler mon planning de pâturage quand je serai en bio ? », ou d'ordre plus global comme « Comment vais-je faire évoluer mes productions pour être plus autonome pour l'alimentation de mon élevage ? »), et du type de posture attendue (expertise, conseil, aide à la décision…), que le conseiller devra choisir l'outil le plus approprié.

Nous pouvons noter toutefois qu'au delà de la posture des conseillers et du rôle qu'ils sont amenés à jouer dans l'accompagnement des projets de conversion, les outils eux-mêmes peuvent porter en eux la « marque de fabrique » du réseau de développement dont ils sont issus. Le fait qu'un outil sera préféré à un autre par le conseiller interviendra très probablement dans la nature de l'accompagnement qui sera proposé, de la même façon que le conseiller lui-même.

Les compétences mises en œuvre par les conseillers ont été abordées dans les chapitres 8 et 10 ; insistons ici sur le fait que les outils mobilisés sont directement liés à la posture que prend le conseiller lors de son intervention auprès de l'agriculteur. En raison de la polyvalence des outils et des intervenants, il faut souligner qu'un même outil peut être utilisé à différents moments et de façon différente selon l'étape atteinte. Ce qui motivera le choix et la façon de se servir de tel ou tel outil, c'est bien l'information recherchée pour répondre à la question posée à ce moment là, quelle qu'elle soit. Toute la pertinence du conseil va consister à choisir l'outil (spécifique à la bio ou non) qui sera le plus efficace pour construire tout ou partie de la réponse à cette étape précise. Par exemple, il n'est peut-être pas nécessaire de rechercher à tout prix un outil spécifique pour le calcul du coût alimentaire en élevage, mais il conviendra d'utiliser les références de coût de matière premières ou de rendement fourrager spécifiques à la bio dans ce calcul, et de replacer l'alimentation du troupeau dans le contexte du système d'élevage bio (respect de la part d'autonomie alimentaire, rationnement…). A *contrario*, il s'avère indispensable de faire appel à un outil spécifique, quand les bases de conception de l'outil utilisé reposent sur des hypothèses et des raisonnements spécifiques. C'est le cas notamment des outils de gestion et d'optimisation des rotations qui, s'ils existent en agriculture conventionnelle, n'intègrent pas en l'état les types de rotations possibles telles que pratiquées en bio (rôle et effets des légumineuses au-delà du précédent direct par exemple) ; d'où l'importance des travaux de reconception des outils d'accompagnement techniques pour en faire de réels outils dédiés à l'AB et utilisables pour sécuriser les parcours de conversion (exemple du programme « ROTAB » en cours sur les rotations en agriculture biologique, piloté par l'ITAB).

Les outils d'accompagnement ont aussi une certaine influence sur le projet lui-même, au-delà de la mise en évidence du degré de faisabilité de la conversion. En effet, le choix d'un outil plutôt qu'un autre est susceptible de mettre en exergue des points de fonctionnement qui apparaissent cruciaux pour l'utilisateur de l'outil, alors même qu'ils ne sont peut-être pas aussi primordiaux dans le projet global de conversion.

2.2. Les facteurs de modulation dans l'utilisation des outils

Compte tenu de la très grande polyvalence des outils existants, qu'ils soient ou non spécifiques à l'AB, un même outil va donc pouvoir être utilisé de façon variable par deux types d'intervenants différents, voire par le même intervenant selon la posture qu'il adopte et le moment de son intervention. Mais d'autres facteurs de modulation peuvent aussi intervenir, comme :
– La disponibilité de l'outil et/ou de la compétence requise ; malgré une volonté de

mise en réseau des agents de développement entre eux, il n'est pas toujours facile ni de connaître l'existence de tous les outils de diagnostic ou de simulation disponibles, ni d'y avoir accès ou de se les approprier (par exemple grâce à une formation adéquate). Ainsi, pour pouvoir se servir de certains outils et en exploiter toutes les capacités, il est parfois nécessaire d'avoir accès dans un premier temps à la fois à l'outil et à son « utilisateur expert ».

Pour identifier les outils disponibles et les rendre accessibles, il n'est pas toujours simple de mutualiser compétences et outils entre réseaux de développement, bien que des démarches se mettent en place pour favoriser la mise en synergie des compétences en place en AB (voir chapitre 8). À titre d'exemple, c'est la démarche adoptée en région PACA, où l'ensemble des intervenants (réseaux des GAB et des chambres d'agriculture) utilisent le même outil de premier contact dans une perspective de conversion. Autre exemple en région Rhône-Alpes, où l'accompagnement individualisé des conversions se fait en 3 étapes : un diagnostic de conversion, puis un plan de conversion, puis un bilan post-conversion. Dans ce parcours, il est prévu une intervention conjointe et/ou partagée (selon les départements) des agents de développements des deux réseaux, selon leurs compétences.

Des améliorations en matière de capitalisation et de valorisation des outils et des expériences existants sont vraisemblablement possibles, notamment en affinant le recensement des outils, mais aussi en identifiant clairement ceux qui sont effectivement transposables ou transférables dans d'autres contextes (régions différentes, autres systèmes de production…). Des centres de ressources documentaires dédiés à l'AB existent et ont pour vocation de faciliter l'accès à de telles ressources (tant au niveau local que national[4]) ; ils pourraient sans doute être mieux utilisés par les concepteurs d'outils d'accompagnement, ne serait-ce que par un meilleur référencement des outils transférables dans ces bases pédagogiques et documentaires.

– Les dispositifs locaux de soutien à l'appui technique. Dans certaines régions telles que Rhône-Alpes et Aquitaine, sont financées des interventions de techniciens spécialisés (en AB et par production) en appui individuel, à travers des « chèques conseils » (respectivement à hauteur de 3 et 5 jours). L'appui technique se fait alors dans un cadre contractuel, en amont (contrat de préconversion) et/ou au cours de la conversion, avec un appui personnalisé.

– Le degré de précision de l'expertise attendue. Le producteur peut (par exemple) disposer de sa propre autoexpertise sur le plan technique mais va faire appel à un conseiller extérieur pour la vérification de la conformité globale de son système avec les exigences réglementaires de l'AB.

– Le temps disponible est également un facteur de modulation très important, qu'il soit lié ou non au budget mobilisable pour la prise en charge de l'accompagnement. Dans le cas où c'est le temps à mobiliser qui sert de variable d'ajustement, ce sont les outils modulaires qui présentent le plus d'intérêt. Le « diagnostic conversion », outil d'aide à la décision conçu et développé par Agrobio Conseil (voir encart plus haut), est à ce

---

4. Certaines régions seulement disposent d'un centre de documentation spécifique à l'AB (Bretagne par exemple, au CFPPA de Rennes-Le Rheu). Au niveau national, il existe le Centre national de ressources documentaires en AB (ABioDoc), basé à l'ENITA de Clermont-Ferrand et intégré au centre de documentation de l'établissement.

titre l'exemple le plus emblématique. Prévu en 6 étapes dans sa version complète, il permet d'appréhender tous les aspects de la conversion dans le cadre d'une reconception complète du système de production. Adapté aux systèmes de polyculture-élevage, il est très complet mais nécessite 6 à 7 visites successives et environ une semaine de temps d'analyse. C'est pourquoi certains conseillers ne pouvant pas mobiliser autant de temps adaptent leur prestation pour que le diagnostic soit mené de façon moins exhaustive, mais dans un temps plus restreint (sur 2 à 3 jours au total par exemple).
– Enfin, l'enjeu territorial peut aussi contribuer à orienter le choix et/ou l'usage de tel ou tel outil. Ainsi, sur les périmètres de captages par exemple, l'analyse du projet de conversion se fera aussi à travers son impact sur la ressource en eau, ce qui influencera le choix des outils à mobiliser.

2.3. Intervention du producteur dans le choix et l'usage des outils

Le producteur est non seulement au centre de la démarche de la réflexion, mais il est également un contributeur direct à la réflexion, intervenant en autoexpertise permanente sur son propre projet et réagissant aux apports d'information extérieurs qui lui sont proposés. Qu'il s'approprie ou non les outils qui sont mis en œuvre pour l'accompagner dans son projet, il intervient directement par le retour qu'il formule sur l'outil et/ou sur les résultats que l'outil et le conseiller apportent (« j'accepte/je n'accepte pas les solutions qui me sont proposées ») et par les décisions qu'il prend sur la façon de passer l'étape suivante dans la construction de son projet. Il est également susceptible d'adopter n'importe quelle posture à un moment ou à un autre de sa trajectoire de conversion (et de s'approprier tout ou partie des outils utilisés selon ses besoins).

En terme de démarche, il est très important de prévoir des retours d'appréciation de la part du producteur accompagné, étape par étape, et de consacrer à ces *feed-back* le temps suffisant. Tout au long du processus de conversion, il peut être nécessaire de prévoir des simulations ou itérations successives, afin de mesurer régulièrement les conséquences des options prises ou des hypothèses de fonctionnement retenues. Une telle démarche permet de ne pas perdre de vue les objectifs globaux du projet; en rapprochant les résultats simulés des objectifs initiaux, il est ainsi possible de rectifier les options intermédiaires ou d'ajuster les objectifs fixés si besoin est, de façon pleinement réfléchie.

Enfin, en se référant aux différents types de trajectoires de conversion, et selon qu'il s'agit de la seule recherche d'une meilleure efficience des techniques, de la substitution d'intrants ou de la reconception totale du système de production (Bocquier, 2009), les questions posées et donc les outils activés et la façon dont ils seront activés seront susceptibles d'être très différents. En tout état de cause, il faut insister sur l'importance des spécificités liées à ces choix (partiels ou globaux, de changements de pratiques ou de systèmes…) qui sont associés au passage à la bio, et d'en tenir compte dans les outils utilisés pour l'accompagnement de ces transitions.

CONCLUSION

De l'avis des conseillers et agents de développement en charge de l'accompagnement des conversions sur le terrain, il est primordial de pouvoir disposer d'instruments spécifiques, conçus pour l'AB. Ce besoin de spécificité est ressenti à deux niveaux :
– la spécificité dans « l'approche bio » : il ne s'agit pas là d'une attitude de marginalisation souhaitée qui sous-entendrait que « la bio est un monde qui souhaite rester à part ». Ce besoin est essentiellement lié aux exigences réglementaires incontournables, qui tiennent de fait une place centrale dans la conception et le fonctionnement des systèmes de production. Même si l'engagement à respecter le cahier des charges de l'AB constitue une démarche volontaire, il n'en demeure pas moins qu'il s'agit d'un mode de production « sous contraintes ». Cette spécificité rend nécessaire l'approche globale. Il n'est en effet ni satisfaisant, ni acceptable de se permettre des situations incohérentes d'un point de vue technique, car l'agriculteur biologique ne dispose pas de solutions de rattrapage systématiques par la voie chimique. Or, il s'avère que cette nécessaire approche globale est encore trop peu ou mal traitée dans les outils d'accompagnement proposés couramment en agriculture conventionnelle.
– la spécificité locale : du fait des exigences du cahier des charges de l'AB, il est nécessaire de prendre en compte le contexte local (en particulier *via* les conditions pédoclimatiques, qui influent directement sur le rythme et le niveau de production, sur l'autonomie alimentaire des élevages…). Du coup, nous constatons une multiplication des outils, avec des déclinaisons locales très nombreuses, sans que leurs concepteurs aient eu en tête le transfert des outils construits. Ainsi, dans bon nombre d'outils la démarche générale est partagée, les expériences sont mutualisées, les étapes dans le parcours de conversion sont les mêmes (trame commune), mais les outils restent souvent locaux et rarement transposables. De plus, l'approche globale rend la conception d'outils de simulation assez complexe, surtout si l'on souhaite s'attacher à traiter toutes les étapes et tous les volets de la conversion dans un seul et même outil…

Afin de faciliter la diffusion des outils existants (notamment ceux qui sont effectivement généralisables à d'autres régions ou contextes que leur zone d'origine), il serait intéressant d'envisager un recensement le plus exhaustif possible des outils, sous forme d'un recueil de fiches signalétiques descriptives. Outre la présentation succincte de l'outil et de son domaine de validité (pour indiquer « quand », « comment » et « pour savoir quoi » il est possible de mobiliser cet outil), il s'agirait également d'indiquer le degré de transposition et d'accessibilité de ces instruments, en vue de leur mutualisation. Un tel catalogue n'existe pas à ce jour, mais trouverait toute sa place et son utilité dans le contexte actuel de relance des conversions.

BIBLIOGRAPHIE

OUVRAGES GÉNÉRAUX

AGROBIO 35, 2008. *Livret de visite Intervention Bio.*

BIO DE PROVENCE, CHAMBRE D'AGRICULTURE PACA, GROUPE DE RECHERCHE EN AB, 2009. *La conversion à l'agriculture biologique : « les premiers pas ».*

CHAMBRE D'AGRICULTURE DE L'INDRE, 2009. *Évaluer mes atouts : diagnostic de projet.*

CHAMBRE RÉGIONALE D'AGRICULTURE DES PAYS DE LA LOIRE, 2009. *Guide pratique : la conversion à l'agriculture biologique en Pays de la Loire* (recueil de fiches et mises à jour).

CHAMBRE RÉGIONALE D'AGRICULTURE DE MIDI-PYRÉNÉES, 2005. *Approche globale de l'exploitation en Midi-Pyrénées* (DVD).

PRINTEMPS BIO, 2002. *Le mémento de la bio.*

www.prairiales-normandie.com : site du Pôle de valorisation de la prairie normande, présentant « Prairiales Conseil, une gamme performante et complète de conseils sur les prairies et fourrages » dont la prestation « Orientation Agriculture biologique ».

MÉTHODOLOGIES ISSUES D'AUTRES SECTEURS QUE L'AGRICULTURE

AGROBIO PICARDIE, 2008. *Démarche type d'élaboration de projet.*

PATOUT O., DEVIMEUX J-M., 2006. *La méthode HACCP appliquée à la gestion du parasitisme des agnelles. Questions sanitaires et parasitaires en élevage bio,* Actes de la 5e Journée Technique du Pôle Scientifique Bio Massif central, le 8 novembre 2005.

PIOR J., NAÏTLHO M., FORTIER R., 2003. *Points critiques de la conversion à l'agriculture biologique : guide de suivi des exploitations en conversion à l'AB,* APCA-IFCA.

SEDARB, 2009. *Fiches de situation : critères de conformité réglementaires* (recueil de fiches par production).

OUTILS CONÇUS SPÉCIFIQUEMENT POUR L'AGRICULTURE BIOLOGIQUE

AGROBIO CONSEIL, 2001. *Diagnostic de conversion à l'agriculture biologique, un outil d'aide à la décision.*

APCA, 2001. *Mallette conversion à l'agriculture biologique.*

BOUILLOUX O., 2009. *Diagnostic économique et prévisionnel de conversion vers l'agriculture biologique* (DIAGECO - V4.5), SEDARB.

CORABIO, CHAMBRE RÉGIONALE D'AGRICULTURE RHÔNE-ALPES, 2007. *Accompagnement individualisé à la conversion à l'agriculture biologique en Rhône-Alpes.*

PADEL S., 2002. *Development of software to plan conversion to organic production (OrgPlan),* UK Organic Research 2002, the COR Conference, 26-28 mars 2002.

REUILLON J-L. *et al.,* 2007. *Grille de cohérence entre les ressources fourragères disponibles et les besoins alimentaires du troupeau en production laitière (Cohélait) : application à la production laitière biologique du Massif central à partir des références locales* (non publié).

OUTILS À ENTRÉES THÉMATIQUES

ARRUFAT A., 2008. *Outil de planification des cultures diversifiées sous abri.* Journées Techniques Fruits et Légumes Biologiques, Grab/Itab. 16-17 décembre 2008.

CAPLAT J., RAY-BARMAN C., 2001. *Inventaire des diagnostics Agro-environnementaux en agriculture biologique,* FNAB/ministère de l'Aménagement du Territoire et de l'Environnement.

DOUBLET S., 2006. DIALECTE, diagnostic Agri-environnemental d'exploitation, Solagro.

FNAB, 2001, *Kit d'accompagnement des conversions vers l'agriculture biologique* (extrait de « L'accompagnement des conversions vers l'agriculture biologique : de la sensibilisation à la mise en marche ».

FNAB *et al.,* 2009. *L'agriculture biologique : un outil efficace et économe pour protéger les ressources en eau* (recueil de 7 fiches).

FNAB, *et al.,* 2009. *L'agriculture biologique, un choix pour une eau de qualité : un outil efficace et économe pour protéger les ressources en eau.*

LEROUX J., FOUCHET M., 2008. *Les nouvelles règles européennes de la production biologique et leur application française : 11 fiches pour comprendre la réglementation des productions biologiques qui entre en vigueur à partir du 1er janvier 2009,* FNAB.

MINISTÈRE DE L'AGRICULTURE ET DE LA PÊCHE, 1999. *Méthode IDEA (indicateurs de durabilité des exploitations agricoles).*

SIVET M., 2000. *Diagnostic agro-environnemental : la méthode DEPART,* Enesad, Biobourgogne-Sedarb.

RÉFÉRENCES, MONOGRAPHIES ET/OU TÉMOIGNAGES

ABIODOC-ENITA, 2008. *Innovations en grandes cultures en agriculture biologique : compilation bibliographique* (publication dans le cadre du RMT DévAB).

AGROBIO 35, 2007. *34 monographies de fermes bio d'Ille et Vilaine (2002-2007).*

BOISDON I., BOUILHOL M., BALAY C., L'HOMME G., 1998. *Polyculture-élevage en agriculture biologique : 17 cas concrets en Auvergne,* ENITA Clermont-Ferrand.

CAB PAYS DE LA LOIRE, 2008. *Devenir agriculteur biologique en Pays de la Loire* (plaquette et recueil de témoignages).

CAILLAUD D. *et al.,* 2001. *Reconvertir son exploitation à l'agriculture biologique en élevage bovin viande,* Réseaux d'élevage Lorraine Alsace Champagne-Ardenne.

CHAMBRE RÉGIONALE D'AGRICULTURE DE BASSE-NORMANDIE, GRAB BASSE-NORMANDIE, INSTITUT DE L'ÉLEVAGE, 1997. *Méthodes et techniques en cultures biologiques.*

CHAMBRE RÉGIONALE D'AGRICULTURE DE BASSE-NORMANDIE, GRAB BASSE-NORMANDIE, INSTITUT DE L'ÉLEVAGE, 1999. *Méthodes et techniques en légumes biologiques.*

CHAMBRE RÉGIONALE D'AGRICULTURE DE BASSE-NORMANDIE, GRAB BASSE-NORMANDIE, INSTITUT DE L'ÉLEVAGE, 2000. *Produire de la viande bovine biologique.*

CORABIO, 2009. *Fermes de démonstration Bio en Rhône-Alpes : guide 2009.*

FRAB BRETAGNE, 2003. *Les fiches d'information des groupements d'agriculteurs biologistes de Bretagne* (recueil de fiches techniques et mises à jour).

RÉSEAUX D'ÉLEVAGE RHÔNE-ALPES – PACA, 2006. *Systèmes bovins laitiers en Rhône-Alpes PACA en agriculture biologique* (dossier et mises à jour « Résultats économiques – conjoncture 2007 »).

REUILLON J-L. *et al.,* 2006. *Systèmes d'exploitation bovins lait en Agriculture Biologique du Massif Central : Modélisation des systèmes laitiers en agriculture biologique construits à partir des fermes de références en production laitière agrobiologique dans la zone grani-*

tique d'altitude du Massif Central (sur la base des suivis et résultats 2000 à 2005); Réseaux d'élevage-Institut de l'élevage.

www.itab.asso.fr: site de l'Institut technique de l'agriculture biologique, avec accès aux publications gratuites (actes de colloques-Journées techniques, articles, résultats d'études...), les résultats des « qui fait quoi », les actualités de l'ITAB et du réseau technique AB.

http://itab.free.fr/ItabNet/Pages/FichesTechniques.php: référencement des fiches techniques réalisées par les acteurs techniques de l'AB dans une base de données en libre accès. Ces fiches présentent en détail une pratique ou une production conduite selon les principes de l'agriculture biologique.

SIMULATEURS

BENOIT M., 1998. « Un outil de simulation du fonctionnement du troupeau ovin alitant et de ses résultats économiques: une aide pour l'adaptation à des contextes nouveaux », *INRA Productions Animales*, 11.

VEYSSET P., LHERM M., HAUTCOLAS J-C., BÉBIN D., 2000. « vUn outil d'aide à la décision dans le choix du système d'exploitation en élevage bovin allaitant », *Rencontres autour des recherches sur les ruminants*, 7.

RÉFÉRENCES CITÉES DANS LE CHAPITRE

BOCQUIER F., 2009. « Défis techniques de la production à la transformation: éléments de débats », *Innovations Agronomiques* 4 (1-7).

CAPLAT J., 2003. *Les conversions vers l'agriculture biologique: comprendre les causes du ralentissement et proposer des dispositifs adaptés*, étude FNAB/ministère de l'Agriculture (DGFAR).

CERF M., MEYNARD J.-M., 2006. « Les outils de pilotage des cultures: diversité de leurs usages et enseignements pour leur conception », *Natures sciences sociétés*, 14 (1).

GIRARDIN P., GUICHARD L., BOCKSTALLER C., 2005. *Indicateurs et tableaux de bord. Guide pratiqque pour l'évaluation environnementale*, éditions Tec & Doc, Lavoisier.

GUÉRIN G., MOULIN C., TCHAKÉRIAN E., 2009. *L'approche des systèmes à composante pastorale: quels apports à la réflexion sur la gestion des ressources fourragères?* Journée AFPF, 10 déc. 2009 « Histoire et avenir des prairies et des cultures fourragères ».

JARDINS DE COCAGNE. *Démonstration illustrée et commentée des principes et fonctionnalités d'un logiciel de planification de cultures maraîchères*, consultable sur : www.reseau cocagne.asso.fr/gestion_prod/.

RIGAL J.-M., DARRÉ J-P., SALMONA M., 1977. « La culture des légumes et la façon d'en parler. In « Points de vue sur la formation en agriculture». *Revue Éducation Permanente* n° 37.

SALMONA M., 1994. *Les paysans français: le travail, les métiers, la transmission des savoirs*, l'Harmattan.

PADEL S. *et al.*, 2002. « Development of software to plan conversion to organic production (OrgPlan). UK Organic Research 2002 Conference, Aberystwyth, 26-28 March 2002 » *in Proceedings of the UK Organic Research 2002 Conference*, Organic Centre Wales, Institute of Rural Studies, University of Wales Aberystwyth,.

VILAIN L., 2008. *La méthode IDEA. Indicateurs de durabilité des exploitations agricoles. Guide d'utilisation*, Educagri éditions.

www.abiodoc.com: site du centre national de ressources documentaires en agriculture biologique.

Chapitre 12

L'imbrication des conditions facilitant la conversion

Claire Lamine, Stéphane Bellon, INRA

En écho aux chapitres précédents et aux enjeux développés dans le chapitre 1, ce chapitre présente une synthèse des conditions favorisant la conversion au niveau individuel, collectif, et territorial.

La partie 1 sur les trajectoires de transition vers la bio nous a permis de passer en revue, dans les principaux systèmes de production, les difficultés techniques que soulevaient les transitions vers l'AB, ainsi que les voies d'évolution possibles pour les producteurs que les dispositifs de conseil et de formation abordés dans la partie 2 doivent aider à tracer et accompagner. Au fil des chapitres, nous avons mis en évidence le fait que les difficultés liées à la transition n'étaient pas que techniques mais renvoyaient également à des questions de commercialisation et d'organisation du travail. Or ces questions doivent bien souvent s'appréhender non seulement à l'échelle de l'exploitation (qui peut d'ailleurs combiner plusieurs grandes productions parmi celles qui ont été abordées séparément dans la partie 1), mais aussi à l'échelle de collectifs de producteurs proches et des territoires voire de filières longues et « déterritorialisées ». Ce sont ces questions que nous allons développer ici de façon transversale, en nous appuyant sur des exemples et expériences ancrés dans des systèmes de production différents et dans certains cas multiples.

La première section abordera les effets de verrouillage liés aux filières et plus largement au système sociotechnique agricole et agroalimentaire, pour pointer les spécificités de la bio dans ce contexte général ainsi que quelques pistes de déverrouillage.
La deuxième section traitera des conditions facilitatrices à l'échelle de l'exploitation et de réseaux de producteurs proches, en soulignant notamment le potentiel de formes d'organisation mixtes, dépassant les coupures entre agriculture conventionnelle et agriculture biologique et/ou entre circuits courts et circuits longs.
La troisième section développera les questions d'organisation des filières et le rôle possible des politiques publiques à l'échelle de territoires, les politiques publiques nationales ayant été traitées dans le chapitre 8.

1. Dépasser les verrouillages

L'histoire sur le dernier demi-siècle (et même au-delà) des systèmes agroalimentaires peut être lue comme la construction progressive d'une trajectoire sociotechnique impliquant progressivement un vaste ensemble d'acteurs à tous les niveaux des filières économiques et dans les institutions concernées. Cette trajectoire s'est verrouillée au fil du temps, empêchant certains retours en arrière du fait de l'articulation étroite des différents éléments qui la composent et malgré les impasses qui peuvent la caractériser, et dans tous les cas, marginalisant les voies alternatives.

1.1. Phénomènes de verrouillage dans les systèmes agroalimentaires

Ces effets de verrouillage[1] dans les systèmes agricoles et agroalimentaires, et nous allons ici faire un détour en dehors de l'AB pour y revenir ensuite, peuvent être démontrés en faisant l'histoire parallèle des innovations dans différents domaines : en matière de protection chimique des cultures, de variétés, de techniques culturales mais aussi d'organisation du travail et d'équipement dans les exploitations, de structuration des filières et du conseil, et de régulations publiques.

Dans le cas emblématique de la culture du blé, qui a été abordé sous cet angle socio-historique (Lamine *et al.*, 2008), la mise en place au plan technique de la logique d'intensification peut être décrite comme « reposant sur la disponibilité d'une panoplie d'intrants (produits phytosanitaires, engrais, régulateurs de croissance, voire irrigation) et de leurs modes d'emploi, qui permettent potentiellement de maîtriser tous les facteurs limitants de la production et d'atteindre des rendements proches des potentialités de la culture dans le milieu considéré » (Meynard et Savini, 2003). Cette logique d'intensification repose également sur la recherche, à qui l'on a demandé prioritairement, jusqu'à récemment, de travailler sur le pilotage des systèmes intensifs et la résolution, au coup par coup, des problèmes agronomiques émergents liés à cette logique intensive, plutôt que sur la conception de systèmes plus économes (Vanloqueren et Baret, 2004, 2008). D'autres aspects majeurs contribuent à cette logique d'intensification :
– la sélection variétale (Bonneuil et Hochereau, 2009) ;
– les dynamiques d'exploitations agricoles (équipement en matériel, agrandissement des surfaces, spécialisation des activités) ;
– les stratégies des filières (notamment coopératives et aval avec par exemple la codification des exigences de qualité de la meunerie) ;
– les politiques publiques en matière de soutien à l'agriculture.

La recomposition du conseil intervient également. Il est de plus en plus privatisé (Rémy *et al.*, 2006). Or des conseillers ou techniciens qui doivent conserver leur clientèle feront tendanciellement prendre moins de risques aux agriculteurs et les inciteront moins à réduire les intrants.

Une analyse analogue peut être conduite dans le cas de la production fruitière, avec une prégnance encore plus forte des filières aval et la normalisation croissante des produits au travers de cahiers des charges imposés par la grande distribution.

Pourtant, dans les deux cas et dans ceux d'autres productions, des alternatives ont émergé, au fil de ces décennies, dans les différents composants de ce système sociotechnique :
– en matière de protection des cultures, des méthodes de lutte biologique ;
– en matière de travaux de recherche et de diffusion, les travaux sur les systèmes économes en intrants et leur diffusion dans certains groupes d'agriculteurs pilotes ;

---

1. Cette notion de verrouillage – « *lock-in* » en anglais – provient de l'économie évolutionniste, laquelle s'intéresse aux évolutions des secteurs et activités économiques (voir par exemple Geels et Schot, 2007 et plus spécifiquement sur le cas de la dépendance aux pesticides en agriculture, Cowan et Gunby, 1996).

– en matière de sélection variétale, les variétés multirésistantes ;
– en matière d'évolution des stratégies d'exploitation, le cas d'exploitations qui, souvent collectivement, adoptent des stratégies alternatives (par exemple pour le blé, diversification des rotations, matériel adapté en termes de travail du sol, semis ou désherbage, diminution des tailles des parcelles) ;
– en matière de stratégie des filières, le cas de filières souvent territoriales mettant en marché des produits issus d'une agriculture plus durable ;
– en matière de politiques publiques, la mise en place d'outils tels que les CTE ou MAE. Cependant, le manque de coordination de ces alternatives en termes de coïncidence temporelle, et surtout de volonté politique et d'articulation entre acteurs, ont empêché qu'elles « prennent » à large échelle. Le système « dominant » a finalement réussi à les tolérer, voire parfois à bénéficier de la caution environnementale qu'elles apportaient, tout en les marginalisant.

1.2. Effets de verrouillages génériques et propres à la bio

Dans le cas de la bio, on pourrait même parler d'un double verrouillage. D'une part, l'AB et ses réseaux doivent faire face aux verrouillages caractérisant globalement le système agroalimentaire que nous venons de décrire, de manière à s'implanter dans les paysages technique, professionnel et marchand. D'autre part, une fois cette implantation réalisée, comme c'est en partie le cas aujourd'hui, le système sociotechnique et notamment les filières biologiques nouvellement constituées regénèrent des effets de verrouillage propres à la bio, précisément dus au fait que celle-ci se développe dans le même paysage ou système sociotechnique. Autrement dit, elle n'a pas été en mesure de construire un système sociotechnique *ad hoc*, dans ses différentes composantes. Pour ne prendre que deux de ces composantes, le dispositif réglementé de sélection variétale n'est pas adapté à l'AB (Desclaux *et al.*, 2009 ; Rey, 2009), ou encore, plusieurs filières qui se sont constituées initialement avec des modalités bien spécifiques à la bio, comme dans le cas de Biocoop et de Solebiopais dans le sud-est, ont finalement adopté au fil du temps les modes de fonctionnement et de structuration du système « dominant ». Ces effets de verrouillage propres à la bio ont pu être décrits au travers de la notion de « conventionalisation », mouvement par lequel l'agriculture biologique subit les mêmes évolutions (concentration, intensification) que l'agriculture conventionnelle (voir chapitre 1).

Dans tous les secteurs, les agriculteurs bios, leurs réseaux et leurs produits se sont confrontés et se confrontent encore à la difficulté de s'implanter et de se diffuser dans un système sociotechnique et plus spécifiquement dans des circuits marchands dont les modes de fonctionnement et les critères sont inadaptés à la bio, tout comme du reste à d'autres formes d'agriculture que l'on peut qualifier de familiale.

Par exemple, dans le cas du blé et de sa transformation en pain, les critères technologiques imposés par l'aval (les industries meunières et la boulangerie), concernant notamment le taux de protéines et l'indice de panification, sont plus difficiles à atteindre pour le blé bio. Pourtant, d'une part, des techniques adaptées en meunerie (telles que l'assemblage de variétés complémentaires) et en boulangerie (panification sur levain et temps de levage plus long) permettent de pallier ces différences, et d'autre part, le blé bio offre d'autres types d'avantages pour l'heure peu codifiés et non exigés, en termes de qualité organoleptique et nutritionnelle (voir les résultats du programme pain bio, Viaux *et al.*, 2009).

Les effets de volume et d'échelle induits par la globalisation des échanges et par la transformation des circuits d'approvisionnement et le développement de la grande distribution posent eux aussi particulièrement problème dans le cas de la bio.
Produire en quantité suffisante pour la grande distribution classique (chaînes de supermarchés) suppose (i) soit des volumes de production qui sont assez rares en bio – même si l'on rencontre des grandes exploitations céréalières mais aussi maraîchères, en ce cas spécialisées sur un petit nombre d'espèces – (ii) soit des systèmes de structuration collective qui tardent à se mettre en place (voir infra sur les questions de collecte laitière). Certes, une grosse partie de la production biologique s'écoule dans les circuits spécialisés liés aux magasins bio, qui historiquement se sont développés de manière très différente de la grande distribution – par exemple, au travers de plateformes d'approvisionnement locales et maîtrisées par les producteurs – mais qui ont indéniablement, au fil du temps, connu une dynamique d'évolution proche de celle de la grande distribution : concentration, augmentation de la taille des magasins, maîtrise de la logistique par l'aval, avec, malgré certaines velléités de retour vers un approvisionnement plus local, un recours croissant aux productions éloignées.

Le rythme d'augmentation de la production ne suivant pas celui de la consommation, les importations de produits biologiques ont fortement augmenté en France au fil de ces dernières années. Pourtant, certains pays comme l'Espagne ou l'Italie ont adopté d'autres voies qui leur permettent de fournir des volumes plus importants pour leur marché intérieur et à l'export.

Malgré ces effets de verrouillage, différentes filières ont réussi à amorcer progressivement, au fil de leur trajectoire, des virages bénéfiques à l'entrée en piste des producteurs bio et de leurs produits. Nous verrons dans la suite du chapitre, que cela a notamment été le cas à l'échelle de territoires et avec le soutien d'une image et de politiques publiques locales, ainsi que grâce à des effets décisifs d'interconnaissance entre producteurs et acteurs des filières et de proximité. Mais quelques expériences montrent que cela peut aussi s'envisager dans les filières longues plus classiques.

2. CONDITIONS FACILITATRICES À L'ÉCHELLE DE L'EXPLOITATION

Les parties 1 et 2 de cet ouvrage ont montré que c'est souvent progressivement que les agriculteurs parviennent à mettre en place un agencement cohérent de techniques bio et aussi de débouchés adéquats. Ils ont aussi montré l'importance, pour faciliter cette progressivité, d'une part, de certains antécédents au fil des trajectoires des producteurs, d'autre part de dynamiques d'apprentissage sur le long terme. L'identification des antécédents, par les agriculteurs eux-mêmes et les conseillers qui les accompagnent, peut alors être un moyen de faciliter des transitions vers l'AB, de même que le soutien à des dynamiques d'apprentissage continues.

Derrière ces grands principes d'action ou d'intervention, dont nous avons montré les implications concrètes en termes de conseil et de formation, d'autres conditions facilitatrices doivent être mises en œuvre à l'échelle des exploitations et de collectifs de producteurs proches. Elles concernent notamment les complémentarités possibles entre productions, l'organisation du travail, l'équipement en matériel, et l'organisation de la commercialisation. Enfin nous évoquerons le potentiel qu'incarnent certaines formes d'organisation mixtes, couplant circuits courts et circuits longs, voire agriculture conventionnelle et agriculture biologique.

2.1. Les complémentarités entre productions

La construction de complémentarités entre productions est un moyen de viser l'autonomie, non pas comme un état en soi mais comme projet orientant les décisions et actions. L'autonomie peut être comprise à trois niveaux : l'amont de la production avec le recours aux intrants externes, les pratiques de production elles-mêmes, et enfin l'aval de la production.

En amont de l'exploitation, l'autonomie concerne surtout la limitation du recours à des intrants externes, souvent coûteux en AB. L'intégration de légumineuses est essentielle à l'équilibre du bilan azoté, à la diversification des espèces dans les rotations et à une plus grande autonomie fourragère des fermes avec élevage (cf. chapitres 5 et 6). L'accroissement du recours à la fixation d'azote symbiotique est sans doute une des clés de l'autonomie en intrants. De même, la lutte biologique par conservation – en introduisant des espèces assurant des chaines trophiques (haies composites, bandes enherbées) – permet de réduire la dépendance par rapport à d'autres méthodes de protection (y compris l'achat d'auxiliaires). En revanche, il y a souvent un décalage temporel entre l'installation d'infrastructures écologiques et leur fonctionnement effectif. Ce décalage peut être anticipé avant la conversion. Enfin, en matière de fertilisation, des expériences collectives de plateforme de compostage permettent aussi de valoriser des ressources locales, par exemple au niveau d'une commune.

Au niveau de la production, certaines pratiques permettent d'accentuer l'autonomie. Les usages du sol sont déterminants pour valoriser au mieux l'énergie gratuite et renouvelable qu'est l'énergie solaire… L'organisation spatiotemporelle des cultures fixe un cadre pour cette valorisation, notamment en réduisant les périodes d'interculture (sol nu). La saisonnalité des productions et les modalités de travail du sol interviennent également, en particulier pour réduire les besoins en énergie fossile (un cas extrême étant le chauffage de serres). Les transferts de fertilité[2] internes ont une importance particulière en élevage biologique (ou « organique », pour reprendre le terme utilisé par les anglo-saxons, qui souligne l'importance accordée à l'humus), compte tenu du coût et de la disponibilité des éléments fertilisants externes éligibles, principalement l'azote. En élevage, un élément d'autonomie important est la capacité d'assurer le renouvellement de ressources pâturées par le pâturage lui-même, c'est-à-dire en minimisant le besoin d'interventions mécaniques pour entretenir des prairies et parcours. Le recours à l'observation (du sol, des cultures, des animaux) peut lui aussi être un moyen d'assurer cette autonomie interne, par exemple en ciblant des interventions sur des individus ou des zones spécifiques. Enfin, l'enjeu d'équilibre écologique dans une perspective de reconception du système peut aussi se traduire par la réintroduction des animaux dans des systèmes de production végétale, comme le montre par exemple l'expérience d'introduction d'animaux dans des vergers. Son objectif est de réactiver la flore microbienne (par le cycle des déjections), de briser le cycle des parasites dans le sol (par la consommation des fruits infestés tombés au sol) et de retrouver ainsi un équilibre naturel. Ces animaux accélèrent aussi la décomposition des feuilles et donc la réduction de l'inoculum primaire de tavelure (voir chapitre 2).

En aval de la production, les producteurs peuvent prendre en charge eux-mêmes des opérations de conditionnement, de transformation ou de commercialisation des produits. Même si la vente directe ne représente qu'une faible part des ventes de produits bio (13 % environ ; Agence Bio, 2009), de nombreux producteurs souhaitent valoriser eux-mêmes une part de leur production et « regarder le consommateur en face ». En corollaire, on assiste à une multiplication de formes de mise en marché dans lesquelles les producteurs ou leur famille sont impliqués (AMAP, points de vente collectifs, cf. infra).

2.2. Les changements dans l'organisation du travail et des chantiers

En termes d'organisation du travail, la transition vers l'AB peut s'accompagner d'une redéfinition des tâches et d'une augmentation de la charge de travail, toutefois variable selon les situations et les productions, le maraîchage et l'élevage représentant schématiquement des cas de figure opposés de ce point de vue.

---

2. Expression désignant le déplacement d'éléments nécessaires à la croissance des végétaux.

Redéfinition des tâches puisque, par exemple, les étapes de la conduite des cultures sont changées : préparation du sol et fertilisation, protection contre les maladies et ravageurs, désherbage. Par exemple, dans les cultures de céréales, la fertilisation se gère différemment. Les contributions du sol et des précédents culturaux ainsi que les conditions pédoclimatiques sont explicitement pris en compte dans le raisonnement de la fertilisation (cf. chapitre 5). Les traitements de protection des cultures sont en général moins fréquents, voire supprimés. Cependant, en arboriculture par exemple, certains systèmes bio nécessitent plus de traitements ; en viticulture, le fractionnement des doses de cuivre peut aussi augmenter le nombre de passages. Enfin, le désherbage demande un travail très différent puisqu'il repose sur des outils mécaniques et suppose souvent plusieurs passages.

Par ailleurs, dans certains systèmes tels que les grandes cultures et le maraîchage, la transition vers la bio s'accompagne souvent d'une diversification qui permet à la fois de répartir et de minimiser les risques, de construire des rotations plus efficientes en termes de bilan azoté et de maîtrise des maladies, ravageurs et mauvaises herbes, de créer des complémentarités entre cultures, et, en tout cas pour le maraîchage, de se tourner vers des circuits de commercialisation plus directs (cf. chapitre 3).

Cette redéfinition des tâches entraîne souvent des besoins en compétences nouvelles, une redéfinition du calendrier de travail avec parfois des superpositions entre chantiers, ainsi qu'un besoin en matériel spécifique.

Concernant les besoins en compétences spécifiques, il faut insister de nouveau sur le besoin d'appui technique après l'installation ou la conversion (cf. partie 2). Mais c'est aussi beaucoup auprès de leurs voisins et proches que les agriculteurs trouvent les conseils techniques dont ils ont besoin, ou au sein de réseaux formalisés ou non : associations de producteurs biologiques, mais aussi forums et listes de diffusion sur internet. Concernant la redéfinition du calendrier de travail, là aussi c'est souvent avec des voisins que se mettent en place, comme du reste dans l'agriculture conventionnelle, des systèmes d'entraide sur les chantiers de travail. C'est aussi le cas pour le partage de matériel. On voit ainsi se développer de nombreux systèmes d'entraide locaux souvent informels entre les agriculteurs biologiques d'un même secteur. Des maraîchers achèteront par exemple en commun une machine à faire les plants (ou bien un agriculteur produira les plants pour ses voisins ou membres du même réseau), une arracheuse pour les pommes de terre, une machine à laver les légumes racines, une calibreuse. Ces systèmes d'entraide plus ou moins formels nécessitent toutefois, pour se mettre en place et pour être viables, une certaine densité de producteurs biologiques dans un secteur géographique donné.

Devant l'augmentation de la charge de travail qui peut être entraînée par la transition vers l'AB, les agriculteurs n'ont souvent d'autre choix que d'augmenter leur propre temps de travail, à moins que la valorisation supérieure des produits leur permette d'embaucher. Le cas des maraîchers très diversifiés en circuit court (marchés et systèmes de paniers notamment) montre bien ce phénomène. Toutefois, dans certains cas, le producteur bio choisira de s'adapter à l'échelle de son exploitation, par exemple en réduisant le nombre de productions différentes et/ou la surface pour parvenir à assumer l'ensemble du travail avec la main d'œuvre dont il dispose. Ceci peut être contradictoire par rapport aux principes de l'AB, qui supposent plutôt des rotations longues se traduisant par des assolements parfois complexes.

2.3. Commercialiser autrement ce qu'on produit autrement?

Quant à l'organisation de la commercialisation, l'étude des trajectoires d'agriculteurs bio dans différents systèmes de production a bien montré le parallélisme entre évolution du mode de production et évolution du mode de commercialisation (pour les cas du maraîchage et de l'arboriculture par exemple, voir le chapitre 3 ainsi que Lamine et Perrot, 2006). Certaines conversions réussies en maraîchage biologique s'appuient sur une redéfinition des modes de commercialisation, par exemple vers des circuits courts qui offrent un écoulement garanti et régulier sans exiger de calibrage : les marchés, mais ceux-ci prennent en général beaucoup de temps, les points de vente collectifs (voir section suivante), ou encore les systèmes de paniers.

Les AMAP

Les AMAP sont des systèmes de production et de distribution qui mettent en lien direct des agriculteurs et des consommateurs dans une logique d'« agriculture paysanne, socialement équitable et écologiquement saine » excluant le recours aux engrais et pesticides chimiques[3]. Cette agriculture est donc biologique, bien que la plupart des réseaux régionaux acceptent que les producteurs se dirigent progressivement vers l'AB, et/ou préfèrent à celle-ci et au label qui lui est associée des formes de validation des pratiques plus participatives et fondées sur des critères jugés plus justes en termes sociaux et environnementaux. Le principe des AMAP est simple, au premier regard : un producteur propose chaque semaine à un ensemble de consommateurs abonnés un « panier » de produits dont la composition est fonction de la production et aussi de ses irrégularités. Ces consommateurs paient ces paniers par avance, en général pour une « saison » de l'ordre de six mois, ce qui garantit au producteur l'écoulement de cette production et lui fournit une avance de trésorerie, en plus de lui épargner le calibrage, par rapport à d'autres circuits. Avant l'apparition des premières AMAP en 2001 (elles sont probablement de l'ordre d'un millier en 2009), d'autres systèmes avaient ce type de fonctionnement, en particulier les Jardins de Cocagne, qui ont toutefois la particularité d'être des structures d'insertion. Derrière un même nom, les AMAP

3. Tels sont les termes de la charte d'Alliance Provence, au respect de laquelle est subordonné le droit d'utiliser le nom « AMAP ».

présentent des cas de figure très divers – un maraîcher qui fournit un panier de légumes chaque semaine, un ensemble de producteurs qui fournissent ensemble un panier plus composite, un éleveur qui fournit des colis de viande chaque mois, etc.

Si les AMAP permettent aux producteurs et aux consommateurs de « retrouver une maîtrise », comme ils le disent souvent, sur leur production et leur consommation, elles ne peuvent concerner que des producteurs pas trop éloignés de centres de consommation (encore qu'il ne s'agisse pas que de grandes villes), et, en tout cas pour les fruits et légumes, capables de fournir une grande diversité de produits. Certains secteurs de l'agriculture, comme les grandes cultures seront difficilement concernés par ce mode de commercialisation, même si des agriculteurs peuvent s'y impliquer pour une petite partie de leur production (de blé ou de légumes secs, par exemple). Au sein même des cultures maraîchères et arboricoles, il est difficile d'imaginer que cette formule soit une solution pour des exploitations très étendues et/ou très spécialisées et produisant de gros volumes.

Il faut dire aussi que les AMAP représentent souvent une charge de travail assez énorme, liée notamment au besoin de diversification des cultures. De ce fait, certains producteurs en AMAP ont échoué voire ont fait faillite. Les consommateurs ne sont pas toujours assez patients pour donner à un agriculteur qui s'installe ou qui change radicalement de système, le temps nécessaire pour acquérir les compétences nécessaires à une telle diversification, et les agriculteurs ne se soutiennent pas toujours suffisamment entre eux.

Pourtant, les AMAP offrent potentiellement une réelle alternative parce qu'elles engagent les consommateurs collectivement et sur la durée, et parce qu'elles insèrent les producteurs dans un double collectif, celui de l'ensemble des producteurs, au travers de soutiens informels mais aussi de systèmes de « référents » ou de parrainage, et celui des consommateurs, qui peuvent participer à diverses tâches, même si cela se limite souvent à la distribution des paniers. L'impact des AMAP tient aussi aux effets de levier sur les pratiques de consommation. Outre les quelques kilos de légumes hebdomadaires (et parfois quelques autres produits), les amapiens disent souvent revoir dans la foulée leurs pratiques d'achat (commerce équitable, circuits courts) et leurs modes alimentaires. Au-delà, les AMAP poussent les consommateurs, mais aussi les producteurs, les professionnels du secteur ou encore les élus, à se poser des questions sur notre modèle agroalimentaire.

Comme le montre le cas des AMAP, les circuits courts ne sont pas la panacée pour tous les types de producteurs et de fermes. Leur choix – de fait le plus fréquent pour des installations directes en AB comme on l'a vu dans le chapitre 9 – entraîne parfois des surcharges de travail voire des échecs douloureux. On constate d'ailleurs que, dans un certain nombre de cas, après quelques années, des producteurs récemment convertis, très diversifiés et commercialisant exclusivement en circuit court se tournent vers d'autres modes de commercialisation pour rationaliser et viabiliser leur activité, et mettent ainsi en œuvre des formes de combinaison entre circuits longs et circuits courts (cf. chapitre 3).

DES DYNAMIQUES DE RESPÉCIALISATION PARTIELLE POUR DES MARAÎCHERS TRÈS DIVERSIFIÉS AU DÉPART

Une enquête réalisée en Ardèche méridionale dans le cadre du RMT DévAB, visant à repérer les dynamiques d'évolution chez les producteurs de légumes biologiques ou en passe de se tourner vers l'AB, et la manière dont ces dynamiques articulaient changement dans les modes de production et changement dans les modes de commercialisation, a permis d'identifier trois types de trajectoires :

– des producteurs – en général arboriculteurs au départ – conventionnels qui, dans un contexte de crise sectorielle, se tournent vers la bio comme voie de diversification en fruits et en légumes, en combinant éventuellement circuits courts et circuits longs ;

– des maraîchers très diversifiés au départ, qui cherchent au fil du temps à valoriser au mieux cette production en trouvant les bonnes niches ;

– des maraîchers également très diversifiés au départ, mais qui vont au contraire chercher au fil du temps, du fait des difficultés que leur pose la production d'une grande diversité de légumes (voire de fruits), à rationaliser leur système de production (haut du schéma ci-dessous) et simultanément, leur système de commercialisation (bas du schéma).

Fig. 1 Systèmes de production/systèmes de commercialisation

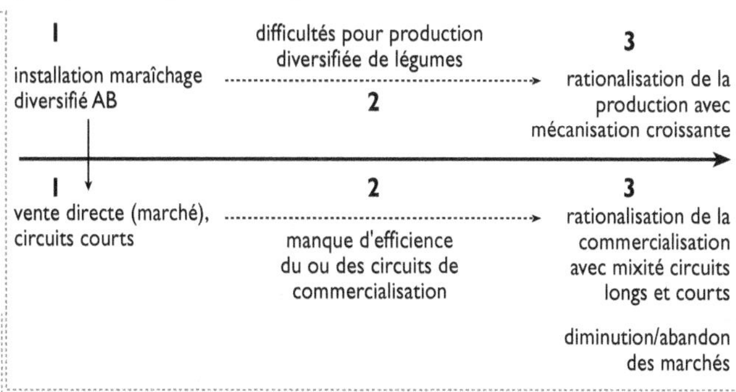

Chez ces producteurs, on peut parler d'une respécialisation relative, qui va de pair avec un agrandissement des surfaces voire des parcelles, souvent lié à un accès plus aisé au foncier après quelques

années d'exercice, une mécanisation qui passe souvent par du partage de matériel et des systèmes d'entraide avec des producteurs dans le même type de dynamiques, et enfin un changement partiel de circuits de commercialisation (diminution du nombre de marchés, augmentation des ventes en point de vente collectif, à la restauration collective, à des détaillants bio locaux, et à des grossistes bio distants).

Source : stage de Léa Cambien, INRA - Chambre d'agriculture d'Ardèche, réalisé dans le cadre du RMT DévAB, 2009

Doit-on alors parler, pour ces producteurs, d'une réintensification des pratiques, qui contribuerait précisément à cette conventionalisation de l'AB bien décrite dans la littérature et dénoncée avec véhémence par une partie du milieu professionnel ? Deux réponses partielles à cette mise en garde : d'une part, les structures *ad hoc* n'existant en général pas pour la bio (plateformes d'approvisionnement locales par exemple), les producteurs sont bien obligés de composer avec les structures bio qui existent, en général dotées de règles de fonctionnement proches des structures conventionnelles. D'autre part, le fait que ces producteurs conservent une mixité de circuits courts et longs est certainement le signe de la construction de compromis propres à l'AB, qui n'iront pas forcément de pair avec une inféodation au système « dominant » ! Précisons d'ailleurs que ces dynamiques de respécialisation partielle ne vont pas sans un changement de conception de ce qu'est la bonne ou la juste manière de travailler en AB. Partis d'un idéal de production à petite échelle, diversifiée, écologique, reposant sur les circuits courts, ces producteurs vont avec le temps reformuler une éthique de la bio qui met davantage en avant les idées de rationalité écologique (livrer de petits volumes à de nombreux clients n'est pas écologiquement rationnel) et d'accessibilité de la bio (produire au meilleur coût pour offrir à plus de gens la possibilité de se nourrir sainement à des prix raisonnables).

Si l'on sort du cas des fruits et légumes, dans certaines productions comme les céréales, le lait ou bien souvent la viande, échapper aux circuits longs est de toute façon difficile. La mise en place de circuits longs spécifiquement dédiés à la bio, sachant le degré de verrouillage et de codification des pratiques dans ces filières (au travers de normes et de critères touchant à la production, à la transformation, à la circulation, à la transformation des produits) est une voie qui demande un travail énorme de redéfinition des critères et des normes à tous les niveaux de la filière. C'est par exemple ce sur quoi ont travaillé des acteurs de la recherche et des milieux professionnels – producteurs, distributeur, intermédiaires – impliqués conjointement dans une recherche – action sur la structuration de la filière bio bovine en Belgique (Stassart et Jamar, 2009).

2.4. Le potentiel innovant des formes mixtes

Dans la mesure où dans de nombreuses régions et productions, les filières bio ne sont pas encore structurées, une voie d'évolution possible est de s'appuyer sur des structures conventionnelles en les incitant à s'ouvrir à la bio. Il s'agit alors de développer des formes mixtes entre production (ou commercialisation) biologique et conventionnelle, cette mixité étant complémentaire de celle entre circuits courts et circuits longs.

CIRCUITS COURTS ET VENTE DIRECTE, ENGAGEMENT INDIVIDUEL ET COLLECTIF

Dans un contexte de flou terminologique sur la notion de circuit court, on peut proposer de définir par circuits courts les circuits de commercialisation comprenant au plus un intermédiaire entre producteurs et consommateurs (la vente directe, sans intermédiaire entre producteur et consommateur, en fait donc partie, mais aussi la vente à un détaillant ou à un établissement scolaire).

On distinguera alors :

– la vente directe individuelle : vente à la ferme, marchés, paniers, foires, salons ;

– la vente directe collective : paniers, marchés (notamment marchés de producteurs), points de vente collectifs ;

– les circuits courts avec engagement individuel : commerces, restaurateurs, vente par internet, collectivités (par exemple cantines) ;

– les circuits courts avec engagement collectif : coopérative, association, collectivités.

Chaffote et Chiffoleau, 2007. Chiffoleau, 2009.

C'est le cas par exemple des coopératives céréalières, avec tous les problèmes logistiques que pose la coexistence d'une filière biologique et d'une filière conventionnelle, sans parler des risques de contamination liés aux OGM.

C'est aussi le cas de coopératives viticoles, pour lesquelles on peut distinguer les caves qui ont l'habitude de vinifier des cuvées de domaines, et dont la capacité de traçabilité facilitera le lancement d'une cuvée bio, de celles qui partent sur une démarche visant à englober l'ensemble des viticulteurs. Cette démarche peut coïncider avec un besoin de restructuration du vignoble (cas de la coopérative de Correns dans le Var), alors que dans le premier cas, les caves voient plutôt une opportunité d'explorer un segment de marché.

UNE DYNAMIQUE COLLECTIVE À PARTIR DE LA CONVERSION DU VIGNOBLE DE CORRENS (VAR) GÉNÉRATRICE DE DÉVELOPPEMENT LOCAL

Caves particulières et coopératives
Comment des viticulteurs engagent et valorisent une conversion de

leur vignoble ? Deux situations types peuvent être différenciées : celle des caves particulières faisant leur vinification sur le domaine et celles de caves coopératives faisant une cuvée bio, à côté de leur production dominante.

• En cave particulière, des vignerons sont de plus en plus intéressés par une production de raisins sans pesticides, sans forcément passer à la bio dans un premier temps ; ils appliquent alors des méthodes alternatives de production et notamment de protection des cultures, par exemple pour l'aménagement de leur vignoble en installant des infrastructures écologiques (haies, arbres, nichoirs…) pour favoriser des auxiliaires des prédateurs de la vigne.

• Les caves coopératives ayant déjà une cuvée identifiée comme « domaine » et maîtrisant la traçabilité peuvent intégrer relativement facilement une cuvée bio, sous réserve d'un volume de production minimal (20 à 30 ha environ, avec 40 hl/ha), d'une qualité de la récolte (pas de maladies fongiques : mildiou, oïdium), et de possibilité de valorisation d'une cuvée issue de raisins biologiques. Certaines caves coopératives y voient une possibilité de consolider leur image de marque, et de pénétrer de nouveaux marchés, en particulier à l'export.

Une conversion collective…

Au siècle dernier, la tendance générale fut une diminution progressive de la polyculture-élevage et de l'oléiculture en sec au profit d'une agriculture irriguée et d'une viticulture de plus en plus mécanisée. En 1990, la crise du vignoble des vins du sud affecte Correns comme d'autres communes de la région. Le besoin de restructuration du vignoble est manifeste, la coopérative est menacée de fermeture en 1997. La conversion à l'AB, motivée au départ par des besoins financiers, est soutenue par un noyau de pionniers, et la première cuvée issue de cette conversion est produite en 1998. Par la suite, plusieurs éléments interviennent dans la dynamique de cette coopérative (figure 2).

La coopérative compte 50 adhérents et 220 ha de vigne (7 100 hl environ dont plus de la moitié en rosé). Cinq viticulteurs, appartenant au conseil d'administration de la cave coopérative exploitent 60 % de la surface en vigne et contribuent à 80 % des apports viticoles.

Quelques facteurs explicatifs de cette dynamique

L'environnement du vignoble est favorable au passage à l'AB. L'isolement relatif des parcelles, entourées de bois, limite la présence de vers de la grappe. Le climat peu pluvieux et venté fait qu'il y a peu de maladies fongiques (mildiou et botrytis). Les sols peu argileux et légers facilitent la mécanisation de la viticulture. Un groupe « meneur » de 5 personnes a porté le projet de conversion et a su emporter l'adhésion des coopérateurs, dont la diversité structurelle des exploitations est importante, du point de vue de la taille des domaines, des encépagements, du matériel utilisé.

Fig. 2 Quelques jalons de l'évolution de la cave coopérative de Correns dans les années 2000

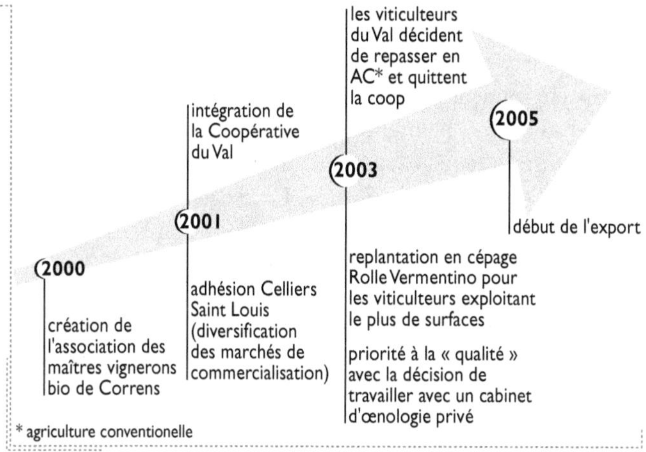

D'après Promotion Esat 2/MS Dat 2007-2008, Montpellier, encadrement Fournier S.

Ce processus a permis : pour les élus, de redynamiser l'activité économique du village et de lui donner une nouvelle image (« Correns, premier village bio de France ») ; pour les grands et moyens coopérateurs, de garder un métier et viabiliser une activité ; pour les petits coopérateurs, de garder une coopérative sur place et de continuer à produire ; pour les petits coopérateurs pluriactifs, de continuer à travailler leurs vignes. La gamme des produits s'est également diversifiée, avec une amélioration de la qualité et une forte présence sur des foires pour la vente directe et l'export. La production, aujourd'hui toute valorisée en bio, est passée de quelques dizaines de milliers de bouteilles en 1996 à près de 900 000. Regroupés dans l'association des maîtres vignerons bio de Correns, les viticulteurs ne regrettent pas leur choix. *« On peut dire que le passage au bio a changé la donne*, se réjouissent les vignerons de la coopérative. *Nous avons pu améliorer considérablement la qualité de nos vins, rouges, blancs et rosés et atteindre des marchés à l'export. Bien sûr, la façon de travailler est différente. Il faut être beaucoup plus présents dans les vignes et plus attentifs. Mais à la fin, tout le monde y gagne. »*

L'expérience est assez unique en France, car à Correns, le passage à l'AB s'est fait sans rupture sociale ni idéologique : *« Quand j'ai abordé la question de l'AB en 1997, je m'attendais à rencontrer de la résistance, de l'incompréhension, de la méfiance. Ce fut le contraire, à de très rares exceptions près, l'adhésion a été totale.* » note M. Latz, maire de la commune, également ingénieur agronome et lui-même propriétaire d'un domaine viticole.

L'expérience a redonné vie au village : les terres à vignes en repos – en moyenne 6 ans – servent désormais à cultiver des plantes aromatiques et médicinales, et une distillerie a vu le jour ; la cantine scolaire sert un repas bio aux enfants chaque semaine ; l'écotourisme a été développé ; la mairie a été refaite en haute qualité environnementale (HQE) et la municipalité soutient l'énergie solaire. En 2001, la commune a été récompensée pour sa politique globale par le trophée des éco-actions des Éco maires et, en 2002, par le « ministère de l'environnement », avec le label « Merci, dit la planète ». L'écologie est ainsi entrée par l'agriculture, et a progressivement « infiltré » les autres secteurs d'activités, qui dans un cercle vertueux, se sont autoentretenus.

DES RELATIONS DE COOPÉRATION ENTRE AGRICULTEURS BIO ET NON-BIO. L'EXPÉRIENCE DE LA COOPÉRATIVE DE PLANTES AROMATIQUES ET MÉDICINALES DE VERCHENY DANS LE DIOIS

Du local au marché international

Le développement de cette coopérative réunissant des adhérents bio et non-bio a contribué au maintien de petites exploitations de moyenne montagne en zone dite défavorisée. Initiée au milieu des années 80, cette coopérative intervient depuis la récolte jusqu'au produit fini, pour la distillation et le séchage des plantes aromatiques et médicinales (PAM). Un marché porteur à l'exportation a soutenu le développement de la coopérative. Elle est aujourd'hui bien positionnée sur un marché mondial ; elle approvisionne des entreprises spécialisées (Weleda, Boiron) ou généralistes (L'Oréal). Elle est devenue leader mondial en huile de mélisse, malgré une production modeste. Elle s'est aussi intéressée au marché national, notamment pour le frais et l'herboristerie bio et non bio. La dimension territoriale n'est pas oubliée pour autant avec l'intégration de l'initiative des coopérateurs dans Biovallée®[4], programme pour développer l'agriculture biologique et diminuer les intrants chimiques dans le Val de Drôme et le Diois. Les huiles essentielles bio comptaient en 2000 pour la moitié de la production totale. Outre l'investissement personnel des membres fondateurs, le développement de la coopérative était également lié au soutien institutionnel de plusieurs organismes (Wartena, 2000).

---

4. Voir http://www.biovallee.fr/blog/

Une mixité des modes de production

À son démarrage, la coopérative était centrée sur le marché potentiel des PAM bio. L'ouverture à des producteurs non-bio a permis de satisfaire plusieurs types de marchés et d'amortir les investissements. Les PAM représentent une activité de diversification potentielle pour de petites exploitations familiales en région de moyenne montagne, y compris pour des agriculteurs qui s'installent[5]. Elles ont également été le pivot du développement d'autres productions bio. Leur intégration dans des rotations de cultures (par exemple : légumineuses/céréales/PAM) et dans les exploitations a posé la question de l'écoulement d'autres productions en bio. D'autres coopératives ont ainsi développé des sections bio (céréales, Clairette dans le Diois, noix). Le problème de dépérissement de la lavande n'est pas résolu, ce qui incite les producteurs à diversifier leurs productions au profit du thym. Le respect des différences entre adhérents a également favorisé des conversions, le développement de nouveaux ateliers en AB (par exemple en élevage bovin), et l'utilisation de matériel en commun (herse étrille, retourneur de compost). Aujourd'hui, environ un tiers de l'agriculture du Diois est en bio. Une nouvelle section de la coopérative a été créée dans la plaine de Crest pour produire des plantes culinaires (persil, basilic…) avec irrigation.

L'ouverture à la bio de structures de commercialisation conventionnelles peut donc permettre d'offrir des opportunités de diversification à des producteurs conventionnels, et de développer la production bio sur un territoire donné.

Cette ouverture peut passer par des accords entre structures bio et conventionnelles proches géographiquement. Par exemple, le Marché de Phalempin (coopérative légumière du Nord – Pas-de-Calais) a passé au début des années 2000 un accord avec la coopérative bio NorABio (multiproduits) afin que les adhérents du Marché de Phalempin qui passent en bio puissent commercialiser leurs produits *via* NorABio. L'avantage pour la coopérative conventionnelle était de ne pas perdre ses adhérents, sans avoir à former sur la bio de commerciaux ou de techniciens alors que l'activité bio était très marginale.

Cette ouverture peut aussi être interne aux coopératives conventionnelles. L'ouverture de la coopération traditionnelle à la commercialisation de produits biologiques peut d'ailleurs être envisagée comme une réponse à une situation économique défavorable en conventionnel et à la forte demande en produits bio, tout en offrant des alternatives, pour des producteurs déjà en bio, au « 100 % circuit court » et à ses conséquences en termes notamment de diversification et donc de charge de travail.

---

5. Voir http://www.terredeliens.org/. Terre de liens propose de changer le rapport à la terre, à l'agriculture, à l'alimentation et à la nature, en faisant évoluer le rapport à la propriété foncière.

La principale coopérative fruitière du secteur, dont l'activité est en chute libre depuis une quinzaine d'années, a choisi de se tourner vers la commercialisation de fruits bio, puis vers celle de légumes bio.

Pour les fruits, c'est d'abord, à la fin des années 1990 vers des productions semblant « faciles » à convertir en AB que la coopérative et ses adhérents se sont tournés : châtaigne et kiwi. Des fruits plus classiques tels que la pomme et la poire ont suivi, mais avec davantage de difficultés du côté des producteurs.

Vers 2007, il est apparu que la forte demande de légumes biologiques pouvait représenter une opportunité pour des producteurs connaissant des difficultés dans leur production principale (en général fruits, parfois vigne aussi). Une structuration de la commercialisation sur la base de volumes assez importants pouvait représenter un débouché complémentaire et plus « rationalisable » pour des producteurs bio jusqu'alors surtout tournés vers les circuits courts, très gourmands en temps de travail. Des adhérents issus de l'agriculture conventionnelle comme des producteurs non adhérents mais en AB et jusqu'alors investis dans les seuls circuits courts, se sont engagés. Ces producteurs qui commercialisaient en circuit court ont la possibilité de continuer à le faire, la coopérative renonçant à sa clause d'apport exclusif, ce qui devrait leur permettre de valoriser au mieux l'hétérogénéité de leur production sur plusieurs circuits, lors de volumes plus importants.

Quant aux autres, initialement assez spécialisés, cette initiative peut leur permettre de diversifier leur production et d'entrer dans une démarche de valorisation qu'ils n'auraient pu envisager auparavant. Sur le territoire, cela contribue au maintien d'exploitations agricoles menacées, tout en commençant à structurer l'offre maraîchère bio locale. La chambre d'agriculture a accompagné le projet en proposant des formations et un suivi individualisé des producteurs concernés.

Pourtant, une telle expérience reste très fragile et en 2009, le grossiste en partenariat avec la coopérative a refusé des livraisons de légumes pour des motifs relevant vraisemblablement de responsabilités partagées et tenant partiellement au fait que les outils logistiques n'étaient pas adaptés au volume traité.

Des structures peuvent aussi être conçues comme mixtes (bio et conventionnel) dès leur création. C'est par exemple le cas de la plupart des points de vente collectifs en Rhône-Alpes, qui sont des lieux de vente associant des producteurs d'un même territoire, fournissant des produits complémentaires de manière à offrir une gamme de produits alimentaires complète, et s'engageant à la fois à participer au fonctionnement de la structure (en se partageant notamment le temps de présence dans le magasin) et à avoir des pratiques durables, pas nécessairement biologiques, même si certains points de vente collectifs sont exclusivement bio. De fait, dans la plupart de ces points de vente, une partie des produits sont en bio (en général le pain et les fruits et légumes), tandis que d'autres ne le sont pas toujours (en particulier les produits animaux).

Qu'il s'agisse de circuits plus classiques comme les coopératives ou plus alternatifs comme les points de vente collectifs, la combinaison de circuits de commercialisation mixtes, associant à la fois bio et conventionnel, et souvent circuits courts et circuits longs, pour les producteurs comme pour certains opérateurs des filières, apparaît ainsi comme une voie d'évolution possible dans les pratiques et comme un support de dynamique collective et territoriale.
Elle permet aussi le développement de transferts et dynamiques croisées entre bio et non-bio. Ainsi, les producteurs conventionnels participant pour une partie de leurs productions à ce type d'initiative se retrouvent interrogés sur le reste de leur production conventionnelle. Certains par exemple, qui produisent en bio un ou plusieurs légumes pour leur coopérative, font en parallèle évoluer leurs pratiques en agriculture conventionnelle, et mettent en place des techniques de lutte biologique dans des cultures conventionnelles sous abri.

La mixité aura souvent, dans les trajectoires d'exploitation, un statut temporaire ou transitoire, lié à des problèmes techniques dans le passage à l'AB, ou à une absence de valorisation économique qui seront peut-être résolus dans le temps, mais dans certains cas aussi elle correspond à des stratégies plus durables. Il faut aussi préciser qu'elle est très cadrée sur le plan réglementaire (RCE/889/2008), depuis la production jusqu'à la collecte et au transport des produits.

3. CONDITIONS FACILITATRICES À L'ÉCHELLE DES TERRITOIRES

Différents chapitres de la partie 1 ont souligné les complémentarités possibles entre exploitations proches. Ces complémentarités peuvent faciliter la mise en place de techniques alternatives et la reconception des systèmes, par exemple dans le cas de la fourniture par des fermes d'élevage de matière organique à des fermes proches n'ayant pas d'élevage, ou encore dans celui de la complémentarité possible, au sein de l'élevage, entre systèmes herbagers et systèmes de polyculture-élevage (chapitre 7).

3.1. Gérer collectivement l'équilibre entre diversification et spécialisation

Ces complémentarités peuvent aussi permettre de mieux gérer pour les exploitations, l'équilibre entre diversification et spécialisation en raisonnant à l'échelle des territoires, de manière à améliorer les situations en termes d'organisation du travail et de viabilité des systèmes.

En maraîchage ou en arboriculture, sur un territoire donné sur lequel travaillent quelques agriculteurs biologiques, il peut être efficient que chacun se spécialise sur un nombre limité d'espèces et que tous se coordonnent pour mettre en marché des volumes plus conséquents en jouant de la complémentarité entre différents types de circuits. C'est d'ailleurs l'option que choisissent, au fil du temps, certains producteurs maraîchers en AMAP, en se mettant à deux ou trois pour fournir un même panier ou en se complémentant sur certaines productions. Dans d'autres cas, des producteurs forment des collectifs plus ou moins formels, souvent à géométrie variable, pour jouer de leurs complémentarités en termes de production et de circuits de commercialisation différents afin d'améliorer la viabilité de leurs fermes, mettant en commun du matériel agricole, des contacts, et des outils logistiques (par exemple, chambres froides, cali-breuse, partenariat avec les transporteurs et metteurs en marché).

3.2. Circuits longs : la tension entre intégration et intégrité

Du côté des circuits longs, si certains producteurs établissent des partenariats avec des grandes surfaces locales des chaînes indépendantes (non soumises à l'approvi-sionnement par les centrales d'achats), la plupart sont contraints de s'appuyer sur les intermédiaires classiques, grossistes et coopératives. Or, les coopératives ou organi-sations de producteurs exclusivement biologiques sont peu nombreuses aujourd'hui. Aussi, un enjeu majeur est de s'appuyer sur des structures conventionnelles en les incitant à s'ouvrir à la bio, ce qui est bien sûr déjà le cas de nombreuses structures, tant coopératives que moulins par exemple (voir supra). Toutefois, dans tous les cas les critères de mise en marché restent très normés, malgré un assouplissement récent de la réglementation concernant les fruits et légumes, qui selon les professionnels ne devrait toutefois pas changer fondamentalement la donne.

La commercialisation en circuit long suppose d'atteindre des volumes suffisants et/ou une densité de producteurs biologiques suffisante pour mettre en place une logistique collective appropriée. Le cas de la collecte laitière est exemplaire de ce problème. Les années 2000 ont vu une croissance forte dans certaines régions, des conver-sions d'élevages laitiers à l'AB, mais les difficultés de Biolait, suivies de l'arrêt de sa collecte dans de nombreuses régions, ont provoqué une baisse du prix du lait que les agriculteurs bio n'ont pas réussi à contrer, faute de pouvoir faire entendre leur voix dans les laiteries conventionnelles, pour partie coopératives, dans lesquelles ils étaient minoritaires. Certaines laiteries ont d'ailleurs cessé de valoriser en bio le lait de « leurs » éleveurs bio. Le risque est alors que les éleveurs, ne voyant pas d'intérêt à rester en bio, se déconvertissent – ou plus exactement qu'ils cessent de demander leur certification –, ce qui ne signifie pas forcément qu'ils abandonnent les pratiques biologiques. Ceci est une illustration de la difficulté plus générale des producteurs bio à infléchir les orientations prises sur la commercialisation de leur produit par leur organisation collective (coopérative) quand elle est majoritairement conventionnelle et que les producteurs bio y sont minoritaires.

Pour pallier ces insuffisances et irrégularités dans la valorisation bio de leur lait, certains groupes professionnels ont toutefois réussi à mettre en place, en général avec l'appui de financements publics, des systèmes de péréquation efficaces.

UNE CAISSE DE SOLIDARITÉ EN ÉLEVAGE BOVIN LAITIER

En juillet 2003, le groupement régional des producteurs bio (GRAB) de Lorraine a créé une caisse de solidarité pour les éleveurs laitiers. Elle regroupe 50 volontaires sur les 150 éleveurs laitiers bio que compte la région. Jusqu'en 2007, elle a permis de verser entre 0,0118 et 0,0147 € par litre selon les mois aux adhérents bénéficiaires. Les laiteries s'engagent à reverser les primes à la caisse qui les redistribue équitablement entre tous les adhérents y compris ceux qui sont en dehors des collectes bio. En continuité, le GRAB a initié un travail de développement et de conversion et propose l'aménagement de collectes cohérentes entre les laiteries.

De tels dispositifs existent aussi pour l'élevage à viande ainsi que pour les grandes cultures.

En région Centre, les producteurs de Bio Centre ont mis en place une caisse pour sécuriser l'activité d'engraissement des éleveurs de bovins biologiques. L'organisation de producteurs et l'abatteur alimentent la caisse de 0,01 €/kg. L'éleveur verse également une participation lorsque le prix atteint un certain seuil. Le conseil régional donne une mise initiale de 2 000 € par éleveur bio engagé. En cas de vente d'un animal en conventionnel, la caisse reverse à l'éleveur les 2/3 du surcoût lié à l'engraissement bio avec au minimum le surcoût dû à l'alimentation bio. La caisse, qui fonctionne depuis 2007, est gérée par une structure neutre économiquement et assurant la transparence entre les différents acteurs.

Bio Centre a également modélisé la mise en place d'un dispositif impliquant 3 collecteurs de grandes cultures biologiques avec des prix et stratégies commerciales différents. Lorsque le prix définitif payé au producteur est inférieur au prix plancher, la caisse de sécurisation comble la différence. Si le prix final est supérieur au prix seuil plafond, l'agriculteur et l'organisme collecteur alimentent la caisse de sécurisation. (Touret *et al.*, 2008)

Ces dispositifs sont soutenus par des conseils régionaux, ce qui montre le rôle croissant des politiques publiques territoriales dans l'essor de l'AB.

3.3. Le bio dans la restauration collective : innover dans les solutions logistiques

Du côté de la restauration collective, les critères sont à la fois plus complexes et plus souples. Plus complexes du fait des règles des marchés publics interdisant de privilégier la proximité, même si ces aspects juridiques sont en pleine évolution en 2009, et du fait de la difficulté pour le personnel en place dans les cuisines de passer de produits industriels prétraités à des produits plus bruts, par exemple des légumes à éplucher. Plus souples d'un autre côté : pas de calibrage, possibilité de planifier les volumes mais aussi de les ajuster en fonction de la production réelle avec les commanditaires, c'est-à-dire notamment les intendants et cuisiniers des établissements. De ce point de vue, la restauration collective partage avec les systèmes de paniers tels que les AMAP l'avantage de permettre, grâce à l'engagement des deux parties sur la durée, un certain degré d'ajustement réciproque entre production et consommation. Un tel ajustement repose en partie sur la transformation culinaire des produits (par exemple, des fruits prévus à la livraison qui sont trop mûrs ou un peu tâchés pourront passer en compote plutôt qu'en fruit frais) et sur la composition du régime alimentaire. La restauration collective représente aussi un enjeu fondamental de démocratisation de la bio que peu d'autres circuits peuvent porter, malgré certaines tentatives en ce sens par exemple dans les réseaux d'AMAP.

Dans la restauration collective, de nombreuses expériences ont vu le jour ces dernières années en France et ailleurs (voir, et plus largement sur les circuits courts, Maréchal, 2008). L'un des points clés est la conception de plateformes logistiques adaptées, soit appuyées sur des structures existantes, soit crées *ex nihilo*. Différents types de structure peuvent être à l'origine de ces plateformes et plus globalement de l'organisation de l'approvisionnement de la restauration collective en produits bio et/ou locaux : collectivités territoriales, GAB, CIVAM bio, organisations issues de la société civile, etc. L'origine des produits est d'ailleurs un enjeu essentiel à clarifier à l'échelle locale, et certains font le choix de privilégier le local sur le bio, tout en exigeant en général certaines garanties quant au mode de production tandis que d'autres privilégient clairement le bio en acceptant des produits venant de loin.

3.4. Renforcer les liens avec les opérateurs de la transformation

Dans ces questions d'organisation des filières, on se centre en général sur la production et la distribution (directe ou non) en oubliant souvent les acteurs de la transformation. Or ceux-ci sont évidemment essentiels pour une valorisation complète de nombre de productions : céréales bien sûr, mais aussi fruits et légumes (conserverie, glaces, etc.), et viande (abattoirs, ateliers de découpe, et charcuterie).

Certes, dans certains cas, les outils de transformation existants ont atteint des tailles telles qu'ils ne sont pas vraiment en mesure d'intégrer les relativement petits volumes issus de la production biologique. C'est par exemple le cas des grandes conserveries de légumes. Ainsi, des essais de culture de petit pois réalisés par le GABNOR avec un gros industriel en 2001 avaient conduit à faire tourner l'usine de transformation une demi-heure avec la récolte biologique de l'année ! Encore cela supposait-il que tous les petits pois bio de la région passent en une seule fois, quelle que soit leur maturité, pour éviter de nettoyer plusieurs fois la chaîne.
À l'inverse, l'arrivée de produits bio peut permettre de maintenir, voire de relancer, des outils de transformation à taille plus réduite.

Par ailleurs, la transformation des produits biologiques est une voie nécessaire dans certains secteurs où les pratiques biologiques et/ou les critères de commercialisation classique (aspect, calibre des produits) conduisent à avoir un fort taux de produits non commercialisables, par exemple en maraîchage et en arboriculture. Si pour certains fruits et parfois certains légumes les producteurs parviennent à s'organiser individuellement ou collectivement pour transformer en jus ou autres conserves leurs produits invendables, il apparaît que les industries de transformation ne sont en général pas prêtes à absorber des volumes supplémentaires non prévus et non contractualisés.

Ainsi, dans de nombreuses régions, la production non valorisable en produit brut ne trouve pas à s'écouler dans les ateliers de transformation proches tandis qu'en face, les entreprises agroalimentaires ne trouvent pas leur matière première localement. C'est un décalage que l'on trouve classiquement entre la production de porcs et celle de charcuterie : la charcuterie corse ou ardéchoise, bio ou non d'ailleurs, ne repose que marginalement sur les productions de ces territoires, malgré leur forte image territoriale. Pourtant, certains transformateurs bénéficiant d'une image de qualité et/ou locale s'affichent de plus en plus sensibles à l'opportunité de s'approvisionner en produits biologiques locaux. De telles opportunités renvoient alors à la capacité à structurer à l'échelle d'un territoire et d'une filière, des échanges et des engagements réciproques bénéfiques tant aux producteurs qu'aux transformateurs locaux.

PROJET PORCS ARDÈCHE : À LA CONFLUENCE ENTRE FILIÈRES ET TERRITOIRE (JACQUES BRUNIER, CHAMBRE D'AGRICULTURE DE L'ARDÈCHE)

Depuis plusieurs années, la chambre d'agriculture de l'Ardèche raisonne les projets de conversion vers l'agriculture biologique en intégrant le plus tôt possible le volet commercialisation. Par ailleurs, forte de son expérience d'accompagnement de projets collectifs, croisant très souvent filières et territoire, elle applique au développement de l'agriculture biologique les mêmes méthodes. Plusieurs projets intégrant des producteurs, une entreprise privée ou coopérative et d'autres acteurs ont été ainsi accompagnés au cours de la dernière décennie : lait, vigne, fruits. Un des projets en cours d'accompagnement concerne la production de porcs bio.

L'entreprise concernée ici est implantée en Ardèche depuis 1949. Elle dispose d'une gamme large en salaison sèche (saucisses, saucissons, jambons) et d'une gamme traiteur (caillettes, griottons, grattons…). En 2007, elle a lancé une gamme de salaison sèche biologique (16 références disposées sur un présentoir de vente).

L'entreprise souhaite alors mettre en place une filière d'approvisionnement de porcs biologiques produits en Ardèche. Cette filière étant inexistante localement, tout est à bâtir, tant au niveau de l'amont que de l'aval.

Une première réunion en juillet 2008 entre la chambre d'agriculture, Appui Bio, Corabio et Agri Bio Ardèche posait les bases d'un partenariat pour l'accompagnement de ce projet. Un accord était alors conclu entre l'entreprise et la chambre d'agriculture pour une préétude de faisabilité. La démarche intéressant d'autres acteurs du territoire, un partenariat était conclu en novembre 2008 entre la chambre d'agriculture de l'Ardèche, l'entreprise, la CCI d'Annonay, la communauté de communes, le pays de l'Ardèche verte et le conseil général. Tous ces acteurs se réunirent pour une première réunion d'information auprès des producteurs potentiels.

Le travail depuis suit plusieurs axes :
– mobilisation et informations des producteurs, agents de développement, élus, journaux ;
– formations (organisées par Agri Bio Ardèche en 2009) ;
– accompagnement de la réflexion des éleveurs : diagnostic de conversion à l'agriculture biologique réalisé par Agribio Ardèche et la chambre ; études technico-économiques (chambre d'agriculture) ;
– accompagnement de la réflexion de l'entreprise, suivi du projet, recherche de financements (chambre d'agriculture, CCI) ;
– accompagnement de la structuration collective des producteurs (chambre d'agriculture).

Ce projet illustre les méthodes mises en place par la chambre d'agriculture de l'Ardèche : aide à l'organisation collective, recherche de la valorisation des produits très en amont, synergie et complémentarité avec les acteurs du développement local, partenariat avec l'association Agri Bio Ardèche.

3.5. *Le rôle des politiques publiques locales*

Dans ces différentes formes et possibilités d'organisation des filières à l'échelle des territoires, les politiques publiques locales ont évidemment un rôle clé, à la fois en termes d'incitation financière (appui aux investissements et au fonctionnement de structures spécifiques), d'appui technique (accompagnement au travers des compétences disponibles dans les services des régions et départements notamment, mais aussi des parcs naturels régionaux (PNR), pays et autres structures intercommunales, en matière de circuits courts et de valorisation des produits locaux), d'animation et de communication. Elles peuvent aussi être garantes d'une certaine démocratisation de la bio *via* le soutien à la restauration collective mais aussi à travers des initiatives plus centrées sur les quartiers et populations défavorisés.

Le niveau territorial – dont l'échelle variera en fonction des productions, des acteurs, de la densité de producteurs biologiques, etc. – est ainsi celui auquel peuvent converger à la fois des objectifs d'efficacité économique (partage de matériel entre fermes, moindre coût de collecte), de préservation de ressources environnementales telles que l'eau ou la biodiversité floristique et faunistique, de complémentarités productives entre agriculteurs (sur des gammes de produits ou bien en termes de saisonnalité), et enfin d'affirmation de l'identité professionnelle et des réseaux propres à l'AB[6].

CONCLUSION

Les circuits courts associés à une production très diversifiée (notamment en maraîchage), choix souvent forcé dans le cas d'installation directe en AB, peuvent être très gourmands en temps, voire non viables. Se tourner vers les circuits longs – au fil d'une trajectoire, ou alors dès le départ du fait des volumes que l'on produit – conduit à s'exposer aux modes de fonctionnement et critères de l'agriculture conventionnelle qu'on a pu vouloir éviter en choisissant justement l'AB, et qui peuvent aussi remettre en question la viabilité de l'exploitation.

Le potentiel innovant des formes mixtes, combinant circuits courts et longs et production conventionnelle et biologique, est aussi une voie de développement de la bio tant à l'échelle des exploitations – avec d'intéressantes opportunités de transfert de techniques au sein de l'exploitation – qu'à celle des territoires (petites régions, bassins de production, pays) même si ces formes posent des problèmes de logistique complexes. Cependant, en combinant, comment être sûr qu'on n'additionne pas les problèmes plutôt que de les réduire, selon les structures d'exploitations, et les caractéristiques des territoires ? Ces points restent à mieux éclairer à partir des expériences étudiées. Différents cas nous ont en tout cas montré, dans ce chapitre, comment les agriculteurs bio peuvent construire des partenariats prometteurs avec les opérateurs économiques locaux, autour du développement d'une offre bio pour des circuits courts associant des consommateurs locaux, pour la restauration collective, ou pour les circuits longs biologiques.

6. Même s'il semble qu'à l'heure actuelle, en raison des faibles densités de producteurs bio mais aussi du développement d'internet, les réseaux bio, tout comme d'autres réseaux d'agriculture se revendiquant comme « alternative », tels que ceux liés aux techniques culturales simplifiées par exemple, se constituent souvent au-delà du niveau territorial.

La multiplicité des initiatives et expériences de développement attestent de la capacité d'innovation de l'AB. Elles montrent l'importance de l'animation collective et aussi des outils logistiques pour construire des complémentarités entre fermes et organiser les filières à l'échelle des territoires. C'est à ces conditions que la bio réussira peut-être le changement d'échelle aujourd'hui nécessaire, pour approvisionner les circuits longs et notamment la grande distribution spécialisée ou non, ainsi que la restauration collective, pour laquelle l'objectif est rappelons-le de passer à 20 % de produits bio dans les repas d'ici à 2020.

Les différentes pistes explorées ici, que ce soit à l'échelle de l'exploitation, de collectifs de producteurs proches, ou du territoire, suggèrent également qu'au-delà des producteurs, il y a d'autres conversions à envisager : celle des conseillers, des opérateurs des filières, des consommateurs, des politiques, des chercheurs…

BIBLIOGRAPHIE

AGENCE BIO, 2009. *L'agriculture biologique, chiffres clés*, Édition 2009.

BONNEUIL, C., HOCHEREAU, F., 2008. « Gouverner le "progrès génétique". Biopolitique et métrologie de la construction d'un standard variétal dans la France agricole d'après-guerre », *Annales Histoire Sciences sociales*, 6.

CHAFFOTE L., CHIFFOLEAU Y., 2007. *Fiches commercialisation*, CROC, INRA, Montpellier.

CHIFFOLEAU Y., 2009. *Les circuits courts de commercialisation des produits alimentaires biologiques*. RMT DévAB, Fiche partenariat n° 2, consultable en ligne.

COWAN R. & GUNBY P., 1996. « Sprayed to death : Path dependence, lock-in and pest control. », *Economic Journal* 106 (436).

DESCLAUX D., CHIFFOLEAU Y., NOLOT J.M., 2009. « Pluralité des Agricultures Biologiques : Enjeux pour la construction des marchés, le choix des variétés et les schémas d'amélioration des plantes », *Innovations Agronomiques*, 4.

GEELS F.W., SCHOT J., 2007. « Typology of sociotechnical transition pathways », *Research Policy* 36 (3).

LAMINE C. et al., 2008. *Intensification of winter wheat production : a path-dependency analysis*, Endure international conference, Montpellier, octobre 2008.

LAMINE C., PERROT, N., 2006. *Trajectoires de conversion, d'installation et de maintien en agriculture biologique : étude sociologique*, projet Tracks INRA-ITAB-CTIFL.

MARÉCHAL G. (dir.), 2008. *Les circuits courts alimentaires. Bien manger dans les territoires*, Educagri éditions.

MEYNARD J.-M., SAVINI I., 2003. « La désintensification. Point de vue d'un agronome », *Dossier de l'environnement* n° 24.

RÉMY J., BRIVES H., LÉMERY B., 2006. *Conseiller en agriculture*, Educagri éd. – éd.Quae, coll. Sciences en partage.

REY F., 2009. *Des sélections adaptées à l'agriculture biologique*. RMT DévAB, Fiche partenariat n° 5, consultable en ligne.

Stassart P.M., Jamar D., 2009. «Agriculture biologique et verrouillage des systèmes de connaissances. Conventionalisation des filières agroalimentaire bio», *Innovations Agronomiques*, 4.

Vanloqueren, G., Baret, P.V., 2004. «Les pommiers transgéniques résistants à la tavelure. Analyse systémique d'une plante transgénique de "seconde génération"», *Le Courrier de l'Environnement de l'INRA*, 52.

Vanloqueren, G., Baret, P.V., 2008. «Why are ecological, low-input, multi-resistant wheat cultivars slow to develop commercially? A Belgian agricultural lock-in case study», *Ecological Economics*, 66.

Viaux *et al.*, 2009. «Comment gérer la nécessaire approche pluridisciplinaire et transversale des programmes de recherche en agriculture biologique? L'exemple des programmes pain bio», *Innovations Agronomiques*, 4.

Wartena S., 2000. *L'agriculture biologique face à son développement*, Lyon, décembre 1999, INRA éditions.

Conclusion *générale*

Au terme de ce cheminement à travers des situations de production et d'accompagnement où s'entremêlent des trajectoires individuelles et collectives, il apparaît que l'AB est aussi dynamique que diverse. En s'appuyant à la fois sur des travaux de recherche et sur l'expérience concrète d'acteurs opérationnels de l'AB, cet ouvrage a permis de poser quelques jalons donnant corps à la possibilité de projets qui contribuent au développement de l'AB. Ces projets sont tout d'abord agricoles, et ouvrent des voies d'adaptation ou d'évolution pour des exploitations. Au-delà, ces projets engagent d'autres acteurs, consommateurs, citoyens, acteurs des territoires, et répondent plus largement à des enjeux de société, relativement à la préservation de ressources environnementales, à l'alimentation et à son incidence en termes de santé, aux choix technologiques collectifs.

La première partie de cet ouvrage a présenté une diversité de figures de transition vers l'AB dans les différents systèmes de production ; et nous pourrions en rajouter, tant le panel des situations est large dans les régions françaises ou d'autres pays. Les transitions vers la bio sont des histoires personnelles, familiales et souvent collectives. Elles entraînent des changements techniques et de conceptions qui s'engagent sur le temps long, dans une dynamique qu'on pourrait dire sans fin. Tous les chapitres de cette partie ont en effet montré combien, quelle que soit la ou les productions, les changements continuent bien après l'installation ou la conversion, de même qu'une conversion sera souvent précédée de changements alors même que l'exploitation était encore en agriculture dite conventionnelle. Installation ou conversion, la transition vers la bio englobe de multiples cheminements, allant de cas relativement simples lorsqu'on provient d'un système assez proche des pratiques biologiques, à des processus bien plus complexes lorsque le système repose sur une panoplie de techniques et d'intrants auxquels on devra renoncer, ou encore lorsqu'il s'agit de construire un autre rapport à l'environnement ou au marché. En tout cas, chemin assez direct ou longue route sinueuse, la transition vers la bio est un beau chemin ! L'idée de diversité des voies de transition a été énoncée et exemplifiée à maintes reprises.

Des systèmes relativement spécialisés sont bien placés pour répondre à court terme à une demande marchande croissante dans des volumes adéquats, puisqu'ils représentent des surfaces et des volumes de production importants. Ils pourront d'ailleurs éventuellement se diversifier au fil du temps, comme l'ont montré les différents chapitres de la première partie. Les systèmes diversifiés présentent d'autres avantages : au plan économique, répartition des risques et régularité de trésorerie ; au plan du métier, diversité des relations et des activités ; au plan technique, autonomie des fermes de polyculture-élevage (transferts de fertilité, recyclage) et meilleure maîtrise de la santé des plantes et des adventices pour les productions végétales. Les uns comme les autres présentent aussi des traits communs : l'engagement dans de nouveaux réseaux professionnels propres à l'AB, qui entraîne souvent une double appartenance, puisqu'en général l'agriculteur restera impliqué dans des réseaux antérieurs, non bio et souvent locaux ; les changements en matière d'approvisionnement, de conseil et de formation ; la réorganisation spatiale et temporelle des productions et des interventions techniques ; l'adoption de stratégies de conduite des cultures et des animaux combinant des mesures préventives et curatives. Enfin, systèmes spécialisés et systèmes diversifiés présentent des écueils spécifiques, d'ailleurs valables au-delà de la bio : d'un côté, la dépendance envers l'aval en termes de prix, de critères de qualité et bien sûr d'écoulement[1], de l'autre, la multiplicité des compétences techniques nécessaires et les fréquentes surcharges de travail. Entre ces deux pôles, chaque exploitation et chaque territoire pourra construire une forme singulière d'équilibre en termes de viabilité économique, de viabilité sociale (ou « vivabilité » à la fois individuelle et collective) et d'autonomie, qui répondent à ses potentialités et à ses valeurs.

Ce dernier point pourrait être lu comme une tentative naïve de conciliation de l'inconciliable, or, il vise surtout à souligner le besoin particulier d'accompagnement tant individuel que collectif qui caractérise les transitions vers l'AB. À quoi bon nier que la transition vers l'AB, comme d'ailleurs celle vers les circuits courts ainsi que d'autres formes d'évolution souvent assez radicales, ne sont pas en tant que tel des solutions applicables dans toutes les exploitations, à tous les producteurs et dans toutes les régions ? C'est ce rôle clé de l'accompagnement pour aider à construire des trajectoires ajustées aux situations singulières, que nous avons démontré dans la seconde partie de l'ouvrage. Cet accompagnement repose sur les réseaux dédiés à l'AB, tant dans les chambres d'agriculture que dans les groupements d'agriculteurs biologiques ou dans des organisations agricoles alternatives, et de fait sur une bonne coordination de ces différents réseaux, sans oublier le rôle essentiel de l'enseignement agricole et de la formation continue.

Au-delà de ces métiers du conseil, de l'accompagnement et de l'enseignement, nous espérons aussi avoir convaincu que la transition vers la bio engage également tout un ensemble d'acteurs, des décideurs publics aux citoyens, des filières aux consommateurs, sans oublier la recherche, les instituts techniques et le conseil envers lesquels

---

1. Encore que ce degré de dépendance soit davantage lié au type de circuit choisi qu'au degré de spécialisation en tant que tel (même si de fait les deux sont souvent liés) : des producteurs en systèmes spécialisés peuvent choisir des circuits de commercialisation dans lesquels ils sont acteurs, voire qui présentent des modes de péréquation ou de mutualisation (comme on l'a vu dans le cas de l'élevage) tandis qu'*a contrario*, des circuits diversifiés peuvent être très dépendants des opérateurs d'aval (cas des fermes présentant plusieurs ateliers de production en intégration).

les agriculteurs biologiques sont en droit d'attendre des propositions techniques, et *avec* lesquels ils sont également susceptibles de construire de telles propositions, dans le cadre de projets communs. Si l'AB peut encore être considérée comme un «prototype», il existe en effet un réel enjeu de maintien d'une capacité d'innovation en AB, mais sur des bases à réinventer. L'appropriation du bio par les nouveaux entrants ou l'évolution des agriculteurs déjà convertis impliquent, en tout cas dans une perspective de long terme, de dépasser le seul contenu restrictif d'un cahier des charges, vu comme une liste d'intrants éligibles ou comme le simple et seul renoncement aux produits chimiques de synthèse. Ainsi, comment réintroduire de l'«organique» dans ces systèmes spécialisés? Quels aménagements permettent d'être moins tributaire des intrants externes, aussi «biologiques» soient-ils? Les orientations qui peuvent être dessinées sont au moins de quatre ordres: (i) la conception de systèmes plus autonomes et économes en intrants, en accord avec les principes de l'AB (qui favorisent un lien étroit au sol et entre productions animales et végétales), (ii) la maîtrise durable de la santé et du bien être des animaux, et plus largement la santé des agroécosystèmes qui soutiennent ou que produit l'AB; (iii) la maîtrise des qualités nutritionnelles, sensorielles et sanitaires des produits; (iv) le renforcement des interactions entre agriculture biologique et environnement, en privilégiant ses impacts sur la biodiversité, sur les émissions de gaz à effet de serre (GES), ainsi que les consommations énergétiques, l'environnement devenant aussi facteur et enjeu de développement en AB. Ces quatre orientations complémentaires devront s'appuyer sur une meilleure organisation des filières, dans la perspective de différenciation et de valorisation par le consommateur des produits issus de l'AB. Cette valorisation par les consommateurs, dont témoigne l'essor de la consommation bio, pose non seulement la question d'un meilleur ajustement entre offre et demande, mais aussi celle du juste prix de la bio. On peut considérer que faute de prise en compte des fonctions environnementales dans la fixation des prix des produits alimentaires, il revient à des consommateurs volontaires de porter le poids économique de ce qui apparaît comme des avantages collectifs, aujourd'hui reconnus par la réglementation en vigueur au travers de la notion de bien public. Dans cette optique, un investissement de la recherche est attendu sur des points clés tels que la caractérisation de la demande, l'estimation des coûts et services écologiques des différentes formes d'agriculture, ainsi que les stratégies des acteurs. Concrètement, le développement économique de l'AB est l'objet de soutiens tels que le fond de structuration des filières, financé par le ministère de l'alimentation, de l'agriculture et de la pêche.

Que valent en effet toutes ces belles paroles si la volonté politique ne les traduit pas en politiques publiques et en programmes de recherche et d'action concrets? La confrontation du cas de la France, jadis pionnière en matière d'AB et aujourd'hui à la traîne par rapport à d'autres pays européens, à ceux de certains autres pays qui furent bien plus volontaristes et organisés en la matière, montre combien l'essor de l'AB dépend du rôle des politiques publiques. Cela tout particulièrement pour remplir le double rôle sociétal que lui confère le nouveau règlement européen (RCE n° 879/2007): répondre à une demande marchande et assurer la production de biens publics associés à la protection de l'environnement et au bien être animal. L'AB est ainsi reconnue comme un levier potentiel majeur pour répondre ou contribuer à répondre à des enjeux tels que l'adaptation au changement climatique et la préservation des ressources naturelles (eau, biodiversité, sols).

De ce point de vue, si l'évaluation de l'impact environnemental de l'AB par rapport à d'autres formes d'agriculture est objet de controverses, relatives par exemple à son efficacité énergétique par unité de surface, il n'en reste pas moins que l'AB s'avère bien placée sur l'ensemble des compartiments environnementaux. En termes d'environnement, la bio incarne à la fois des enjeux globaux et territorialisés. Globaux car la transition vers la bio de surfaces croissantes – aux côtés d'autres formes d'agriculture écologiques – permettra un rééquilibrage progressif de l'agriculture vers des formes plus résilientes par exemple par rapport au changement climatique. Territorialisés car l'AB peut avoir et a déjà un rôle clé dans le développement rural et dans la préservation de ressources localisées comme les ressources en eau ou la biodiversité propre à un territoire. Cependant, les configurations territoriales optimales ne seront pas les mêmes selon qu'il s'agit de préserver des ressources en eau ou la biodiversité : dans un cas, il y a intérêt à concentrer l'AB dans des zones de captage d'eau pour l'alimentation humaine (et ceci peut renforcer l'efficacité économique en réduisant les coûts de collecte et de transport de produits bio) ; dans l'autre, on peut attendre à l'inverse un effet plus important de l'AB du fait de sa dispersion dans une matrice paysagère, du moins à partir d'une part minimale de surfaces en AB. Ces effets de seuil valent non seulement sur le plan de la protection de ressources environnementales, mais aussi pour l'organisation économique et le fonctionnement de réseaux sociaux (échanges entre fermes bio…). Au-delà du besoin d'outils et de données permettant d'informer différentes voies possibles de développement de l'AB, l'analyse des enjeux contradictoires entre biens privés et biens publics reste un chantier important qui ne peut être abordé qu'en coopération avec l'ensemble des acteurs concernés (de l'agriculteur au chercheur, en passant par le consommateur et le citoyen). Nous avons vu combien différentes formes de connaissances ont été et sont encore nécessaires à la construction et au développement de l'AB. De ce point de vue, l'intégration explicite de l'AB dans divers cursus de formation devient un avantage incontestable.

Aujourd'hui, forte de ces attentes sociétales à son égard, la bio a pour enjeu clé probablement de combiner croissance, développement et intégrité, à l'image d'un organisme vivant. La croissance correspond à un changement d'échelle, en particulier avec de nouvelles conversions, une plus grande part de marché, une place grandissante dans la restauration hors domicile et dans les établissements scolaires. Le développement prend en compte le devenir et les capacités d'évolution des fermes déjà converties en bio, les compromis éventuels à établir entre plusieurs objectifs[2] ainsi que les évolutions technologiques relatives aux méthodes de production et de transformation ou de conditionnement des produits. L'intégrité renvoie aux principes de l'AB et à sa crédibilité auprès des consommateurs, mais aussi aux modèles à promouvoir (exploitations spécialisés ou diversifiés, petites ou grandes) et à leurs complémentarités éventuelles au niveau régional.

---

2. Par exemple en élevage de porcs ou volailles en plein air, quels arbitrages entre bien être animal, émissions de GES et fuites en azote ? De même, en production de fruits frais, l'augmentation du rendement en AB se fait-elle au détriment de la qualité des produits ?

Un autre enjeu clé est aussi de dépasser la vision technique de la bio comme système de production alternatif. D'une part, l'AB n'est pas un système alternatif déconnecté du reste de l'agriculture. Son cas est au contraire tout à fait pertinent pour éclairer les questions de transition vers des agricultures plus écologiques et ouvrir des termes de passage entre types d'agricultures écologiques en les situant plutôt en continuité qu'en rupture, dans un contexte où diverses formes de pression environnementale s'exercent sur le secteur agricole. Ces pressions se traduisent par une « écologisation » des politiques agricoles, lesquelles sont de nature de plus en plus coercitives – plutôt qu'incitatives – et privilégient de plus en plus des obligations de *résultats* plutôt que la mise en œuvre de *moyens*. C'est le cas de la réduction des pesticides en France comme dans d'autres pays ou de l'obligation de passage de l'ensemble de l'agriculture européenne à la protection intégrée d'ici 2014. D'autre part, il s'agit de dépasser l'échelle du système de production pour considérer l'ensemble du système agrialimentaire, de manière à prendre en compte non seulement la diversité des acteurs et étapes de la chaîne alimentaire, mais aussi les interactions réciproques entre pratiques alimentaires et types d'agriculture. Du reste, de nombreuses instances nationales et internationales se réfèrent aujourd'hui à l'agriculture et l'*alimentation* biologiques. *In fine*, on peut s'interroger sur ce qui fait système en AB. Ne s'agit-il pas aussi d'un système de valeurs, correspondant à une certaine éthique de la pratique agricole et de la consommation ? Et dans l'affirmative, ne faut-il pas aussi reconsidérer les formes d'évaluation des performances de l'AB à l'aune de ses propres principes et valeurs, ou *a minima* en élargissant la gamme des critères pris en compte, et les échelles spatiotemporelles ? Il y a là un vaste chantier, dans la mesure où bien des jugements portés sur l'AB relèvent encore de critères établis dans d'autres contextes, privilégiant par exemple le rendement physique de la production, au lieu d'intégrer une meilleure utilisation des cycles biologiques associée à un faible coût environnemental. Le développement de l'AB et plus largement de formes d'agriculture écologiques, c'est-à-dire s'appuyant sur les complémentarités biologiques pour produire, et non sur l'emploi d'intrants, engage de tels changements de critères d'évaluation. Ces changements doivent enfin viser à réintroduire des critères sociétaux, correspondant aux principes de santé, d'équité, et d'attention, qui aux côtés du principe d'écologie forment les piliers de l'AB, et font écho à de fortes préoccupations de la société.

SIGLES

AB	Agriculture biologique
ACTA	Association de coordination technique agricole
ADEAR	Association pour le développement agricole et rural
AELE	Association européenne de libre échange
AMAP	Association pour le maintien d'une agriculture paysanne
AOC	Appellation d'origine contrôlée
APCA	Assemblée permanente des chambres d'agriculture
ASP	Agence de services et de paiements
BPREA	Brevet professionnel de responsable d'exploitation agricole
CAB	Conversion à l'agriculture biologique
CAD	Contrat d'agriculture durable
CBMT	Compost de bouse liquide
CEHM	Centre expérimental horticole de Marsillargues
CETA	Centre d'étude technique agricole
CFPPA	Centre de formation professionnelle et de promotion agricoles
CITFL	Centre technique des fruits et légumes
CIVAM	Centre d'initiative pour valoriser l'agriculture et le milieu rural en agriculture
CREAB	Centre régional de recherche et d'expérimentation en AB
CTE	Contrats territoriaux d'exploitation
CTIFL	Centre technique interprofessionnel des fruits et légumes
DDEA	Direction départementale de l'équipement et de l'agriculture
DJA	Dotation jeune agriculteur
DPU	Droits à paiement unique
DRAF	Direction régionale de l'agriculture et de la forêt
EARL	Entreprise agricole à responsabilité limitée
EBE	Excédent brut d'exploitation
ENITA	Ecole nationale d'ingénieurs des travaux agricoles
ESR	Efficience Substitution Reconception
FiBL	Institut de recherche de l'agriculture biologique suisse
FNAB	Fédération nationale de l'AB
FOAD	Formation ouverte et à distance
GAB	Groupement d'agriculteurs en AB
GAEC	Groupement agricole d'exploitation en commun
GIS	Groupement d'intérêt scientifique
GMS	Grandes et moyennes surfaces
GRAB	Groupe de recherche en AB
GVA	Groupe de vulgarisation agricole
HACCP	Hazard Analysis Critical Control Point
Hn	Holstein
HQE	Haute qualité environnementale
IEA	Inspection de l'enseignement agricole
IFOAM	Fédération internationale des mouvements d'agriculture biologique
INRA	Institut national de la recherche agronomique
INTERAFOCG	Inter associations de formation collective à la gestion
IRAAB	Institut pour la recherche et l'application en AB

ISARA	École d'ingénieurs en alimentation, agriculture, environnement et développement rural
ITA	Institut technique agricole
ITAB	Institut technique de l'AB
MAE	Mesures agri-environnementales
MBCD	Mouvement de culture biodynamique
MIL	Module d'initiatives locales
Mo	Montbéliarde
MS	Matière sèche
OLAE	Opérations locales agri-environnementales
ONIGC	Office national interprofessionnel des grandes cultures
OP	Organisation de producteurs
PAM	Plantes aromatiques et médicinales
PDRN	Plan de développement rural national
PHAE	Prime herbagère gri-environnementale
PMTVA	Prime au maintien du troupeau de vaches allaitantes
PNPP	Produits naturels peu préoccupants
PNR	Parc naturel régional
PPAM	Plantes à parfum aromatiques et médicinales
PPDAB	Plan pluriannuel de développement de l'AB
PPP	Parcours de professionnalisation personnalisé
PRDA	Programme régional de développement de l'agriculture
PVC	Points de vente collectifs
PVE	Plan végétal environnement
R&D	Recherche et développement
RMT	Réseau mixte technologique
SABD	Syndicat d'agriculture biodynamique
SAU	Surface agricole utile
SCEA	Société civile d'exploitation agricole
SCOP	Surface en céréales, oléagineux, protéagineux
SEARB	Service d'écodéveloppement agricole et rural de Bourgogne
SFP	Surfaces fourragères principales
SH	Système herbager
SPCE	Système de polyculture-élevage
SRPV	Service régional de protection des végétaux
SYNABIO	Syndicat national des professionnels au service de l'aval de la filière AB
UCARE	Unités capitalisables d'adaptation régionale
UF	Unité fourragère
UGB	Unité gros bétail
UNITRAB	Union nationale interprofessionnelle des transformateurs et redistributeurs de l'AB
UTH	Unité de travail humain
VD	Vente directe
VL	Vache laitière
ZAP	Zone d'agriculture protégée

SITES UTILES

Sites Internet

www.ifoam-eu.org
www.agrobiosciences.org
www.inra.fr
www.ladocumentationfrancaise.fr
www.reseaucocagne.asso.fr/gestion_prod
www.agencebio.org
www.demeter.net
www.itab.asso.fr
www.orwine.org
www.agtec.coreportal.org
www.agronomy-journal.org
www.bio-provence.org.
www.preference-formations.fr
www.idea.portea.fr
www.languedoc-roussillon.ecologie.gouv.fr
www.ensaia.inpl-nancy.fr
www.prairiales-normandie.com
www.reseaucocagne.asso.fr
www.abiodoc.com
www.biovallee.fr/blog
www.terredeliens.org

LES AUTEURS

Stéphane Bellon, INRA Écodéveloppement, Avignon
Il s'intéresse à l'AB depuis les années 80, et son mémoire de fin d'études d'ingénieur agronome à l'INA Paris-Grignon portait sur l'AB. Depuis 1999, il contribue aux activités du Ciab (comité interne AB de l'INRA), qu'il anime depuis 2007. Il a coordonné un projet relatif à la conversion à l'AB (Tracks), est membre du bureau du RMT DévAB et participe à des programmes de recherche européens dont l'Era-Net Core Organic.

Marc Benoit, INRA Theix
Économiste, il s'intéresse au fonctionnement et aux performances techniques, économiques et en terme de durabilité, des exploitations d'élevage ovin allaitant. Il est affecté à l'unité de recherche sur les Herbivores de l'INRA Theix en tant que responsable de l'équipe économie et gestion de l'exploitation d'élevage.

André Blouet, maître de conférences à l'université de Nancy
Il effectue ses travaux de recherche à l'unité de recherche Aster de Mirecourt. Agronome, il s'intéresse aux motivations des agriculteurs, en particulier à celles des éleveurs laitiers à pratiquer l'agriculture biologique.

Frédérique Bressoud, INRA Alenya
Pédologue, elle s'intéresse à l'évaluation agronomique des systèmes de culture en maraichage sous abri et aux facteurs de décision au sein des exploitations agricoles.

Xavier Coquil, INRA Mirecourt
Zootechnicien, il s'intéresse aux capacités d'adaptation des systèmes de polyculture élevage laitiers autonomes face aux aléas, et en particulier il aborde les logiques d'action des agriculteurs et des éleveurs.

Christophe David, ISARA Lyon
Agronome, à la fois chercheur et enseignant, il s'intéresse aux questions techniques liées au développement des céréales biologiques.

Joël Fauriel, INRA Écodéveloppement, Avignon
Spécialiste de protection des cultures, il s'intéresse, en lien avec les pratiques des agriculteurs, aux performances des productions fruitières et légumières conduites en AB, notamment en termes de qualités agronomiques et nutritionnelles. Il participe également à une plus large réflexion sur la manière de concevoir des vergers économes en intrants. Agriculteur depuis 1999, il produit également des fruits et légumes en agriculture biologique dans la Drôme.

Delphine Garraud, formatrice au CFPPA d'Aix Valabre
Elle a en charge l'élaboration des modules pédagogiques ainsi qu'une partie de leur réalisation, et s'attache à donner des perspectives et des clés concrètes aux stagiaires, de plus en plus nombreux, qui souhaitent s'orienter vers l'AB.

Anne Haegelin, FNAB
Chargée de mission sur les politiques de développement de la bio, elle met en œuvre des actions sur l'eau et le suivi des travaux de recherche-formation-développement en bio à la FNAB. Ingénieur des techniques agricoles, elle coordonne notamment les dispositifs d'accompagnement des conversions mis en place avec et par les groupements de producteurs bio, régionaux et départementaux, dans une perspective d'harmonisation et de mise en commun des méthodes et des outils.

Claire Lamine, INRA Éco-Innov, Grignon
Sociologue, elle travaille depuis une dizaine d'années sur l'alimentation et l'agriculture biologique ainsi que sur les systèmes alternatifs mettant en lien producteurs et consommateurs. Au-delà de cet intérêt pour la bio, elle se consacre aujourd'hui plus largement aux transitions de l'agriculture conventionnelle vers des formes plus écologiques.

Annie Le Fur, coordinatrice de la FNAB
Agronome, elle organise des formations sur divers thèmes liés à l'agriculture biologique, destinées aux conseillers, animateurs et responsables professionnels.

Pierre Masson, conseiller agricole
Agriculteur en polyculture-élevage (biodynamie) durant 22 ans, actuellement conseiller et formateur en agriculture et viticulture biodynamique, il s'intéresse spécialement à l'élaboration des préparations biodynamiques et à la recherche sur leurs fonctionnements et effets.

Catherine Mazollier, ingénieur d'expérimentation au Groupe de recherche en agriculture biologique (GRAB) à Avignon
Spécialiste en maraîchage biologique, elle étudie notamment les variétés anciennes de tomate, ainsi que leur adaptation à une réduction de l'irrigation. Elle est également référent régional en maraîchage biologique pour la région PACA et assure de nombreuses formations en production de légumes biologiques auprès d'agriculteurs et d'étudiants.

Jean-Marie Morin, CFPPA Rennes-Le Rheu
Animateur du réseau DGER FORMABIO (Formations à l'agriculture biologique), il a travaillé 20 ans dans un CFPPA où il a développé des formations à l'installation pour des néoruraux et des formations de technicien conseil en AB. Il a contribué à plusieurs dispositifs de formation et à plusieurs ouvrages et DVD sur le thème de l'AB. Il est membre du bureau du RMT DévAB.

Mireille Navarrete, INRA Écodéveloppement, Avignon
Agronome, elle étudie les pratiques alternatives des maraîchers en AB et en production intégrée. Elle travaille à la mise au point de systèmes techniques permettant une réduction de l'usage des traitements chimiques. Elle s'intéresse également aux questions de filière, et en particulier aux interactions entre pratiques culturales et débouchés commerciaux des produits agricoles.

Natacha Sautereau, INRA Écodéveloppement, Avignon
Agronome, avec une spécialisation en agroéconomie, elle a accompagné les conversions à l'AB pendant une dizaine d'années à la chambre d'agriculture de Vaucluse, et a été chargée de mission en AB pour la chambre régionale d'agriculture Provence-Alpes-Côte d'Azur (PACA). Elle est actuellement ingénieur de recherches à l'INRA à l'unité d'Écodéveloppement dans le cadre d'une mise à disposition pour un projet de recherche-développement sur la question de la dynamique des conversions.

Patrick Veysset, INRA Theix
Il effectue ses travaux au sein de l'unité de recherche sur les herbivores de l'INRA Theix. Économiste, il s'intéresse aux déterminants du revenu des exploitations d'élevage bovin en zones défavorisées et à leurs évolutions.

Dépôt légal : novembre 2009

Imprimé pour vous par Books on Demand (Allemagne)